计算机基础与实训教材系列

ASP.NET 3.5动态网站开发

实用教程

杨建军 编著

清华大学出版社

北 京

内 容 简 介

本书由浅入深、循序渐进地介绍了 Microsoft 公司最新推出的动态网页开发工具——中文版 Visual Web Developer 2008 的使用技巧。全书共分 16 章，分别介绍了 ASP.NET 3.5 概述，ASP.NET 3.5 开发环境介绍，ASP.NET 内部对象，Web 服务器控件使用，Web 验证控件的使用，ADO.NET 技术介绍，页面切换与网站导航技术，页面布局，使用 Web 窗体访问数据，ASP.NET AJAX，在 ASP.NET 中使用 XML，ASP.NET 3.5 Web 站点中的安全性，LINQ，Web 服务创建和使用，Web 应用程序的部署等内容。最后一章是项目与实践，以网上书店系统的开发为例，说明了一个 Web 项目的完整开发过程。

本书内容丰富，结构清晰，语言简练，图文并茂，具有很强的实用性和可操作性，是一本适合于大中专院校、职业院校及各类社会培训学校的优秀教材，也是广大初、中级电脑用户的自学参考书。

本书对应的电子教案、实例源代码和习题答案可以到 http://www.tupwk.com.cn/edu 网站下载。

图书在版编目(CIP)数据

ASP.NET 3.5 动态网站开发实用教程/杨建军 编著. —北京：清华大学出版社，2010.6
(计算机基础与实训教材系列)
ISBN 978-7-302-22641-3

Ⅰ. A…　Ⅱ. 杨…　Ⅲ. 主页制作—程序设计—教材　Ⅳ. TP393.092

中国版本图书馆 CIP 数据核字(2010)第 082273 号

责任编辑： 胡辰浩(huchenhao@263.net)　袁建华
装帧设计： 孔祥丰
责任校对： 成凤进
责任印制： 李红英
出版发行： 清华大学出版社　　　　　　　　　　地　　址：北京清华大学学研大厦 A 座
　　　　　　http://www.tup.com.cn　　　　　　邮　　编：100084
　　　　　社　总　机：010-62770175　　　　　　邮　　购：010-62786544
　　　　　投稿与读者服务：010-62776969,c-service@tup.tsinghua.edu.cn
　　　　　质　量　反　馈：010-62772015,zhiliang@tup.tsinghua.edu.cn
印　装　者： 北京鑫海金澳胶印有限公司
经　　销： 全国新华书店
开　　本： 190×260　**印　张：** 25.5　**字　数：** 669 千字
版　　次： 2010 年 6 月第 1 版　　　　**印　　次：** 2010 年 6 月第 1 次印刷
印　　数： 1～5000
定　　价： 36.00 元

产品编号：030702-01

丛书序

计算机已经广泛应用于现代社会的各个领域，熟练使用计算机已经成为人们必备的技能之一。因此，如何快速地掌握计算机知识和使用技术，并应用于现实生活和实际工作中，已成为新世纪人才迫切需要解决的问题。

为适应这种需求，各类高等院校、高职高专、中职中专、培训学校都开设了计算机专业的课程，同时也将非计算机专业学生的计算机知识和技能教育纳入教学计划，并陆续出台了相应的教学大纲。基于以上因素，清华大学出版社组织一线教学精英编写了这套"计算机基础与实训教材系列"丛书，以满足大中专院校、职业院校及各类社会培训学校的教学需要。

一、丛书书目

本套教材涵盖了计算机各个应用领域，包括计算机硬件知识、操作系统、数据库、编程语言、文字录入和排版、办公软件、计算机网络、图形图像、三维动画、网页制作以及多媒体制作等。众多的图书品种可以满足各类院校相关课程设置的需要。

- 已出版的图书书目

《计算机基础实用教程》	《中文版 Excel 2003 电子表格实用教程》
《计算机组装与维护实用教程》	《中文版 Access 2003 数据库应用实用教程》
《五笔打字与文档处理实用教程》	《中文版 Project 2003 实用教程》
《电脑办公自动化实用教程》	《中文版 Office 2003 实用教程》
《中文版 PowerPoint 2003 幻灯片制作实用教程》	《电脑入门实用教程》
《中文版 Word 2003 文档处理实用教程》	《Excel 财务会计实战应用》
《中文版 Photoshop CS3 图像处理实用教程》	《JSP 动态网站开发实用教程》
《Authorware 7 多媒体制作实用教程》	《Mastercam X3 实用教程》
《中文版 AutoCAD 2009 实用教程》	《Mastercam X4 实用教程》
《AutoCAD 机械制图实用教程(2009 版)》	《Director 11 多媒体开发实用教程》
《中文版 Flash CS3 动画制作实用教程》	《中文版 Indesign CS3 实用教程》
《中文版 Flash CS3 动画制作实训教程》	《中文版 CorelDRAW X3 平面设计实用教程》
《中文版 Dreamweaver CS3 网页制作实用教程》	《中文版 Windows Vista 实用教程》
《中文版 3ds Max 9 三维动画创作实用教程》	《中文版 3ds Max 2009 三维动画创作实用教程》

《中文版 3ds Max 2010 三维动画创作实用教程》	《网络组建与管理实用教程》
《中文版 SQL Server 2005 数据库应用实用教程》	《Java 程序设计实用教程》
《Visual C#程序设计 实用教程》	《ASP.NET 3.5 动态网站开发实用教程》
《中文版 Premiere Pro CS3 多媒体制作实用教程》	SQL Server 2008 数据库应用实用教程

● 即将出版的图书书目

《Oracle Database 11g 实用教程》	《中文版 Pro/ENGINEER Wildfire 5.0 实用教程》
《中文版 Word 2007 文档处理实用教程》	《中文版 Office 2007 实用教程》
《中文版 Excel 2007 电子表格实用教程》	《中文版 PowerPoint 2007 幻灯片制作实用教程》
《AutoCAD 建筑制图实用教程（2009 版）》	《中文版 Access 2007 数据库应用实例教程》
《中文版 Photoshop CS4 图像处理实用教程》	《中文版 Project 2007 实用教程》
《中文版 Illustrator CS4 平面设计实用教程》	《中文版 CorelDRAW X4 平面设计实用教程》
《中文版 Flash CS4 动画制作实用教程》	《中文版 After Effects CS4 视频特效实用教程》
《中文版 Dreamweaver CS4 网页制作实用教程》	《中文版 Premiere Pro CS4 多媒体制作实用教程》
《中文版 Indesign CS4 实用教程》	

二、丛书特色

1. 选题新颖，策划周全——为计算机教学量身打造

本套丛书注重理论知识与实践操作的紧密结合，同时突出上机操作环节。丛书作者均为各大院校的教学专家和业界精英，他们熟悉教学内容的编排，深谙学生的需求和接受能力，并将这种教学理念充分融入本套教材的编写中。

本套丛书全面贯彻"理论→实例→上机→习题"4 阶段教学模式，在内容选择、结构安排上更加符合读者的认知习惯，从而达到老师易教、学生易学的目的。

2. 教学结构科学合理，循序渐进——完全掌握"教学"与"自学"两种模式

本套丛书完全以大中专院校、职业院校及各类社会培训学校的教学需要为出发点，紧密结合学科的教学特点，由浅入深地安排章节内容，循序渐进地完成各种复杂知识的讲解，使学生能够一学就会、即学即用。

对教师而言，本套丛书根据实际教学情况安排好课时，提前组织好课前备课内容，使课堂教学过程更加条理化，同时方便学生学习，让学生在学习完后有例可学、有题可练；对自学者而言，可以按照本书的章节安排逐步学习。

3. 内容丰富、学习目标明确——全面提升"知识"与"能力"

本套丛书内容丰富，信息量大，章节结构完全按照教学大纲的要求来安排，并细化了每一章内容，符合教学需要和计算机用户的学习习惯。在每章的开始，列出了学习目标和本章重点，便于教师和学生提纲挈领地掌握本章知识点，每章的最后还附带有上机练习和习题两部分内容，教师可以参照上机练习，实时指导学生进行上机操作，使学生及时巩固所学的知识。自学者也可以按照上机练习内容进行自我训练，快速掌握相关知识。

4. 实例精彩实用，讲解细致透彻——全方位解决实际遇到的问题

本套丛书精心安排了大量实例讲解，每个实例解决一个问题或是介绍一项技巧，以便读者在最短的时间内掌握计算机应用的操作方法，从而能够顺利解决实践工作中的问题。

范例讲解语言通俗易懂，通过添加大量的"提示"和"知识点"的方式突出重要知识点，以便加深读者对关键技术和理论知识的印象，使读者轻松领悟每一个范例的精髓所在，提高读者的思考能力和分析能力，同时也加强了读者的综合应用能力。

5. 版式简洁大方，排版紧凑，标注清晰明确——打造一个轻松阅读的环境

本套丛书的版式简洁、大方，合理安排图与文字的占用空间，对于标题、正文、提示和知识点等都设计了醒目的字体符号，读者阅读起来会感到轻松愉快。

三、读者定位

本丛书为所有从事计算机教学的老师和自学人员而编写，是一套适合于大中专院校、职业院校及各类社会培训学校的优秀教材，也可作为计算机初、中级用户和计算机爱好者学习计算机知识的自学参考书。

四、周到体贴的售后服务

为了方便教学，本套丛书提供精心制作的 PowerPoint 教学课件(即电子教案)、素材、源文件、习题答案等相关内容，可在网站上免费下载，也可发送电子邮件至 wkservice@vip.163.com 索取。

此外，如果读者在使用本系列图书的过程中遇到疑惑或困难，可以在丛书支持网站(http://www.tupwk.com.cn/edu)的互动论坛上留言，本丛书的作者或技术编辑会及时提供相应的技术支持。咨询电话：010-62796045。

近年来，随着 Internet 的日益盛行，越来越多的公司、单位及个人开始拥有自己的网站。中文版 Visual Web Developer 2008 是 Microsoft 公司最新推出的动态网站开发工具，目前正广泛应用于动态网站的开发。

自从.NET Framework 1.0 在 2002 年初首次发布以来，Microsoft 公司花了大量精力和时间来开发 ASP.NET，它是.NET Framework 的一部分，可以用来构建 Web 应用程序。

2005 年 11 月，Microsoft 公司发布了 Visual Studio 2005 和 ASP.NET 2.0。让全球许多开发人员感到惊喜的是，Microsoft 公司大大改进和扩展了产品，增加了许多功能和工具来帮助减少 ASP.NET 1.0 所带来的复杂性。

目前的版本是 ASP.NET 3.5，它是在成功的 ASP.NET 2.0 版基础之上构建的，保留了很多令人喜爱的功能，并增加了一些其他领域的新功能，对应的开发工具是 Visual Studio 2008 或 Visual Web Developer 2008。

本书从教学实际需求出发，合理安排知识结构，从零开始、由浅入深、循序渐进地讲解 ASP.NET 3.5 的基本知识和使用 Visual Web Developer 2008 创建动态网站的方法，本书共分为 16 章，主要内容如下。

第 1 章介绍了 ASP.NET 发展过程、ASP.NET 的工作原理、Web 程序设计语言等内容。

第 2 章介绍了 ASP.NET 3.5 开发环境，主要内容包括 IIS 的安装、Microsoft Visual Web Developer 2008 安装、Microsoft Visual Web Developer 2008 使用、构建第一个 ASP.NET 应用程序等。

第 3 章介绍了 ASP.NET 内部对象，主要内容包括网站的文件夹结构、ASP.NET 的常用内置对象、ASP.NET 配置管理、Page 对象与 Web 窗体页指令等。

第 4 章介绍了 Web 服务器控件使用，主要内容包括 HTML 服务器控件使用、标准服务器控件使用、其他 ASP.NET Server 服务器控件、用户控件等。

第 5 章介绍了 Web 验证控件的使用，主要内容包括服务器端校验、客户端校验、实现客户端控件等。

第 6 章介绍了 ADO.NET 技术，主要内容包括 ADO.NET 的基本知识、数据库创建方法、ADO.NET 与数据库的连接方法、利用 DataAdapter 访问数据库的方法等。

第 7 章介绍了页面切换与网站导航技术，主要内容包括页面间的切换方法、页面间数据传递的方法、网站导航技术的使用等。

第 8 章介绍了页面布局，主要内容包括 CSS 的概念和使用、页面布局的方法、母版页和内容页、主题创建和使用的方法等。

第 9 章介绍了使用 Web 窗体访问数据的方法，主要内容包括数据绑定的概念、GridView 控件使用、DataList 控件使用、Repeater 控件使用等。

第 10 章介绍了 ASP.NET AJAX，主要内容包括 ASP.NET AJAX 的基本知识、ASP.NET AJAX 主要控件、Timer 控件使用、ASP.NET AJAX 控件工具包的使用等。

第 11 章介绍了在 ASP.NET 中使用 XML，主要内容包括 XML 基础知识、XML 的应用、XML 文件的处理、使用 ADO.NET 访问 XML 等。

第 12 章介绍了 ASP.NET 3.5 Web 站点中的安全性，主要内容包括安全性有关术语、登录控件使用、用户管理、角色管理、配置 Web 应用程序方法等。

第 13 章介绍了 LINQ，主要内容包括 LINQ 概述、LINQ to SQL、查询语法、使用服务器控件和 LINQ 实现查询、数据驱动的 Web 页面等。

第 14 章介绍了 Web 服务创建和使用，主要内容包括 Web 服务定义与 SOAP 协议介绍、Web 服务的体系结构、构建一个 Web 服务、消费 Web 服务等。

第 15 章介绍了 Web 应用程序的部署，主要内容包括复制 Web 站点、在 IIS 下运行站点、将数据移动到远程服务器等。

第 16 章介绍了项目与实践，主要内容包括软件的生存周期、网上书店系统的需求分析、网上书店系统的设计、网上书店系统的实现、系统的运行测试等。

本书图文并茂，条理清晰，通俗易懂，内容丰富，在讲解每个知识点时都配有相应的实例，方便读者上机实践。同时在难于理解和掌握的部分内容上给出相关提示，让读者能够快速地提高操作技能。此外，本书配有大量综合实例和练习，让读者在不断的实际操作中更加牢固地掌握书中讲解的内容。

本书第 1、3 章和第 6、7、8、9、10、11、13、14、15、16 章由河南工业大学杨建军老师编写，第 2 章由秦建明老师编写，第 4 章由郭广灵老师编写，第 5 章由郭娜老师编写，第 12 章由赵祎老师编写。最后由杨建军老师进行统稿。在这里要感谢郑文程同学对第 16 章部分程序的调试。另外，对杨阳、杨柳、杨玉敏、张凤霞、贺宝江、张民、王新、宋军山、李永奎、尚英强、王燕、陈丙离、张挂云、张极超等同志深表感谢，他们在资料整理的工作中给予了很多帮助。在编写该书的过程中还参考了相关的资料，对于这些资料的作者深表感谢。由于作者水平有限，本书不足之处在所难免，欢迎广大读者批评指正。我们的邮箱是：huchenhao@263.net，电话：010-62796045。

杨建军

2010 年 3 月

章　名	重点掌握内容	教学课时
第 1 章　ASP.NET 3.5 概述	1. 了解 ASP.NET 发展过程 2. ASP.NET 的工作原理 3. Web 程序设计语言	2 学时
第 2 章　ASP.NET 3.5 开发环境介绍	1. IIS 的安装 2. Microsoft Visual Web Developer 2008 安装 3. Microsoft Visual Web Developer 2008 使用 4. 构建第一个 ASP.NET 应用程序	2 学时
第 3 章　ASP.NET 内部对象	1. 网站的文件夹结构 2. ASP.NET 的常用内置对象 3. ASP.NET 配置管理 4. Page 对象与 Web 窗体页指令	4 学时
第 4 章　Web 服务器控件使用	1. HTML 服务器控件使用 2. 标准服务器控件使用 3. 了解其他 ASP.NET Server 服务器控件 4. 用户控件 5. 文件的上传与下载	4 学时
第 5 章　Web 验证控件的使用	1. 服务器端校验 2. 客户端校验 3. 实现客户端控件	2 学时
第 6 章　ADO.NET 技术介绍	1. 了解 ADO.NET 的基本知识 2. 掌握数据库创建方法 3. 掌握 ADO.NET 与数据库的连接方法 4. 掌握利用 Command 访问数据库的方法 5. 掌握利用 DataAdapter 访问数据库的方法	4 学时
第 7 章　页面切换与网站导航技术	1. 掌握页面间的切换方法 2. 页面间数据传递的方法 3. 网站导航技术的使用	3 学时
第 8 章　页面布局	1. CSS 的概念和使用 2. 页面布局的方法 3. 母版页和内容页 4. 熟练掌握主题创建和使用的方法	3 学时
第 9 章　使用 Web 窗体访问数据	1. 掌握数据绑定含义 2. 掌握 GridView 控件使用 3. DataList 控件使用 4. Repeater 控件使用 5. FormView 控件使用	2 学时

(续表)

章　名	重点掌握内容	教学课时
第 10 章　ASP.NET AJAX	1. 了解 ASP.NET AJAX 的基本知识 2. 熟练掌握 ASP.NET AJAX 主要控件 3. 掌握 Timer 控件使用 4. 了解 ASP.NET AJAX 控件工具包的使用	2 学时
第 11 章　在 ASP.NET 中使用 XML	1. 了解 XML 基础知识 2. 标记、元素以及元素属性 3. XML 的应用 4. XML 文件的处理 5. 使用 ADO.NET 访问 XML	2 学时
第 12 章　ASP.NET 3.5 Web 站点中的安全性	1. 掌握安全性有关术语 2. 掌握登录控件使用 3. 掌握用户管理、角色管理方法 4. 掌握配置 Web 应用程序方法	3 学时
第 13 章　LINQ	1. LINQ 概述 2. 掌握 LINQ to SQL 3. 掌握查询语法 4. 使用服务器控件和 LINQ 实现查询 5. 数据驱动的 Web 页面	3 学时
第 14 章　Web 服务创建和使用	1. Web 服务定义与 SOAP 协议介绍 2. Web 服务的体系结构 3. 构建一个 Web 服务 4. 测试 Web 服务 5. 消费 Web 服务 6. 在 Ajax Web 站点中使用 Web 服务	2 学时
第 15 章　Web 应用程序的部署	1. 复制 Web 站点 2. 在 IIS 下运行站点 3. 将数据移动到远程服务器	2 学时
第 16 章　项目与实践	1. 了解软件的生存周期 2. 网上书店系统的需求分析 3. 网上书店系统的设计 4. 网上书店系统的实现 5. 系统的运行测试	2 学时

注：1、教学课时安排仅供参考，授课教师可根据情况作调整。

2、建议每章都安排和教学课时相同时间的上机练习。

CONTENTS

计算机基础与实训教材系列

计算机 基础与实训教材系列

计算机 基础与实训教材系列

计算机基础与实训教材系列

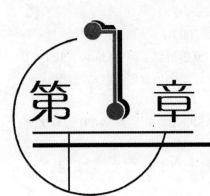

ASP.NET 3.5 概述

学习目标

本章主要介绍了 ASP.NET 的发展过程、ASP.NET 主要特点和工作原理、Web 程序设计语言。通过本章学习，掌握 ASP.NET 的发展过程、特点和工作原理；熟练掌握 HTML、XHTML 网页编程语言。

本章重点

- ⊙ ASP.NET 发展过程
- ⊙ ASP.NET 的主要特点
- ⊙ ASP.NET 的工作原理
- ⊙ HTML、XML、XHTML 编程语言

1.1 ASP.NET 概述

ASP.NET 技术可用于动态创建带有服务器端代码的 Web 页面。它是 ASP (Active Server Page) 的后续版本。它是一种全新的服务器端技术，是使用 CLR(Common Language Runtime)构建的程序设计平台，能够在服务器端建立功能强大的 Web 应用程序。

1.1.1 ASP.NET 发展概述

1996 年，Microsoft 推出了 ASP(Active Server Page)1.0 版。1998 年，微软发布了 ASP 2.0 和 IIS 4.0。之后，微软公司开发了 Windows 2000 操作系统，其中的 Windows 2000 Server 系统提供了 IIS 5.0 和 ASP 3.0。

ASP.NET 是 Microsoft 公司于 2002 年推出的新一代体系结构——Microsoft .NET 的一部分，用来在服务器端构建功能强大的 Web 应用。ASP.NET 1.0 也应运而生。

2003 年，Microsoft 公司发布了 Visual Studio 2003(简称 VS 2003)。

2005 年，.NET 框架从 1.0 版升级到 2.0 版，相应的 ASP.NET 1.0 也得到了升级，成为 ASP.NET 2.0。它改进了 1.0/1.1 的功能，提供更多服务器端控件、网站设计、会员管理和网站管理功能，可以大幅减少 ASP.NET 程序所需的程序代码。

2008 年，Visual Studio.NET 2008(简称 VS 2008)问世了，ASP.NET 相应地从 2.0 版升级到 3.5 版。

ASP.NET 3.5 技术建立的 Web 应用程序是在 .NET Framework 3.5 的 CLR 平台上执行，如图 1-1 所示。

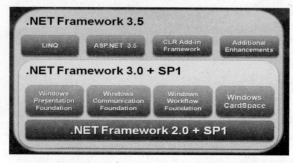

图 1-1 .NET Framework 3.5 结构示意图

在 Windows 操作系统上安装 .NET Framework 3.5 后，就可以使用 .NET 语言来使用 ASP.NET、ADO.NET 和 XML 建立应用程序。

①1.2 ASP.NET 主要特点

ASP.NET 3.5 兼容了 ASP.NET 2.0、ASP.NET 1.1 和 ASP.NET 1.0，其主要特点如下。

- ◉ 提供 Web 窗体的关系式程序模型：Web 窗体包括与事物处理逻辑区分开的表示逻辑和代码文件。开发人员可以使用任何 .NET 语言(Visual Basic 或 C#)来编写代码。ASP.NET Web 窗体使用 CLR 在 Web 服务器上编译和缓存，能有效提升性能。

- ◉ 强大功能和扩充性：因为 ASP.NET 是创建在 CLR 平台的，换句话说，庞大的 .NET Framework 类函数库都可以使用在 ASP.NET 程序中，帮助用户创建功能强大的 Web 应用程序。

- ◉ 强大的服务器端功能：不同于 ASP 对前端网页用户状态的无法控制，ASP.NET 的 HTML 和 Web 控件完全在服务器端处理，能够保留用户状态，提供客户端更佳的控制机制。

- ◉ 服务器端控件：ASP.NET 提供服务器端控件，可以建立 Web 窗体、执行窗体验证和控制数据显示的版面配置，并且显示数据库的记录数据，这些控件支持服务器端事件，但呈现为 HTML，不用自行使用 HTML 标记编排输出结果，可以大大减少 ASP.NET 程序代码的长度。

◉ 网站的一致化设计：提供母版页(Master Page)，如同 Word 的模板，可以建立网站一致的版面配置，不仅如此，用户还可以使用主题(Themes)和外观(Skins)来指定 Web 控件的样式，提供网页一致的样式。

◉ 网站的会员管理：ASP.NET 提供会员管理所需的服务器端控件和 Membership API，可以让用户轻松建立会员管理的网站，并且提供角色管理(Role Manager)，可以指定用户角色，使用角色来管理用户。

◉ 网站的个性化：ASP.NET 提供 Profile 对象的个性化功能，可以自动为用户保存个性化信息，快速建立个性化的网站内容。

◉ 全新的数据处理控件：提供数据源和 GridView 控件，可以使用最少的程序代码来显示和维护数据库的记录数据。使用数据源控件，使开发人员可以采用一致性的方式来处理数据，所有处理都将独立于数据来源。

◉ 网页组件控件：网页组件(Web Parts)允许创建模块化的网页，让用户直接在浏览程序中自行设定外观、内容和行为，并且在下次浏览时，保持用户的个人设定。

◉ 提供更多的网站设定和管理工具：ASP.NET 提供 MMC(Microsoft Management Console)接口管理工具、Management API 程序设计接口和 Web 接口等多种网站管理工具。

1.2　ASP.NET 的工作原理

ASP.NET 是使开发人员能够使用 .NET Framework 开发基于 Web 的应用程序的宿主环境。但是，ASP.NET 不止是一个运行库宿主；它是使用托管代码开发网站和通过 Internet 分布的对象的完整结构。Web 窗体和 XML Web Services 都将 IIS 和 ASP.NET 用作应用程序的发布机制，并且两者在 .NET Framework 中都具有支持的类集合。本节介绍 ASP.NET 的工作原理、ASP.NET 文件类型和 ASP.NET 应用程序的组成。

1.2.1　ASP.NET 工作原理

ASP.NET 工作原理如图 1-2 所示。

当在 Web 浏览器中输入某网站的域名或 IP 地址并按下 Enter 键时，浏览器就会向那个地址的服务器发送一个请求。这个过程是通过 HTTP(HyperText Transfer Protocol，超文本传输协议)完成的。HTTP 是 Web 浏览器与 Web 服务器之间进行通信的协议。当发送地址时，就是向服务器发送了一个请求。当服务器是活动状态且请求有效时，服务器就会接受请求，处理请求，然后将响应发回到客户机浏览器上。请求与响应之间的关系如图 1-2 所示。

如果读者以前使用过 ASP 技术的早期版本，很快就会注意到 ASP.NET 和 Web 窗体提供的改进。例如，可以用支持 .NET Framework 的任何语言开发 Web 窗体页。代码不再需要与 HTML 文本共享同一个文件(当然如果读者愿意，代码还可以继续这样做)。Web 窗体页用本机语言执行，这是因为与所有其他托管应用程序一样，它们充分利用运行库。与此相对照，非托管 ASP 页始终被写成脚本并解释。ASP.NET 页比非托管 ASP 页更快、更实用并且更易于开发，这是因为它们像所有托管应用程序一样与运行库进行交互。

Client

ASP.NET 承载 XML Web services 应用程序

ASP.NET 承载 Web 窗体应用程序

服务器承载运行库和托管代码

图 1-2　ASP.NET 工作原理

当浏览器向用户展示一个窗体，用户对该窗体进行操作后，将导致该窗体回发到服务器，服务器对用户的操作处理后又将窗体返回到浏览器，这一过程称作"往返过程"。

ASP.NET 页面的处理循环如下。

◉ 用户通过客户端浏览器请求页面，页面第一次运行，执行初步处理。

◉ 执行的结果以标记的形式呈现给浏览器，浏览器对标记进行解释并显示。

◉ 用户键入信息或从可选项中进行选择，或者单击按钮。

◉ 页面发送到 Web 服务器，在 ASP.NET 中称此为"回发"，即页面发送回其自身。

◉ 在 Web 服务器上，该页再次运行，并且使用用户输入或选择的信息。

◉ 服务器将运行后的页面以 HTML 或 XHTML 标记的形式发送到客户端的浏览器。

Web 窗体页的生命周期是自用户打开网页开始到提交操作为止的这段时间。

①2.2　ASP.NET 中的文件类型

ASP.NET 3.5 Web 站点至少由一个 Web Form(扩展名为.aspx 的文件)组成，但是它常常包含更多的文件。VWD 中有许多不同的文件类型可用，各种类型的文件提供了不同的功能。主要包括 Web 文件和数据文件。

1. Web 文件

Web 文件是 Web 应用程序特有的文件，可以由浏览器直接请求，也可以用来构建为浏览器中请求的 Web 页面的一部分。常用的 Web 文件如表 1-1 所示。

表 1-1　常用的 Web 文件

文 件 类 型	扩展名	描　　述
Web Form 与 AJAX Web Form	.aspx	Web Form 是用户在浏览器中浏览的页面
Master Page 与 AJAX Master Page	.master	用于定义 Web 站点的全局结构和外观
Web User Control	.ascx	Web 用户控件文件

(续表)

文 件 类 型	扩 展 名	描　　述
HTML Page	.htm/ .html	可用来显示 Web 站点中的静态 HTML
Style Sheet	.css	含有允许定制 Web 站点的样式和格式的 CSS 代码
Web Service	.asmx	Web 服务文件
Web Configuration File	.config	含有配置信息配置文件
Site Map	.sitemap	含有一个层次结构，表示站点中 XML 格式的文件
Class	.cs	C#程序代码代码文件，本质上是类文件
JScript File	.js	可以在客户机的浏览器中执行的 Jscript 文件
Skin File	.skin	设定某控件的外观文件
Global Application Class	.asax	ASP.NET 应用程序文件

2. 数据文件

数据文件用来存储应用程序中的数据。这组文件由 XML 文件和数据库文件组成，如表 1-2 所示。

表 1-2　数据文件

文 件 类 型	扩 展 名	描　　述
XML File	.xml	用来存储 XML 格式的数据。除了纯 XML 文件外，ASP.NET 还支持几种基于 XML 的文件，如：web.config 和 Site Map 文件
SQL Server Database	.mdf	Microsoft SQL Server 所使用的数据库文件
ACCESS Database	.mdb	Microsoft Access 所使用的数据库文件
LINQ to SQL Classes	.dbml	用于声明性地访问数据库，不需要写代码

1.2.3　ASP.NET 应用程序的组成

ASP.NET Web 应用程序是程序的基本单位，也是程序部署的基本单位。应用程序由多种文件组成，通常包括以下 5 部分。

- 一个在 IIS 服务器中的虚拟目录。这个虚拟目录被配置为应用程序的根目录。
- 一个或多个带 aspx 扩展名的网页文件，还允许放入若干个 htm 网页文件。
- 一个或多个 web.congfig 配置文件。
- 一个以 Global.aspx 命名的 ASP.NET 应用程序文件。
- App_Code 和 App_Data 共享目录。

1. 虚拟目录

虚拟目录也称为 Web 应用程序的"别名"，它是以服务器作为根目录(不同于以磁盘为根的物理目录)。默认安装时，IIS 服务器一般安装在"C:\Inetpub\wwwroot"的目录下，该目录对应的 URL(统一资源定位地址)是"http://localhost"或者"http://服务器域名"。在互联网中向外发布信息或接受信息的应用程序必须放在虚拟目录或其子目录下面。系统将自动在虚拟目录下寻找相关的文件。

2. 网页文件

网页(或称 Web 窗体)是应用程序的主体。在 ASP.NET 中的基本网页是以".aspx"作为后缀的网页。除此之外，应用程序中还可以包括以".htm"或".asp"为后缀的网页(或其他类型的文件)。

3. 网站配置文件

一个 ASP.NET 应用程序有两部分设置可以配置：一个是 Machine.config，是针对整个服务器的配置，默认安装在"C:\windows\Microsoft.Net\(版本号)\congfig\"目录下；另一个是 Web.config，它是针对具体网站或者某个目录的配置。两个配置文件均是 XML 格式的配置文件。一般来讲，每个 ASP.NET 应用程序的目录或子目录下，都可以有一个 Web.config 文件，它规定的是每个当前目录的一些特殊的配置，如 Session 的管理、错误捕获等配置。如果当前的 Web.config 中没有某些配置项，那么，它将从父目录中的 Web.config 文件中读取。而 IIS 根目录的 Web.config 文件的配置项是从 Machine.config 文件中继承或重写下来的。

4. 网站全局文件

Global.asax 文件(也叫做 ASP.NET 应用程序文件)是一个可选的文件，该文件包含响应 ASP.NET 或 HTTP 模块引发的应用程序级别事件的代码。Global.asax 文件驻留在 ASP.NET 应用程序的根目录中。一个应用程序只能建立一个 Global.asax 文件。这一全局性的文件，用来处理应用程序级别的事件，如 Application_Start、Application_End 和 Session_Start、Session_End 等事件的处理代码。当打开应用程序系统首先执行的就是这些事件的处理代码。

5. 两个共享目录

在 ASP.NET 2.0 中增加了两个共享目录，如下所示。

- App_Code 目录：这是一个共享目录。如果某个文件放在此目录下，该文件就会自动成为应用程序中各个网页的共享文件。
- App_Data 目录：为实现客户管理和个性化服务，系统将提供专用的数据库和一些专用的数据表。这些数据库和数据表将自动放在这个目录下。

1.3 Web 程序设计语言

Web 程序设计语言包括 HTML、XML 和 XHTML。它们都是浏览器可以执行的程序设计语言，可以使用 Windows 记事本编辑文本文件。

XML 是一种文件格式的革命，能够让用户自定义文件结构和标记，让计算机软件都可以看懂文件内容。ASP.NET 技术的很多设置文件都是采用 XML 文件格式，如 web.config、web.sitemap 文件等。

1.3.1　HTML、XML 和 XHTML

下面介绍 Web 程序设计语言 HTML、XML 和 XHTML。

1. HTML

HTML(HyperText Markup Language)称为超文本标记语言，是制作静态页面的主要编程语言。HTML 文件是一种纯文本文件，通常以.htm 或.html 作为文件扩展名。

HTML 是纯文本类型的语言，使用 HTML 编写的网页文件也是标准的纯文本文件。在用浏览器打开某网页时，通过相应的查看"源文件"命令，可查看该网页的 HTML 源代码。

可以用各种类型的工具来创建或者处理 HTML 页面，如记事本、写字板、FrontPage、Dream weaver、Visual studio 2005 或 Visual studio 2008 等。

HTML 的语法有 3 种表达方式，具体如下。

◉ <元素名>内容</元素名>
◉ <元素名 属性名 1=属性值 1 属性名 2=属性值 2 …>内容</元素名>
◉ <元素名>

一个典型的元素由 3 部分组成：一个开始标记、内容、一个结束标记。

HTML 的语法表达方式中的<元素名>是该元素的开始标记，</元素名>是该元素的结束标记。如，<html>是 HTML 元素的开始标记，</html>是该 HTML 元素的结束标记。<head>是 HEAD 元素的开始标记，</head>是该 HEAD 元素的结束标记。

无论在何种操作系统下，只要有浏览器就可以运行 HTML 页面文档。

HTML 只是建议 Web 浏览器应该如何显示和排列信息，并不能精确定义格式，因此在不同的浏览器中显示的 HTML 文件效果可能会不同。

HTML 的主要缺点如下。

◉ HTML 的标记是固定的：HTML 不允许用户创建自己的标记，因此 HTML 很难做更复杂的事情(如它无法描述矢量图形、科技符号和一些其他的特殊显示效果)。
◉ HTML 中标记的作用只是建议浏览器用何种方式显示数据。HTML 语言无法解释数据之间的关系，以及相关结构方面的信息，因此不能适应日益增多的信息检索要求和存档要求。

2. XML

XML(eXtensible Markup language)称为可扩展标记语言。XML 可以将网络上的文档规范化，并赋予标记一定的含义。XML 1.0 是在 1998 年 2 月正式推出，目前 XML 的相关技术仍在持续发展和制定中，这只是一个开始，并不是结束。

XML 的目的并不是编排内容，而是用来描述数据，它并没有像 HTML 语言的默认标记，事实上，用户需要自定义描述数据所需的各种标记。

XML 已经在文件配置、数据存储、基于 Web 的 B2B 交易、存储矢量图形和描述分子结构等众多方面得到了广泛的应用。

但由于目前的浏览器对 XML 的支持还不够完善，XML 在互联网上完全替代 HTML 还需要很长一段时间。因此掌握 XHTML 就显得尤为主要。

3. XHTML

XHTML(eXtensible Hypertext Markup Language)称为可扩展超文本标记语言。

XHTML 是为了使 HTML 向 XML 顺利过渡而定义的标记语言，它以 HTML 为基础，采用 XML 严谨的语法结构。

XHTML 结合了部分 XML 的强大功能及大多数 HTML 的简单特性，是一种增强了的 HTML，它的可扩展性和灵活性将适应未来网络应用的需求。

目前国际上在网站设计中推崇的 Web 标准就是基于 XHTML 的应用(即通常所说的 CSS＋DIV)。

大部分的浏览器都可以正确地解析 XHTML，即使老版本的浏览器，也将 XHTML 作为 HTML 的一个子集。

3.2　ASP.NET 页面文档的结构

一个完整的 ASP.NET 页面文档通常是由指令、文档类型声明、代码声明、服务器代码、文本和 XHTML 标记等部分组成。

1. 指令

ASP.NET 页面通常包含一些指令，允许用户指定页面的属性和配置信息，对页面进行设置。指令指定的设置，不会出现在浏览器端。

ASP.NET 提供"代码分离"技术：源代码放在扩展名为.aspx 文件中，Web 服务器运行代码放在另一个文件中，若此文件是由 C#编写的，则文件扩展名为.cs；.aspx 文件和.cs 文件的相互关联是由 aspx 文件中@page 指令连接的，格式如下所示：

```
<%@ Page Language="C#" AutoEventWireup="true"    CodeFile="Default.aspx.cs"
Inherits="_Default" %>
```

2. 文档类型声明 DOCTYPE

文档类型声明 DOCTYPE 用于指定文档遵从的 DTD(Document Type Definition 文档类型定义)标准，同时指定了文档中的 XHTML 版本，可以和哪些验证工具一起使用等信息，以保证

计算机 基础与实训教材系列

此文档与 Web 标准的一致。

文档类型声明是每个网页文档必需的，默认的方式为 HTML 4.0。文档类型声明代码如下所示：

```
<!DOCTYPE html PUBLIC "-//W3C//DTD XHTML 1.0 Transitional//EN"
"http://www.w3.org/TR/xhtml1/DTD/xhtml1-transitional.dtd">
```

说明如下。

- ⊙ DOCTYPE 是 document type (文档类型)的缩写。
- ⊙ "W3C//DTD XHTML 1.0 Transitional"说明此文档符合 W3C 制定的 XHTML 1.0 规范，即声明此文档应该按照 XML 文档规范来配对所有标记。
- ⊙ "xhtml1-transitional.dtd" 中的 DTD 是文档类型定义，包含了文档的规则，浏览器根据页面所定义的 DTD 来解释页面内的标识，并将其显示出来。

3. 代码声明

代码声明包含了 ASP.NET 页面的所有应用逻辑和全局变量声明、子例程和函数。页面的代码声明位于<script>…</script>标记中。内联代码位于<%...%>中，例如：

```
<% =DateTime.Now %>
```

4. 服务器代码

大多数 ASP.NET 页面包含处理页面时在服务器上运行的代码。页面的代码位于 script 标记中，如：<script runat="server">，该标记中的开始标记包含 runat="server" 属性，说明页面运行时，ASP.NET 将此标记标识为服务器控件，并使其可用于服务器代码。

5. 文本和 XHTML 标记

页面的文本部分用 XHTML 标记来实现，这一部分结构应完全符合 HTML 的文件结构。一个最基本的 HTML 网页结构如下所示：

```
<html>
<head>
    <title>标题内容</title>
</head>
<body>
    主要内容
</body>
</html>
```

<html >…</html>：整个 HTML 文件的起止标记。其他 HTML 标记都要被放在这对标记之间。在 HTML 代码中，仅有<html >…</html>；在 XHTML 代码中使用了<html   html

xmlns="http://www.w3.org/1999/xhtml">…</html>，其中的 xmlns 是 XHTML namespace 的缩写，即 XHTML 命名空间，用来声明网页内所用到的标记是属于哪个名称空间的。本例中，指定 HTML 的标记名称空间为 http://www.w3.org/1999/xhtml ，这属于 XML 1.0 的写法。说明整个网页标记应符合 XHTML 规范。

<head>…</head>：HTML 头部文件。头部文件中包含页面传递给浏览器的信息，这些信息作为一个单独的部分，不是网页的主体内容；在头部文件中可以设置页面的标题、关键字、外部链接和脚本语言等内容：如用<title>…</title>标记来设置网页的标题，用<script >…</script>标记来插入脚本等。

<body>…</body>：文档内容部分。<body>…</body>标记之间为页面文档的主体，用来放置页面的内容，是在浏览器中需要显示的内容；对一个最简单的网页来说，<body>…</body>标记符是必须使用的标记符。

下面介绍 XHTML 的语法规则。

3.3　XHTML 的语法规则

XHTML 的主要语法规则如下。

1. 使用 UTF-8 之外的编码，文档必须具有 XML 声明

当文档的字符编码不是默认的 UTF-8 的编码时，编程人员必须在 XHTML 页面中添加一个 XML 声明并指定字符编码。例如：<? xml version="1.0"　encoding="iso-8859-1"?>。

2. HTML 标记之前必须使用 DOCTYPE 声明

XHTML 1.0 提供了 3 种 DTD 声明供选择，DOCTYPE 声明必须引用其中一种类型。

- ◎ Transitional(过渡型)：可以使用符合 HTML 4.0 标准的标记，但是必须符合 XHTML 的语法。它是 ASP.NET 默认文档类型定义。
- ◎ Strict(严格型)：XHTML 1.0 Strict 与 XHTML 1.0 Transitional 的不同之处在于，它在文档结构和表示形式之间实施了一种更为明显的分离。与 XHTML 1.0 Transitional 不同，XHTML 1.0 Strict 强迫用户使用层叠样式表来控制页的外观。
- ◎ Frameset(框架型)：XHTML 1.0 Transitional 文档意在成为使用<frameset>标记将浏览器划分为多个框架的文档(XHTML 1.0 Transitionalt 和 Strict 页不能包含<frameset>标记)。

3. 页面的 html 标记必须指定命名空间

html 标记必须指定 XHTML 命名空间，也就是将 namespace 属性添加到 html 标记中。例如：<html　html xmlns="http://www.w3.org/1999/xhtml">…</html>。

4. 文档必须包含完整的结构标记

文档必须包含 head、title 和 body 结构标记；框架集文档必须包含 head、title 和 frameset

计算机 基础与实训教材系列

结构标记。

5. 标记必须成对使用

若是单独不成对的标记，在标记最后加/>结束。例如：
、<hr />是正确的。

6. 标记必须正确嵌套

XHTML 要求有严谨的结构，文档中的所有标记必须按顺序正确嵌套，不得交叉。

7. 所有标记名称和属性的名字都必须使用小写

与 HTML 不同，XHTML 对大小写是敏感的，XHTML 要求所有的标记和属性的名字都必须使用小写。例如：<title>和<TITLE>在 XHTML 是不同的标记。

8. 属性值必须用引号括起来

在 HTML 中，不要求给属性值加引号，但是在 XHTML 中，属性值必须加引号(双引号或单引号都可以)。例如：<height=80> 必须修改为：<height="80">。

若用户需要在属性值里使用双引号，可以使用&apos；表示，例如：<alt="say'hello'">。

9. 使用 id 替代 name 属性

在 XHTML 中使用 id 属性替代 HTML 中的 name 属性>。

10. 属性不允许简写，每个属性必须赋值

XHTML 规定所有属性都必须有一个值，没有值的就重复本身。例如：

<input id="Checkbox1" type="checkbox" value="乒乓球" checked/>

必须修改为：

<input id="Checkbox1" type="checkbox" value="乒乓球" checked="checked" />

11. 图片必须有说明文字

每个图片标记必须有 ALT 说明文字。即必须对 img 和 area 标记应用文字说明 alt="说明" 属性。例如：<img src="fish.jpg" alt="big fish" />

12. 不要在注释内容中使用 "--"

"--" 只能发生在 XHTML 注释的开头和结束，也就是说，在内容中它们不再有效。例如下面的代码是无效的：

<!--这里是注释-----------这里是注释-->

可以用等号或者空格替换内部的虚线，使之成为正确的代码，如：

```
<!--这里是注释====这里是注释-->
```

①3.4 XHTML 标记及其属性

XHTML 标记有很多，标记(Tags)是指定界符(一对尖括号)和定界符括起来的文本，用来控制数据在网页中的编排方式，告诉应用程序(如浏览器)以何种格式表现标记之间的文字。当需要对网页某处内容的格式进行编排时，只要把相应的标记放置在该内容之前，浏览器就会以标记定义的方式显示网页的内容。标记控制文字显示的语法为：

<标记名称> 需进行格式控制的文字</标记名称>

在 XHTML 标记中，可以通过设定一些属性，来描述标记的外观和行为方式，以及内在表现，以便对文字编排进行更细微的控制。几乎所有的标记都有自己的属性。例如：style="text-align:center"，其中，style 就是标记的属性，style 的值设置文本格式为居中对齐。

使用标记符有如下一些注意事项。

◉ 任何标记都用"<"和">"括起来，一般情况下，标记是成对出现的。

◉ 标记名与"<"之间不能有空格。

◉ 某些标记要加上属性，而属性只能加于起始标记中。格式为：

<标记名 属性名=属性值 属性名=属性值 ...> 网页内容 </标记名>

下面介绍其常用标记及属性。

1. 主体标记<body>…</body>

在 XHTML 文档中，使用 body 元素的标记可以设置网页页面背景与文本的颜色。具体来说，在 body 元素的开始标记<body>中，使用某些关系到页面全局的属性，可以控制页面的背景与文本颜色。

<body>标记中不带任何属性时，表示全使用默认的属性值。网页默认的显示格式为：白色背景，12 像素黑色 Times New Roman 字体。

在 XHTML 中，<body>标记用属性 style 来设置样式，如设置字体的大小、颜色、页面的背景色和背景图等。格式为：

<标记 style="样式 1:值 1;样式 2:值 2;......">

其中，样式与值用冒号分隔，如果 style 属性中包含多个样式，各个样式之间用分号隔开。style 属性常用的样式如下。

◉ background-color：设置网页的背景颜色，默认为白色背景。

◉ color：设置网页中字体的颜色，默认颜色为黑色。

◉ font-family：设置网页中字体的名称，如宋体、楷体、黑体等。

⊙ font-size：设置网页中字体的大小。

⊙ text-align：设置网页中文本的对齐方式，常用的取值有 3 种，left(左对齐，默认对齐方式)、right(右对齐)、center(居中对齐)。

例如，设置网页字体为宋体，字体的颜色为蓝色，方法如下：

```
<body style="font-family:宋体；color:blue" …>,
 …
</body>
```

2. 分层标记<div>…</div>

分层标记为<div>…</div>。其主要作用如下。

⊙ 分层标记用来排版大块的 XHTML 段落，为 XHTML 页面内大块(block-level)的内容提供结构和背景的标记。

⊙ 可用 style 属性，在其中加入许多其他样式，以实现对其中包含元素的版面设置。

⊙ div 标记除了可以作为文本编辑功能外，还可以用作容器标记，将按钮、图片、文本框等各种标记放在 div 里面作为它的子对象元素处理。

3. 文本格式化设置标记

文本格式化设置标记包括标题字体设置、字体风格设置、段落设置等内容。

(1) 标题字体大小设置标记　<hn>…</hn>

标题字体大小分为 6 级。由大至小，有 6 种设置标题格式的标记：<h1>、<h2>、<h3>、<h4>、<h5>和<h6>。标题字体的基本标记格式如下：

```
<hn   style="…">标题内容</hn>
```

其中：n = 1，2，3，4，5，6。即有 h1、h2、h3、h4、h5 和 h6 六级。

例如：

```
<h1   style=" color:Red; text-align:right">h1 标题</h1>
<h2   style="text-align:center">h2 标题</h2>
```

(2) 设置字体风格的标记

为了使文本突出，以引起浏览者的注意，对文本设置适当的字体风格是一个有效的途径。在 XHTML 中，提供有多种字体风格标记供选用。

设置字体风格的标记主要有以下几种。

⊙ …标记：以加粗字的形式输出文本。

⊙ <i>…</i>标记：以斜体字的形式输出文本。

⊙ <big>…</big>标记：以较大字的形式输出文本。

⊙ <small> …</small>标记：以较小字的形式输出文本。

例如：

计算机 基础与实训教材系列

```
<div>
    <b>设置为粗体字</b>
    <i>设置为斜体字</i>
    <sup>上标字</sup>
    <sub>下标字</sub>
    <big>设置为较大字</big>
    <small>设置为较小字</small>
</div>
```

(3) 换行标记

用于添加一个回车换行，该标记没有结束标记，故在 XHTML 中以</>结束。在编写 XHTML 时，如果在文件中用回车键分开了某一段文字，当在浏览器中显示时，浏览器会忽略源代码中的换行，而并不会显示换行的效果。若要显示网页中的文字换行效果，必须在文件中使用
标记。

(4) 段落标记

⊙ 段落标记为<p>…</p>

段落标记<p>…</p>的作用是将标记之间的文本内容自动组成一个完整的段落。

⊙ 预格式化标记<pre>…</pre>

预格式化标记<pre>…</pre>使标记之间的文本信息能够在浏览器中按照原格式毫无变化地输出。它可以使浏览器中显示的内容与代码中输入的文本信息格式完全一样。

(5) 画线标记<hr/>

画线标记<hr/>单独使用，可以实现段落的换行，并绘制一条水平直线，并在直线的上下两端留出一定的空间。可以使用 style 属性进行设置。其中各属性含义如下。

⊙ width: 设置画线的长度，取值可以是以像素为单位的具体数值，也可以使用相对于其父标记宽度的百分比数值。

⊙ height: 设置画线的粗细，单位是像素。

(6) 空格标记

在 XHTML 中，直接输入多个空格，仅仅会被视为一个空格，而多个回车换行符也仅仅被浏览器解读为一个空格。

为了能够显示多个空格，XHTML 保留了 HTML 中的空格标记 。一个 代表一个空格；多个 则代表相应的空格数。

(7) 文本居中标记<center>… </center>

文本居中标记<center>… </center>用来将网页中 center 标记内的元素居中显示。

(8) 列表标记

列表标记包括无序列表标记<ul>…</ul>和有序列表标记<ol>…</ol>。

⊙ 无序列表标记为<ul>…</ul>

无序列表标记为<ul>…</ul>，列表项标记为<li>…</li>。语法格式如下:

```
<ul    style="list-style-type">
<li>列表项 1
<li>列表项 2
…
<li>列表项 n
</ul>
```

list-style-type 可以有几种形式：默认形式 disc(实心圆)、circle(空心圆)和 square(实心方块)，默认形式为实心圆●。

<li>有自动换行的作用，每个条目自动为一行。

◉ 有序列表标记<ol>…</ol>

有序列表标记<ol>…</ol>和列表项标记<li>…</li>语法格式为：

```
<ol    style="list-style-type">
<li>列表项 1
<li>列表项 2
…
<li>列表项 n
</ol>
```

list-style-type 可以设为：upper-alpha(大写英文)、lower-alpha(小写英文)、upper-roman(大写罗马数字)、lower-roman(小写罗马数字)和 decimal(十进制数字)等。

(9) 注释标记<!--注释内容-- >

注释标记常用在比较复杂或多人合作设计的页面中，为代码部分加上说明，方便日后修改，增加页面的可读性和可维护性。

浏览器会自动忽略注释标记中的文字(可以是单行也可以是多行)而不显示。

4. 表格标记

表格标记<table>… </table>。表格由行与列组成，每一个基本表格单位称为单元格。单元格在表格中可以包含文本、图像、表单以及其他页面元素。表格标记常用属性如下。

◉ align：设置表格在网页中的水平对齐方式，可选值有 left、right 和 center。

◉ backGround：为表格指定背景图片。

◉ bgcolor：为表格设定背景色。

◉ border：设置表格边框厚度，如果此参数为 0，那么表格不显示边界。

◉ cellpadding：设置单元格中的数据与表格边线之间的间距，以像素为单位。

◉ cellspacing：设置各单元格之间的间距，以像素为单位。

◉ valign：设置表格在网页中的垂直对齐方式，可选值 top、middle、bottom。

◉ width：设置整个表格宽度。

行起止标记为<tr>… </tr>。此标记表明了表格一行的开始和结束，主要有以下属性。

⊚ align：设置行中文本在单元格中的水平对齐方式，可选值有 left、right 和 center。

⊚ backGround：为这一行单元格指定背景图片。

⊚ bgcolor：为这一行单元格设定背景色。

单元格起始标记为<td>… </td>。单元格起始标记用于设置表行中某个单元格的开始和结束。

5. 图像标记<img />

图像标记语法格式为：

<img src="图像文件名" [alt="提示文本"] [border="边框宽度"] [align="对齐方式"] [width="宽度像素大小"] [height="高度像素大小"] alt="说明"/>

主要属性说明如下：

⊚ src：这个属性是必需的，用来链接图像的来源。

⊚ align：设置图像旁边文字的位置。可以控制文字出现在图片的上方、中间、底端、左侧和右侧。可选值为 top、middle、bottom、left 和 right，默认值为 bottom。

⊚ alt：区别于 HTML，每个图片标记必须有 ALT 说明文字。

6. 超链接标记<a>…</a>

超链接是通过文字、图像等载体对文件进行链接，引导文件的阅读。

超链接标记的格式为：

<a href="URL" id="设置锚点" target="链接目标网页打开的窗口"> 锚点 </a>

锚点是实现链接的源点，浏览者通过在锚标上单击鼠标就可以到达链接目标点。

主要属性说明如下。

⊚ href 属性：设定要链接到的文件名称，为必选项。一般路径格式为"href="域名或 IP 地址/文件路径/文件名#锚点名称""。

⊚ id 属性：用来定义页面内创建的锚点。

⊚ target 属性：设定链接目标网页所要显示的视窗，默认为在当前窗口打开链接目标。

XHTML 支持的超链接有以下几种形式。

⊚ 链接到其他网页：链接到其他网页基本格式为"<a href="URL">锚点</a>"，表示链接的是指定网页。运行时单击链接，转向另一个页面。

⊚ 链接到图像上：链接到图像上的基本格式为"<a href="image_name.jpg" >锚点</a>"，运行时，单击超链接，跳转向一幅图片。

⊚ 发送电子邮件链接：发送电子邮件链接的基本格式为"<a href="mailto:email 地址">链接标签文本或图片</a>"。当访问者单击某个发送邮件的链接标签时，浏览器会切换到一个邮件客户程序中并新建一个邮件信息窗口，供用户去编辑、发送邮件。邮件地址形式为：name@site.com。例如， "<a href="mailto: administrator@163.com"> 请与网易管理员联系</a>"运行后，单击超链接"请与网易管理员联系"，跳转到向管理员邮箱发信的页面。

1.4　上机练习

创建 XHTML 页面，掌握 XHTML 文本标记、列表标记、表格标记、图像标记、超链接标记等标记的使用。

【例 1-1】文本标记使用示例。

(1) 在记事本中输入如下程序，以文件名 Ex1_1.htm 存盘。

```
<!DOCTYPE html PUBLIC "-//W3C//DTD XHTML 1.0 Transitional//EN"
"http://www.w3.org/TR/xhtml1/DTD/xhtml1-transitional.dtd">
<html xmlns="http://www.w3.org/1999/xhtml">
<head runat="server">
    <title>文本标记使用示例</title>
</head>
<body style="text-align:center;font-family:楷体_GB2312;color:blue">
        <!--设置整个页面的字体居中显示，字体为楷体，颜色为蓝色-->
    <form id="form1" runat="server">
    <div >
            设定标题格式示例：
            <h1>设定标题格式，此处用 h1 效果</h1>
            <h6>设定标题格式，此处用 h6 效果</h6>
            <hr style ="width:70%;height:10px;color:Red" />
            <!--画一条分割线，宽度为整个页面的 70%，宽度为 10 像素，颜色为红色-->
            <p> 字体的特殊效果示例：</p>
            <b>粗体显示文本</b><br />
            <i>斜体显示文本</i><br />
            <sup>上标显示文字</sup><sub>下标显示文字</sub><br />
            <hr />
    </div>
    </form>
</body>
</html>
```

(2) 启动浏览程序，执行【文件】|【打开】命令，就可以加载 XHTML 文件了，执行结果如图 1-3 所示。

图 1-3 【例 1-1】执行结果

【例 1-2】超链接示例。

(1) 在记事本中输入如下程序，以文件名 Ex1_2.htm 存盘。

```
<html xmlns="http://www.w3.org/1999/xhtml">
<head >
    <title>超链接示例</title>
</head>
<body>
        百度网站的超级链接：
        <a href="http:\\www.baidu.com"> 百度搜索</a><br />
        谷歌网站的超级连接：
        <a href="http:\\www.google.cn">谷歌搜索</a><br />
</body>
</html>
```

(2) 启动浏览程序，执行【文件】|【打开】命令，就可以加载 XHTML 文件了，执行结果如图 1-4 所示。

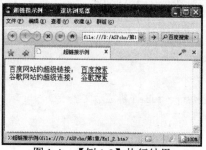

图 1-4 【例 1-2】执行结果

【例 1-3】列表使用示例。

(1) 在记事本中输入如下程序，以文件名 Ex1_3.htm 存盘。

```
<html xmlns="http://www.w3.org/1999/xhtml">
<head >
    <title>列表使用示例</title>
</head>
```

```
<body>
    <form id="form1" >
    <div>
        电子产品
        <ul>
                <li>数码相机</li>
                <li style ="list-style-type:disc">移动硬盘</li>
                <li style ="list-style-type:circle">MP3,MP4</li>
                <li style ="list-style-type:square">笔记本电脑</li>
            </ul>
        计算机类图书
        <ol >
                <li>SQL Server 2005 数据库应用实用教程</li>
                <li style ="list-style-type:lower-roman">Visual C#程序设计实用教程</li>
                <li style ="list-style-type:lower-alpha">C#网络应用案例导航</li>
                <li style ="list-style-type:upper-roman">ASP.NET 3.5 动态网站建设</li>
            </ol>
        </div>
    </form>
</body>
</html>
```

(2) 启动浏览程序，执行【文件】|【打开】命令，就可以加载 XHTML 文件了，执行结果如图 1-5 所示。

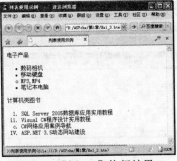

图 1-5　【例 1-3】执行结果

【例 1-4】表格标记使用示例。

(1) 在记事本中输入如下程序，以文件名 Ex1_4.htm 存盘。

```
<html xmlns="http://www.w3.org/1999/xhtml">
<head >
    <title>表格标记使用示例</title>
</head>
```

```
<body>
    <form id="form1" >
    <div>
        <table border="5" align="center">
            <tr align ="center" >
            <td bgcolor="red">  第一行第一列，背景红色 </td>
            <td bgcolor="blue">第一行第二列，背景蓝色 </td>
            <td bgcolor="green">第一行第三列，背景绿色 </td>
            </tr>
                <!--以上设置第一行，文字居中-->
            <tr >
            <td align="left">  第二行第一列，左对齐 </td>
            <td align="center">第二行第二列，居中 </td>
            <td align="right">第二行第三列，右对齐 </td>
            </tr>
                <!--以上设置第二行，文字居左-->
        </table>
    </div>
    </form>
</body>
</html>
```

(2) 启动浏览程序，执行【文件】|【打开】命令，就可以加载 XHTML 文件了，执行结果如图 1-6 所示。

图 1-6   【例 1-4】执行结果

【例 1-5】图片标记使用示例。

(1) 在记事本中输入如下程序，以文件名 Ex1_4.htm 存盘。

```
<html xmlns="http://www.w3.org/1999/xhtml">
<head runat="server">
    <title>图片标记使用示例</title>
</head>
<body>
```

```
<form id="form1" runat="server">
    <div>
        <img src="D:\ASPchx\第 1 章\sunset.jpg" align="left" width="200"
height="150"                alt="sunset" /> 图片左对齐，长 200 像素，宽 150 像素
    </div>
    <p>
    </p>
    <div align="center">
        <img    src="D:\ASPchx\第 1 章\water lilies.jpg" align="middle"
width="100" height="100"            alt="water lilies" /> 图片居中，长 100 像素，宽
100 像素<br />
    </div>
    </form>
</body>
</html>
```

(2) 启动浏览程序，执行【文件】|【打开】命令，就可以加载 XHTML 文件了，执行结果如图 1-7 所示。

图 1-7   【例 1-5】执行结果

1.5   习题

1. 简述 ASP.NET 工作原理。
2. 解释 HTML 与 XHTML 之间的区别？

第2章

ASP.NET 3.5 开发环境介绍

学习目标

本章主要介绍了 IIS 的安装、Microsoft Visual Web Developer 下载与安装、Visual Web Developer 2008 的使用等内容。通过本章学习，将学会建立 ASP.NET 3.5 的开发环境；初步学会 Visual Web Developer 2008 的使用。

本章重点

- ⊙ IIS 的安装与使用
- ⊙ Microsoft Visual Web Developer 下载
- ⊙ Microsoft Visual Web Developer 安装
- ⊙ Visual Web Developer 2008 使用
- ⊙ 构建第一个 ASP.NET 应用程序

2.1 IIS 的安装与使用

ASP.NET 执行环境需要 Web 服务器，对 Windows 系列的操作系统来说，就是 IIS(Internet Information Services)。当然，也可以不安装 IIS，直接使用 Visual Web Developer 内置的 Web 服务器来测试 ASP.NET 程序的执行。

目前微软公司的.NET Framework SDK 版本所支持的系统有 Windows NT 4.0、Windows 2000 Server、Windows 2000 Professional、Windows XP 和 Windows Vista。有的操作系统安装时已自动安装了 IIS，如 Windows 2000 Server，有的则没有安装。在进行 Web 应用程序的发布之前，必须安装 IIS。检测自己所操作的机器是否安装有 IIS 的方法是打开 Internet 浏览器，在【地址栏】中输入 "http://localhost"，若可以成功打开图 2-1 的画面(微软的欢迎使用 IIS 主页)以及 IIS 说明文档窗口时，则证明 IIS 已经安装。

图 2-1　IIS 测试窗口

如果用户的操作系统没有安装 IIS，请按照如下步骤安装即可。

◎ 选择【开始】|【设置】|【控制面板】命令。

◎ 选择【添加/删除程序】|【添加/删除 Windows 组件】命令。

◎ 出现如图 2-2 所示的【Windows 组件向导】画面，显示目前系统安装的组件清单。选择 Internet 信息服务(IIS)。

单击【下一步】按钮，根据提示即可完成安装。

ASP.NET 默认的目录在 "C:\Inetpub\wwwroot" 地址下，运行 ASP.NET 的应用程序时，可以直接把应用程序拷贝到此文件目录下，而后就可以运行了，但是这样做很不方便，所以也可以自行设置虚拟目录。

自行设置虚拟目录的方法是打开控制面板，在控制面板窗口中双击【管理工具】图标，然后在管理工具窗口中双击【Internet 信息服务】图标，弹出【Internet 信息服务】窗口，如图 2-3 所示。鼠标右键单击【默认网站】，选择【新建】|【虚拟目录】命令，按照提示步骤即可创建一个虚拟目。

图 2-2　Windows 组件向导窗口

图 2-3　Internet 信息服务窗口

卸载后保留的目录：卸载 IIS 之后，下列包含用户信息的目录仍将保留在计算机上。

- \Inetpub
- \systemroot\Help\IisHelp
- \systemroot\System32\Inetsrv

安装完 IIS 之后，就可以用"记事本"或其他文本编辑器来编辑 ASP.NET 应用程序，然后用 IIS 来运行 ASP.NET 应用程序。但比较麻烦，特别是在开发 ASP.NET 应用程序阶段。因此，最好安装 ASP.NET 应用程序的专门开发工具 Microsoft Visual Web Developer。下面就介绍 Microsoft Visual Web Developer 的安装与使用。

②.2　Microsoft Visual Web Developer 安装

Microsoft Visual Web Developer 2008（简称为 VWD 2008）是为构建 ASP.NET Web 站点而开发的，其中包含了大量有助于快速创建复杂 ASP.NET Web 应用程序的工具。

Visual Web Developer 有两个版本：一个是独立而免费的版本，称为 Microsoft Visual Web Developer 2008 Express Edition；一个是较大的开发套件 Visual Studio 2008 的一部分。本书中的所有示例都可以用免费的 VWD 2008 Express Edition 构建出来。

②.2.1　Microsoft Visual Web Developer 的下载

可以从 Microsoft 站点 www.microsoft.com/express/上下载 VWD 的免费版本。在 Express 主页上，单击 Download 超链接，打开 Express 产品的下载页面，包括 Visual Web Developer 2008 Express Edition，如图 2-4 所示，选择 Chinese(Simplified)，单击 Download 按钮弹出如图 2-5 所示的【文件下载】页面，单击【保存】按钮，选择保存 vwdsetup.exe 的保存位置，即可开始下载 Visual Web Developer 2008 Express Edition 的安装程序。注意这里只是下载的安装程序本身，文件的其余部分在安装过程中下载。也可以从 Express 产品的下载页面上以 ISO 映像方式下载所有 Express 产品，以便刻录到 DVD 上。

不要被以 Web Install 方式下载的 2.65MB 的文件大小所迷惑。以这种方式所下载的文件只是从 Internet 上下载必需文件的安装程序。全部下载下来大约为 1.3GB。

如果想下载同样包含 VWD 的 Visual Studio .NET 2008，则可以从 Microsoft 的站点 http://msdn2.microsoft.com/vstudio 上下载有 90 天免费使用期的版本。

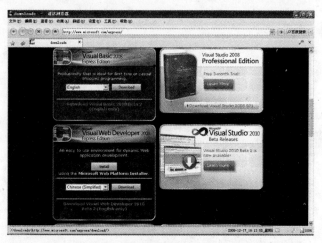

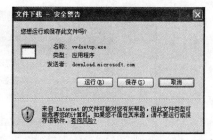

图 2-4　VWD 2008 Express 产品的下载页面　　　　　图 2-5　【文件下载】页面

②.2.2　Microsoft Visual Web Developer 安装

Visual Web Developer 2008 Express Edition 的安装很简单。根据所选的安装方法、计算机配置和 Internet 连接速度，安装 VWD 可能要花几个小时。安装 Visual Studio 2008 所需执行的步骤与之相似，只是看到的屏幕略有不同。

在安装 VWD 2008 Express Edition 时，安装选项对话框中会出现选择 SQL Server 的选项。如果该对话框中没有列出 SQL Server，则可能是因为该计算机上已经安装了 SQL Server 2005 Express Edition。

安装 VWD 2008 Express Edition 的步骤如下。

(1) 双击 VWD 2008 Express Edition 安装程序 vwdsetup.exe，即可开始安装 Visual Web Developer 2008 Express Edition。最先出现的是【安装程序】页面，如图 2-6 所示。

注意，安装程序在加载安装组件的过程中如果发现后台智能传输服务 BITS (Background Intelligent Transfer Service)被禁用，则会出现如图 2-7 所示的安装错误页面。

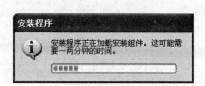

图 2-6　安装起始页面　　　　　图 2-7　安装错误页面

提示

当 BITS 服务被禁用、不存在、已从服务应用程序中删除、在下载进行过程中被终止或者 BITS 所依赖的任何服务失败或被删除时，都会发生此错误。

解决 BITS 错误的步骤如下。

① 在【开始】菜单上，单击【运行】选项。

② 在【运行】对话框中，键入"services.msc"，然后单击【确定】按钮。出现【服务】列表窗口，如图 2-8 所示。

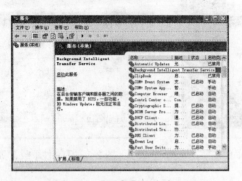

图 2-8 【服务】列表窗口

图 2-9 【依存关系】选项卡页面

③ 在服务列表窗口中，右击【后台智能传输服务】选项，然后在弹出的菜单中选择【属性】命令。

④ 在【启动类型】列表中，选择【手动】选项，然后单击【确定】按钮。

如果上述步骤无法解决问题，可能需要启用 BITS 所依赖的服务。

启用依赖项的步骤如下。

◉ 执行上面列出的步骤①～步骤③。

◉ 在【后台智能传输服务属性】对话框中，单击【依存关系】选项卡。如图 2-9 所示。

◉ 对于【此服务依赖以下系统组件】下列出的每个服务，执行上面列出的步骤③和步骤④以启用该服务。

(2) 如果你的计算机满足安装需求，就将进入【欢迎使用安装程序】页面，如图 2-10 所示。单击【下一步】按钮，出现【许可条款】页面，如图 2-11 所示。阅读并接受许可条款，并再次单击【下一步】按钮，出现【安装选项】页面，如图 2-12 所示。

图 2-10 【欢迎使用安装程序】页面

图 2-11 【许可条款】页面

(3) 在【安装选项】页面上，选中【Microsoft SQL Server 2008 速成版】复选框，如果没有看到 SQL Server 选项，就表示已经安装过了。然后单击【下一步】按钮。出现【目标文件夹】页面，如图 2-13 所示。

(4) 在【目标文件夹】页面上，如果主磁盘上空间足够，可以在【安装文件夹为】文本框中保留默认值。否则，单击【浏览】按钮选择另一个位置。之后单击【安装】按钮。

(5) 如果使用的是基于 Web 的安装程序，安装程序就会首先从 Internet 上将文件下载到计算机上。在安装过程中，将出现一个显示 VWD 2008 的【下载和安装进度】的页面，如图 2-14 所示。

(6) 完成了应用程序的安装后，就会出现一个对话框，如图 2-15 所示，要求重新启动计算机。单击【立即重新启动】按钮。重启计算机后，VWD 2008 就可以使用了。

图 2-12 【安装选项】页面

图 2-13 【目标文件夹】页面

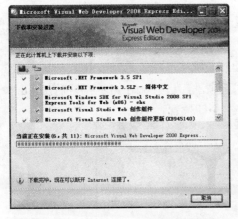

图 2-14 【下载和安装进度】页面

图 2-15 【重新启动】页面

安装完 Visual Web Developer 2008 之后，就可以使用内置服务器来建立 ASP.NET 开发测试环境。下面开始介绍 Visual Web Developer 2008 使用。

计算机 基础与实训教材系列

②.3 Microsoft Visual Web Developer 使用

VWD 2008 有内置的 ASP.NET development Server，就算没有安装 IIS 服务器，也一样可以在集成开发环境(Integrated Development Environment，IDE)下测试 ASP.NET 程序的执行。

②.3.1 VWD 2008 的启动

启动 VWD 2008 创建一个新网站的步骤如下。

(1) 在 Microsoft Windows 中，选择【开始】|【程序】菜单中的【Microsoft Visual Web Developer 2008 Express Edition】选项，启动 VWD 2008。如果是第一次启动 VWD，则会出现如图 2-16 所示的 VWD 2008 启动配置页面，VWD 2008 需要先做一些必要的环境配置。以后使用时就不会出现这个界面，启动时也会快得多。

图 2-16   VWD2008 启动配置页面

完全配置好 VWD 后，就会出现【起始页】页面，图 2-17 展示了它的起始页。

(2) 在【起始页】页面中选择菜单【文件】|【新建网站】命令，出现如图 2-18 所示的【新建网站】对话框。

起始页包括【最近的项目】和联机资源：【开始】、【Visual Web Developer 标题新闻】和【MSDN 中文网站最新更新】。

(3) 在【新建网站】对话框的【模板】列表框中，确认选择了【ASP.NET Web 网站】模板。还要确认在【位置】下拉列表中选中了【文件系统】选项。修改 Web 站点的存储位置为【d:\ASPchx\第 2 章\Ex2-1】，或通过单击【浏览】按钮选择一个新位置。

图 2-17   【起始页】页面

(4) 在【语言】下拉列表中，可以选择将在站点中使用的主要语言。这里确认选择的是 Visual C#语言。

(5) 单击【确定】按钮。这时 VWD 2008 就创建了一个新的 Web 站点。其中包括了一个名为 Default.aspx 的标准页面、一个 web.config 文件，以及一个空的 App_Data 文件夹，如图 2-19 所示。它还会打开文件 Default.aspx，这样就可以看到该页面的代码。

图 2-18　【新建网站】对话框

图 2-19　VWD 2008 IDE 主开发界面

 提示 ------------------------------

在以后的章节中，本书用"新建网站 xxxx"来代替以上步骤。

在 VWD 2008 的 IDE 界面上，分布着标题栏、菜单栏、工具栏、工具箱、CSS 属性、管理样式、解决方案资源管理器 、数据库资源管理器、属性窗口等窗口。

2.3.2　VWD 2008 IDE 开发界面

VWD 2008 是构建 ASP.NET Web 页面的集成开发环境。它不需要在文本编辑器中写代码、在命令行编译代码、在单独的应用程序中写 HTML 和 CSS，然后在另一个应用程序中管理数据库；VWD 2008 实现了在同一个环境下编辑、编译、执行、调试、发布等操作，极大地提高了开发效率。

1. 主菜单

在这个应用程序的上方，在 Windows 标题栏的下面，可以看到主菜单。这个菜单既有像【文件】、【编辑】、【视图】、【窗口】、【帮助】这样的常用菜单，也有一些 VWD 特有的菜单，如【网站】、【生成】和【调试】菜单。根据执行的具体任务，这个主菜单也会有很大的变化，因此在使用应用程序的过程中就会发现某些菜单项有时出现、有时消失。

2. 工具栏区

在菜单的下方就是工具栏区，利用不同的工具栏，可以快速地访问 VWD 中的大部分常见功能。在图 2-19 中，只启用了 4 个工具栏(HTML 源编辑、标准、格式设置和样式应用)，但是在面向特定任务的场景中 VWD 2008 会随之打开很多可以使用的其他工具栏。有些工具栏会在执行特定任务时出现，但是也可以根据自己的喜好启用或禁用工具栏。要启用或禁用工具栏，只需右击现有工具栏或菜单栏，从出现的菜单中选择工具栏即可以启用或禁用它。

3. 工具箱

默认情况下，在主屏幕的左边，可以看到折叠在 VWD 2008 边缘的工具箱选项卡。如果把鼠标指针悬停在该选项卡上，工具箱就会展开，这样就能看到它包含什么内容。如果单击工具箱(或者有小钉图标的其他面板)右上角的小钉图标，它会钉住 IDE，使它保持打开状态。

与菜单栏和工具栏一样，工具箱会自动更新，以显示与正在执行的任务相关的内容。在编辑标准 ASP 页面时，工具箱会显示可用于页面的许多控件。可以简单地从工具箱中拖动一个控件，然后把它放到希望在页面中出现的位置处(源视图或设计视图)。这些控件将在第 4 章详细讨论。

工具箱包含多个类别，其中的工具可以根据意愿展开和折叠，以便找到合适的工具。也可以重新排列列表中的项目顺序，从工具箱中添加和删除项目，甚至可以向其中添加自己的工具。

如果在屏幕上看不到工具箱，则可以按 Ctrl+Alt+X 键来打开它，或者从"视图"菜单中选择工具箱命令就可以打开它。工具箱如图 2-20 所示。

工具箱选项卡下面还有两个选项卡：CSS 属性和管理样式。这两个选项卡都会在以后相关的章节详细讨论。

4. 解决方案资源管理器

默认情况下，在屏幕右边，可以看到【解决方案资源管理器】窗口。【解决方案资源管理器】没有把所有文件放在一个文件夹中，而是将文件分门别类地存储在单独的文件夹中，并创建一个有逻辑性且有组织的站点结构。可以用【解决方案资源管理器】向站点中添加新的文件夹和文件，用拖放功能移动现有文件，从项目中删除文件或更改文件夹名或文件名等操作。解决方案资源管理器的大部分功能隐藏在它的右击菜单后面，该菜单随着在浏览器窗口中右击的项目不同而不同。

在解决方案资源管理器上方有一个小工具栏，可以用来快速访问与 Web 站点相关的一些功能，包括打开选中项目的属性窗口，刷新【解决方案资源管理器】窗口，嵌套相关文件的选项，以及用来复制和配置 Web 站点的两个按钮。解决方案资源管理器如图 2-21 所示。

可以通过按 Ctrl+Alt+L 键或者从主菜单中选择【视图】|【解决方案资源管理器】命令来打开【解决方案资源管理器】窗口。

5. 数据库资源管理器

这个窗口隐藏在【解决方案资源管理器】窗口的后面，通过它可以使用数据库。它提供了

计算机 基础与实训教材系列

创建新数据库和打开现有数据库、向数据库中添加新的表和查询的工具，并且可以访问在使用数据库中的数据时需要用到的其他工具。

数据库资源管理器将在以后相关的章节详细讨论。

6. 属性窗口

用【属性】窗口可以查看和编辑 VWD 2008 中的许多项目的属性，包括【解决方案资源管理器】中的文件、Web 页面上的控件、页面本身的属性及其他更多内容。这个窗口会不断更新以反映选中的项目。按 F4 键可以快速地打开【属性】窗口。这个快捷键还可以用来强制【属性】窗口显示选中项目的详细信息。【属性】窗口如图 2-22 所示。

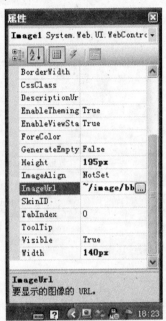

图 2-20　【工具箱】窗口　　　图 2-21　【解决方案资源管理器】窗口　　　图 2-22　【属性】窗口

7. 文档窗口

应用程序中间的文档窗口是主要区域。大部分动作都在这里发生。可以用文档窗口来操作很多不同的文档格式，包括 ASPX 和 HTML、CSS 和 JavaScript 文件、VB 和 C#的代码文件、XML 和文本文件，甚至图像文件。此外，用这个窗口还可以管理数据库、创建站点的副本，并在内置的 Web Development Server 中浏览页面等。

在图 2-23 的文档窗口下方可以看到【设计】、【拆分】和【源】3 个按钮。在操作含有标记的文件(如 ASPX 和 HTML 页面)时，这些按钮会自动出现。单击【设计】按钮打开页面的【设计】视图窗口(在这里可以看到页面在浏览器中的结果)；单击【源】按钮打开【源】视图窗口(在这里可以看到页面的标记代码)；单击【拆分】按钮可以同时打开【设计】视图和【源】视图窗口。

默认情况下文档窗口是一个带选项卡的窗口，这意味着它能驻留多个文档，各文档之间通过选项卡分隔，文件名在窗口顶部。各选项卡的右击菜单中包含使用该文件的一些有用快捷键，包括保存与关闭文件，以及在 Windows 资源管理器中打开该文件的父文件夹。如果选项卡中文件名右上角带"*"，说明该文件内容没有保存。

要在文档之间切换，可以按 Ctrl+Tab 键，或者单击文档窗口右上角的下拉箭头，如图 2-23 所示。单击下拉箭头会显示出一个打开文档的列表，因此可以轻而易举地从中选择要打开的文档。

图 2-23 【文档】窗口的切换

②.3.3 信息窗口

除了在启动 VWD 2008 时所见到的窗口外，VWD 2008 中还有很多可用的窗口。在本书的其余部分中，将运用到这些窗口，现在先介绍几个重要的窗口。

1. 输出窗口

【输出】窗口可以用菜单【视图】|【输出】命令打开。当用菜单【生成】|【生成网站】命令构建站点时，【输出】窗口会提示有没有构建成功。如果构建失败，那么【输出】窗口将会指出构建失败的原因。【输出】窗口如图 2-24 所示。

图 2-24 【输出】窗口

2. 错误列表

【错误列表】窗口可以用菜单【视图】|【错误列表】命令打开。它提供了一个列表，列出了当前因为某种原因在站点中被中断的内容，包括 ASPX 或 HTML 文件中的错误标记，以及 VB 或 C#文件中的编程错误。这个窗口甚至可以显示 XML 和 CSS 文件中的错误。这个错误列表显示了 3 类消息——错误、警告和消息，它们分别表示不同的问题严重程度。图 2-25 显示了 CSS 和 XHTML 有问题的页面的错误列表。

图 2-25　【错误列表】窗口

3. 书签窗口

【书签】窗口可以用菜单【视图】|【书签】命令打开。可以通过按 Ctrl+K 键两次来向文档窗口中的很多代码文件添加书签。有了这个快捷键，可以在代码的空白处放置一些小书签，以后就可以用【书签】窗口选择这些书签。这样就可以快速地在代码之间游走，当站点开始扩大时这一点尤其有用。

4. 查找结果窗口

【查找结果】窗口可以用菜单【视图】|【查找结果】命令打开。当开始管理站点的内容时，VWD 2008 的【查找】和【替换】功能是非常有用的工具。在工作中经常需要替换当前文档或整个站点中的某些文本。菜单【编辑】|【查找与替换】|【在文件中查找】(Ctrl+Shift+F)命令或【编辑】|【查找与替换】|【在文件中替换】(Ctrl+Shift+H)命令都会在【查找结果】窗口中输出它们的结果，如图 2-26 所示。

图 2-26　【查找结果】窗口

因为同时打开几个信息窗口可能占用宝贵的屏幕空间，所以最好停靠(dock)它们。这样，一次就只看到一个窗口，而仍然能够快速访问其他窗口。

②.4 构建第一个 ASP.NET 网站

通过前面的学习，已经知道使用 Visual Web Developer 2008 Express Edition 可以创建一个 ASP.NET 网站。方法是：选择【文件】菜单中的【新建网站】命令，选择标准【ASP.NET 网站】模板，选择一种语言，并单击【确定】按钮即可。下面就来构建本书的第一个 Web 网站。而 ASP.NET 网站是由一个个 Web 窗体组成的。

②.4.1 选择正确的 Web 站点模板

VWD 2008 中的【新建网站】对话框含有不同的 Web 站点模板，各模板的用途各不相同，如图 2-18 所示。

模板列表中最上面一部分显示了 Visual Studio 已安装的模板(默认安装的 ASP.NET Web 站点)。第二部分【我的模板】中包含一个联机搜索模板的链接。此外，当用户创建了自己的模板时，或者从其他地方安装了模板时，它们也会显示在这个区域中。

下面介绍模板中默认安装的 ASP.NET Web 站点。以便了解如何使用它们。

1. ASP.NET 网站

这个模板允许配置一个基本的 ASP.NET Web 站点。它含有一个简单的 web.config 文件(一个 ASP.NET 配置文件)、一个 Web 窗体(称为 Default.aspx)和它的 Code Behind 文件，以及一个空的 APP_Data 文件夹。

2. ASP.NET Web 服务

ASP.NET Web 服务模板是含有 Web 服务的新站点的起点。Web 服务允许在服务器上、网络或 Internet 上某处的计算机上创建这样的软件，它可以被位于同一台机器上的其他应用程序调用。当基于这个模板创建了一个站点时，就会得到一个 Web 服务文件、根据该服务命名的一个附加代码文件，以及一个含有可从 Web 服务访问的配置信息的 web.config 文件。

3. 空网站

顾名思义，空 Web 站点就是空的。起点就是一个空 Web 站点。如果用户有许多现有文件要用来创建一个新 Web 站点的话，空 Web 站点模板就是有用的。

虽然看起来似乎用户必须对 Web 站点模板作出一个清晰的选择，但是其实并没有关系。由于 VWD 2008 中的 ASP.NET Web 站点本质上只是对文件夹的一个引用，因此可以很容易地将一个模板的类型添加到另一个模板。

4. WCF 服务

WCF 服务模板与 Web 服务模板有点相似,它用来创建含有可通过网络调用的服务的 Web

站点。然而，Windows Communication Foundation Services 比这个简单 Web 服务要复杂得多，而且提供了更大的灵活性。WCF 服务不在本书的讨论范围。

2.4.2　Web 窗体介绍

Web 网站是由多个 Web 窗体(Web Forms)组成，而 Web 窗体可能由下面的内容混合而成：HTML、ASP.NET 服务器控件、客户端 JavaScript、CSS 和编程代码。

Web 窗体包含两个部分：一部分是可视化元素，包括标签、服务器控件以及一些静态文本等；另一部分是页面的程序逻辑，包括事件处理句柄和其他程序代码。

Web 窗体有两种形式：一种是带 Code Behind 文件的.aspx 文件(这是根据带附加.vb 或.cs 扩展名的 Web 窗体命名的文件)，另一种是嵌套了代码的.aspx 文件，常称为带内联代码(inline code)的 Web 窗体。两种模式功能是一样的，可以在两种模式中使用同样的控件和代码。

1. 单一文件模式

在单一文件模式下，页面的标签和代码在同一个.aspx 文件中，程序代码包含在<script runat="server"></script>的服务器程序脚本代码块中间，并且代码中间可以实现对一些方法和属性以及其他代码的定义，只要在类文件中可以使用的都可以在此处进行定义。运行时，单一页面被视为继承 Page 类。

2. 后台代码模式

后台代码页面模式将可视化元素和程序代码分别放置在不同的文件中，如果使用 C#，则可视化页面元素为.aspx 文件，程序代码为.cs 文件，根据使用语言的不同，代码后缀也不同，这种模式也被称为代码分离模式。

一开始，带内联代码的 Web 窗体看起来要稍微容易理解一些。由于组织 Web 站点所需的代码是相同 Web 窗体部分，所以可以清楚地看到代码与文件是如何相关的。然而，随着页面变得越来越大，向页面中添加了更多的对象，那时把代码放在独立的文件中通常会更方便。一般提倡使用分离代码模式的 Web 窗体。

一个典型的代码分离模式的例子如下。

Default.aspx 内容如下：

```
<%@ Page Language="C#" AutoEventWireup="true"    CodeFile="Default.aspx.cs"
Inherits="_Default" %>
<!DOCTYPE html PUBLIC "-//W3C//DTD XHTML 1.0 Transitional//EN"
"http://www.w3.org/TR/xhtml1/DTD/xhtml1-transitional.dtd">

<html xmlns="http://www.w3.org/1999/xhtml">
<head runat="server">
    <title></title>
```

```
</head>
<body>
    <form id="form1" runat="server">
    <div>
        <h1>后台代码模式示例</h1>
        <asp:Label ID="Label1" runat="server" Text="Label"></asp:Label>
    </div>
    </form>
</body>
</html>
```

后台代码程序 Default.aspx.cs 内容如下:

```
using System;
using System.Collections.Generic;
using System.Linq;
using System.Web;
using System.Web.UI;
using System.Web.UI.WebControls;
public partial class _Default : System.Web.UI.Page
{
    protected void Page_Load(object sender, EventArgs e)
    {
        Label1.Text = Request.ServerVariables["ALL_HTTP"];
    }
}
```

图 2-27　程序执行结果

程序说明: 在 Web 窗体页 Default.aspx 中添加了一个 Label 服务器控件。格式如下:

```
<asp:Label ID="Label1" runat="server" Text="Label"></asp:Label>
```

然后在其后台代码程序 Default.aspx.cs 中设置 Label 服务器控件的 Text 属性, 代码如下:

```
Label1.Text = Request.ServerVariables["ALL_HTTP"];
```

程序执行结果将在浏览器中显示与 HTTP 有关的内容，如图 2-27 所示。

2.4.3   启动 Visual Web Developer 建立 Web 网站

下面就来构建本书的第一个 Web 网站。包含一个 Web 窗体。

【例 2-1】构建一个 Web 网站。包含一个 Web 窗体，可以显示当前的日期和时间。

(1) 新建一个 ASP.NET 网站 Ex2_1。

(2) 在【解决方案资源管理器】中可以看到系统自动创建的 Web 站点的内容，其中包括了一个空的 App_Data 文件夹、一个名为 Default.aspx 的标准页面和一个 web.config 文件，同时，它还会在【源代码】窗口中自动打开文件 Default.aspx，并自动生成如下代码：

```
<%@ Page Language="C#" AutoEventWireup="true"    CodeFile="Default.aspx.cs"
Inherits="_Default" %>

<!DOCTYPE html PUBLIC "-//W3C//DTD XHTML 1.0 Transitional//EN"
"http://www.w3.org/TR/xhtml1/DTD/xhtml1-transitional.dtd">

<html xmlns="http://www.w3.org/1999/xhtml">
<head runat="server">
    <title></title>
</head>
<body>
    <form id="form1" runat="server">
    <div>

    </div>
    </form>
</body>
</html>
```

(3) 在页面中的起始和结束<div>标记之间，输入下面的文本和代码：

```
    <div>
    <h1>欢迎</h1>
    欢迎开始使用 VWD 2008。现在是：<% =DateTime.Now %>
</div>
```

<% =DateTime.Now %> 功能是输出计算机设置的当天的日期和时间。

(4) 选择【调试】菜单中的【开始执行(不调试)】命令(或者按 Ctrl+F5 键)，在默认浏览器中打开该页面，执行结果如图 2-28 所示。

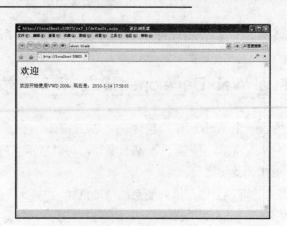

图 2-28　Ex2_1 执行结果

 提示

　　Windows 的任务栏中会出现一个带屏幕提示的小图标，如图 2-29 所示。这个图标属于 ASP.NET Development Server。该 Web 服务器由 VWD2008 自动启动，以响应页面的请求。

图 2-29　ASP.NET Development Server 图标

　　这就是用 VWD 2008 创建第一个 ASP.NET 3.5 Web 站点的过程。

②.4.4　打开 Web 网站

　　使用 VWD 2008 打开一个网站的步骤如下。

　　(1) 在 Microsoft Windows 中，选择【开始】|【程序】| Microsoft Visual Web Developer 2008 Express Edition 命令，启动 VWD 2008。

　　(2) 在【起始页】上，单击【最近的项目】区域中【打开】标签旁边的【网站】。这时会打开【打开网站】对话框。另外，选择菜单【文件】|【打开网站】命令，同样会打开【打开网站】对话框，如图 2-30 所示。

图 2-30　【打开网站】对话框

　　(3) 在该对话框的【文件系统】列表中，选择要打开的网站根目录。最后，单击【确定】

按钮即可打开 Web 站点。

②.5　上机练习

该上机练习将介绍如何使用【起始页】和【解决方案资源管理器】等窗口；如何使用【工具箱】向页面中添加 ASP.NET Server 控件；如何使用【属性】窗口修改 ASP.NET Server 控件的属性。

【例 2-2】创建一个新的 Web 站点，它包含一个 Web 窗体页，Web 窗体页中包含若干 ASP.NET Server 控件。

(1) 启动 VWD 2008。如果没有看到【起始页】，则从主菜单中选择【视图】|【其他窗口】|【起始页】命令。

(2) 在【起始页】上，单击【最近的项目】区域中【创建】标签旁边的【网站】。这样会打开【新建网站】对话框。

一定要选【模板】列表中的【ASP.NET 网站】选项，并从【位置】下拉列表中选择【文件系统】选项。修改 Web 站点的存储位置为【D:\ASPchx\第 2 章\Ex2-2】；在【语言】下拉列表中，确认选择的是【Visual　C#】语言。最后，单击【确定】按钮创建新站点。

(3) 默认的 Web 窗体页是 Default.aspx。该页面应当能在【源】视图中打开，显示默认 HTML，如显示在创建新页面时 Visual Web Developer 2008 自动添加的<html>、<head>、<title>和<body>等元素。

(4) 单击文档窗口下方的【设计】按钮将页面切换到【设计】视图。在阴影区域中输入文本"请输入您的姓名："。

(5) 如果此时【工具箱】还没有打开，则按 Ctrl+Alt+X 键打开它，或者将鼠标悬停在【工具箱】选项卡上来显示它，然后单击小钉图标让【工具箱】一直可见。从【工具箱】中将一个 TextBox 控件、一个 Button 控件和一个 Label 控件添加到页面的【设计】视图中的阴影区域。如图 2-31 所示。

图 2-31　利用【工具箱】往【设计】视图中添加控件

(6) 单击【设计】视图中的 Button 控件。在【属性】窗口中，定位到其 Text 属性，修改其内容为【提交信息】。一旦按下了 Tab 键或者在属性窗口之外的某处单击了鼠标，页面的【设计】视图就会更新，并在按钮上显示新文本。

(7) 单击【设计】视图中的 Label 控件。在【属性】窗口中，定位到其 Text 属性，删除其默认的内容。

步骤(4)~(7)将使 VWD 2008 自动在文件 Default.aspx 的<div>标记中添加如下代码：

```
<div>
          请输入您的姓名：<asp:TextBox ID="TextBox1"
runat="server"></asp:TextBox> <br />
    
        <asp:Button ID="Button1" runat="server" Text="提交信息"
onclick="Button1_Click" /><br />
        <asp:Label ID="Label1" runat="server"></asp:Label>
</div>
```

 提示

当从【工具箱】中拖动 Button、TextBox 和 Label Web 服务器控件到【设计】视图中的页面上时，VWD 2008 会自动在【源】视图中添加相应的代码。同样，也可以直接将【工具箱】中控件拖放到【源】视图的<div>标记中，"设计"视图中也会自动添加相应的控件图形外观。类似地，当修改【属性】窗口中的按钮的 Text 属性时，VWD 2008 也会自动更新【源】视图中的控件的标记。如果不用【属性】窗口，也可以在代码窗口中 Text 属性的引号之间直接输入文本。可以单点击文档窗口中的【拆分】标签同时打开【设计】视图和【源】代码视图。

(8) 双击【设计】视图中的 Button1 控件，切换到 Default.aspx.cs 文档窗口，添加 Button1 按钮的默认事件处理程序如下：

```
protected void Button1_Click(object sender, EventArgs e)
    {
        if (TextBox1.Text != "")
            Label1.Text = TextBox1.Text;
        else
            Response.Redirect("Default.aspx");
    }
```

(9) 按 Ctrl+F5 键在默认浏览器中打开该页面。注意，没有必要显式保存对页面的修改。按 Ctrl+F5 键运行页面后，VWD 2008 就会自动保存对打开文档的所有修改。

(10) 在文本框中输入一些文本，然后单击这个按钮。注意，当重新加载页面后，文本仍然会显示在文本框中。如果没有显示，则很可能是因为还没有为这个按钮编写任何代码。

当按 Ctrl+F5 键查看浏览器中的页面时，Web 服务器会收到请求，页面由 ASP.NET 运行库处理，为页面产生的最终 HTML 将被发送到浏览器。

单击浏览器菜单【查看】|【源文件】命令，会打开【记事本】编辑器窗口，将会看到 Default.aspx 对应的最终 HTML 文件。如图 2-32 所示。

```
<!DOCTYPE html PUBLIC "-//W3C//DTD XHTML 1.0 Transitional//EN" "http://www.w3.org/TR/xhtml1/DTD/xhtml1-
transitional.dtd">

<html xmlns="http://www.w3.org/1999/xhtml">
<head><title>

</title></head>
<body>
    <form name="form1" method="post" action="Default.aspx" id="form1">
<div>
<input type="hidden" name="__VIEWSTATE" id="__VIEWSTATE"
value="/wEPDwUKMjA3NjE4MDczNg9kFgICAw9kFgICBQ8PFgIeBFRleHQFBWhueWpqZGRkrOkx8dlpxhsB7EoSzX/hxmGi/tE=" />
</div>

<div>

        <input type="hidden" name="__EVENTVALIDATION" id="__EVENTVALIDATION"
value="/wEWAwL13cWYAwLs0bLrBgKM54rGBjNXF6Y5XmyOTIAEQ6wJwLozQsj8" />
</div>
    <div>
         请输入您的姓名：<input name="TextBox1" type="text" value="hnyjj" id="TextBox1" />
        <br />
           
        <input type="submit" name="Button1" value="提交信息" id="Button1" />
        <br />
        <span id="Label1">hnyjj</span>
    </div>
    </form>
</body>
</html>
```

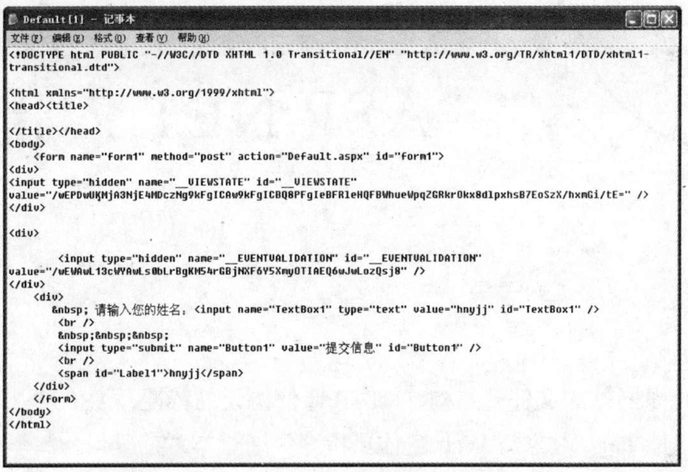

图 2-32　与 Default.aspx 文件对应 HTML 内容

从前面的示例中可以看出，作为结果的 HTML 与原始 ASPX 标记有相当大的区别。

当输入一些文本并单击按钮时，会重复同样的过程：Web 服务器接收请求，分析页面，将结果发送回浏览器。当单击该按钮时，就引发了一个回送(postback)，此时页面中的所有信息(如在文本框中输入的文本)都会被发送到服务器。ASP.NET 通过再次呈现页面来对回送作出响应。

2.6 习题

1. 解释 VWD 2008 中的页面标记与浏览器中的最终 HTML 页面之间的区别。
2. 重置部分或全部 IDE 自定义设置有哪 3 种方式？
3. 如果要修改页面上某个控件的属性，如按钮上的文本，可以使用哪两种方法？

第3章

ASP.NET 内部对象

学习目标

本章主要介绍了网站的文件夹结构、HTTP 通信协议的特性、ASP.NET 的常用内置对象、ASP.NET 配置管理、Page 对象与 Web 窗体页指令。通过本章的学习，将学会怎样去组织一个网站的文件夹结构；掌握 HTTP 通信协议的特性的结构；熟练掌握 Request、Response、Server、Application 等 ASP.NET 的内置对象的属性和方法的使用；掌握 ASP.NET 配置管理方法；熟悉 Web 窗体结构和组成。

本章重点

- ⊙ 网站的文件夹结构
- ⊙ HTTP 通信协议的特性
- ⊙ ASP.NET 的常用内置对象
- ⊙ ASP.NET 配置管理
- ⊙ Page 对象与 Web 窗体页指令

3.1 网站的文件夹结构

ASP.NET 将特定类型的文件存放在某些文件夹中，以方便在今后开发中的管理和操作。

ASP.NET 保留了一些文件名称和文件夹名称，程序开发人员可以直接使用，并且还可以在应用程序中增加任意多个文件和文件夹。

3.1.1 App_Code 文件夹

App_Code 文件夹正好在 Web 应用程序根目录下，它存储所有应当作为应用程序的一部分动态编译的类文件。这些类文件自动链接到应用程序，而不需要在页面中添加任何显式指令或声明来创建依赖性。

App_Code 文件夹中放置的类文件可以包含任何可识别的 ASP.NET 组件——自定义控件、辅助类、Bild 提供程序、业务类、自定义提供程序、HTTP 处理程序等。

启动 VWD 2008 创建一个新网站时，VWD 2008 不会自动在 Web 应用程序根目录下创建该文件夹。如果需要，网站开发人员可以通过如下方法添加 App_Code 文件夹。

- 在【解决方案资源管理器】窗口中，单击 Web 应用程序根目录。选择【网站】|【添加 ASP.NET 文件夹】|App_Code 命令。
- 或右击 Web 应用程序根目录，在弹出的快捷菜单中选择【添加 ASP.NET 文件夹】|App_Code 命令。

查看【解决方案资源管理器】窗口，App_Code 文件夹已在其中。

添加了 App_Code 文件夹后，就可以开始向其中添加类文件。类文件的扩展名与为站点选择的语言一致：C#文件的扩展名是.cs。在这些类文件内能创建类，而这些类又包含可以完成常见任务的方法。

③.1.2　App_Data 文件夹

App_Data 文件夹保存应用程序使用的数据库。它是一个集中存储应用程序所用数据库的地方。App_Data 文件夹可以包含 Microsoft SQL Express 文件(.mdf)、Microsoft Access 文件(.mdb)、XML 文件等。

启动 VWD 2008 创建一个新网站时，VWD 2008 会自动在 Web 应用程序根目录下创建该文件夹。网站开发人员可以把数据源文件集中存放在该文件夹中。

③.1.3　其他特殊文件夹

除了 App_Data、App_Code 文件夹外，还有一些特殊文件夹，如 Bin 文件夹、App_Themes 文件夹(主题)和 App_GlobalResources 文件夹等。如图 3-1 所示。在 Web 应用程序根目录下添加这些文件夹的方法同添加 App_Code 文件夹一样。下面分别介绍。

图 3-1　ASP.NET 特殊文件夹

- Bin 文件夹

Bin 文件夹包含应用程序所需的，用于控件、组件或者需要引用的任何其他代码的可部署程序集。该目录中存在的任何.dll 文件将自动地链接到应用程序。可以在 Bin 文件夹中存储编译的程序集，并且 Web 应用程序任意处的其他代码会自动引用该文件夹。典型的示例是把自定义类编译后的程序集复制到 Web 应用程序的 Bin 文件夹中，这样所有页都可以使用这个类。

⊙ App_Themes 文件夹

为站点上的每个页面提供统一外观和操作方式的文件夹。皮肤文件 skin 通常就放在这个文件夹当中。

⊙ App_GlobalResources 文件夹

App_GlobalResources 文件夹存放的是一些字符串表，当应用程序需要根据某些事情进行修改时，资源文件可用于这些应用程序的数据字典。

⊙ App_LocalResources 文件夹

App_LocalResources 文件夹用于合并可以在应用程序范围内使用的资源。

当用户试图将一个文件添加到它的特殊文件夹之外时，IDE 就会发出警告，而且会提议创建该文件夹并将文件放在那里。例如，当试图在 Web 站点的根目录下添加一个外观文件时(扩展名为.skin)，就会看到如图 3-2 所示的警告。

图 3-2　添加特殊文件的警告信息窗口

当看到这个对话框时，总是单击【是】按钮。否则文件就不会正确地起作用。其他文件类型也有类似的对话框，包括.cs 和数据库文件。

除了以上介绍的这些特殊文件夹以外，在一个网站中还有其他一些程序员自己组织的文件夹。

③.1.4　程序员自己组织的文件夹

由于组成站点的文件有很多，因此最好按功能将它们归类到单独的文件夹中。例如，所有 Style Sheet 文件都能归到 Styles 文件夹中；.js 文件可以归到 Scripts 文件夹中；User Control 可以归到 UserControls 文件夹中；母版页可以存储在 MasterPages 文件夹中；图像文件可以放在 Images 文件夹。这是个人习惯问题，但是结构化和组织良好的站点更容易管理与理解。

【例 3-1】演示向站点中添加新文件夹和文件，以及如何将文件从一个位置移动到另一个位置。

(1) 新建一个 Web 站点 Ex3_1。

(2) 注意到 VWD 2008 提供了末尾为 Ex3_1 的路径。

(3) 右击【解决方案资源管理器】窗口中的 Ex3_1 站点，并选择【新建文件夹】命令，如图 3-3 所示。

(4) 输入 MasterPages 作为新文件夹名并按下 Enter 键。

(5) 再创建两个文件夹，分别为 Styles 和 UserControls。Styles 文件夹可用来存放外部样式表文件，UserControls 文件夹可用来存放程序员自定义控件文件。

(6) 右击【解决方案资源管理器】窗口中的 Ex3_1 站点，并选择【添加新项】命令，在【添加新项】对话框中选择【母版页】选项，采用默认文件名，单击【添加】按钮。可以看到在 Ex3_1 站点中添加了一个文件名为 MasterPage.master 的母版页文件。

(7) 拖动文件 MasterPage.master 并把它放到刚刚创建的 MasterPages 文件夹中。这样会将文件从站点的根位置移动到目的地文件夹。

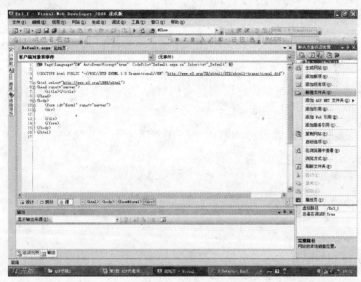

图 3-3　【新建文件夹】命令

(8) 在【解决方案资源管理器】窗口中，右击 Styles 文件夹，在弹出的菜单中选择【添加新项】命令，在【添加新项】对话框中选择【样式表】选项，采用默认文件名，单击【添加】按钮。可以看到在 Styles 文件夹中添加了一个文件名为 StyleSheet.css 的样式表文件。

(9) 右击【解决方案资源管理器】窗口中的 Ex3_1 站点，并选择【添加 ASP.NET 文件夹】|App_code 命令，将添加一个特殊文件夹，可以用来存放 C#类文件。

(10) 现在的【解决方案资源管理器】窗口看起来应该如图 3-4 所示。

图 3-4　【例 3-1】的执行结果

　　结构和组织对于站点的管理很重要。虽然用户可能尝试过将所有文件都添加到项目的根文件夹中，但是最好不要这么做。如果是非常小的站点可能看不出什么差别，但是一旦站点变大，就会发现如果没有良好的组织结构，文件就变得非常难以管理。将相同类型的文件放在一个文件夹中只是优化站点的一种方式。也常用独立的文件夹来组合功能类似的文件。例如，所有只能由站点的管理员访问的文件都放到一个 Management 文件夹中。

VWD 2008 的拖放功能使它可以轻松地重组站点。只要简单地选择一个或多个文件，并把它们拖到新位置即可。这对站点的扩展和重组非常方便。

③.2　ASP.NET 的常用内置对象

ASP.NET 的 HTTP 对象对应.NET Framework 的 System.Web 和 System.Web.SessionState 名称空间，这些都是以 HTTP 字头开始的类，称为 HTTP 对象。

ASP.NET 定义了很多内置对象，它们都是全局对象，不必事先声明就可以直接使用。每个对象都有各自的属性、方法、集合或事件。

尽管 ASP.NET 的面向对象的设计和基础代码在本质上不同于 ASP，但 ASP 中许多常用的关键字和运算符在 ASP.NET 中仍保留了下来。

③.2.1　HTTP 对象简介

ASP.NET 的 HTTP 对象可以用来处理服务器与浏览程序间的通信。HTTP 相关对象的说明如下所示。

⊙ Response 对象：即 HttpResponse 类，可以输出网页内容的标记或处理 Cookies，然后送到浏览程序显示，或是控制网页转移，从一个网页转移至其他网页。

 提示
> Cookies 是存储在浏览程序所在计算机的数据(不是存储在 Web 服务器)，可以用来记录用户浏览网页的状态。

⊙ Request 对象：即 HttpRequest 类，可以读取窗体字段发送的数据或 URL 参数、Cookies 和获取服务器的变量。

⊙ Server 对象：即 HttpServerUtility 类，可以建立 COM 对象、执行其他 ASP.NET 程序和 HTML 标记、处理 URL 编码。

⊙ Application 对象：即 HttpApplication 和 HttpApplicationState 类，浏览网站的所有用户都可以通过此对象获取一些共享数据。例如网站的访客统计。

⊙ Session 对象：即 System.Web.SessionState 名称空间的 HttpSessionState 类，对于浏览网站的每位用户，可以使用此对象保留用户的专用数据。例如用户登录网站的用户名称(Username)和密码(Password)。

在 ASP.NET 里面，Response、Request、Application、Session、Server、ViewState、Cookie 等都属于内置对象，不用实例化可以直接使用。

③.2.2 Request 对象

Request 对象是 ASP.NET 的基本输入对象。

Request 对象接收客户端通过表单或者 URL 地址串发送来的变量，同时，也可以接收其他客户端的环境变量，如浏览器的基本情况、客户端的 IP 地址等。所有从前端浏览器通过 HTTP 通讯协议送往后端 Web 服务器的数据，都是借助 Request 对象完成的。

Request 对象是 HttpRequest 类的实例。当用户请求页面时，ASP.NET 将自动创建 Request 对象。

1. Request 对象的常用属性

Request 对象的常用属性如表 3-1 所示。其属性获取的都是集合对象。

表 3-1 Request 对象的常用属性

属 性 名	属 性 描 述
ApplicationPath	获取 ASP.NET 应用程序虚拟目录的根目录
Browser	获取或设置浏览器的信息
ContentEncoding	获取 Request 对象的编码方式
ContentLength	客户端发送信息的字节数
CententType	获取或设置请求的 MIME 类型
Cookies	获取客户端的 Cookies 数据
ClientCertificate	获取客户端用户的认证数据
FilePath	获取当前请求的虚拟路径
Files	获取客户端上传的文件集合
Form	获取窗体字段的内容
Header	获取 HTTP 头信息
HttpMethod	获取 HTTP 数据传输的方法，如 GET、POST
Path	获取当前请求的虚拟路径
PhysicalPath	获取请求的 URL 物理路径
PhysicalApplicationPath	获取目前请求网页在 Server 端的真实路径
QueryString	获取 URL 参数的内容
ServerVariables	获取服务器系统变量的值
TotalBytes	获取收入文件流的总字节数
Url	获取当前请求的 URL
UserAgent	获取客户端浏览器的版本信息
UserHostAddress	获取远方客户端机器的主机 IP 地址
UserHostName	获取远方客户端机器的 DNS 名称

计算机 基础与实训教材系列

下面的代码就是使用 Request 对象内置的属性具体获取客户端的一些信息的例子。

```
protected void Page_Load(object sender, EventArgs e)
    {
            Response.Write("载入网页...<br />");
            Response.Write("获取客户端信息如下：");
            Response.Write("<br>");
            Response.Write("客户端浏览器："+Request.UserAgent);
            Response.Write("<br>");
            Response.Write("客户端 IP 地址：" + Request.UserHostAddress);
            Response.Write("<br>");
            Response.Write("当前文件在服务器端的物理路径：" +
Request.PhysicalApplicationPath);
            Response.Write("<br>");
    }
```

Request 对象功能主要是从客户端得到数据，常用的 3 种取得数据的方法是：Request.Form；Request.QueryString；Request。其中第三种是前两种的一个缩写，可以取代前两种方法。前两种方法对应两种不同的提交方法，分别是 Post 方法和 Get 方法。

下面重点介绍 Form 和 QueryString 集合对象。

ASP.NET 服务器端网页技术需要通过客户端网页来输入数据，其输入方式如下所示。

◉ HTML 窗体网页：使用 HTTP 窗体字段以 HTTP 通信协议的标头来传递数据。

◉ URL 参数：从浏览程序输入的 URL 网址参数传递，其总长度只有 1024 个字符。

Request 对象可以获取窗体或 URL 参数传至网页的数据，不论是窗体字段或是 URL 参数，都是使用 Request 对象的 Form 和 QueryString 集合对象来接收数据。

URL 参数只能使用 QueryString 集合对象，窗体字段可以通过传送方法 post 或 get 使用 Form 或 QueryString 集合对象。

 提示

因 ASP.NET 提供服务器端控件，可以取代 HTML 网页窗体的数据传递。

(1) Form 集合对象

如果 HTML 网页窗体是使用 post 方法传递数据，其方法是将传递数据编码后，通过 HTTP 通信协议标头传送到 Web 服务器，在服务器端使用 Form 集合对象来取出数据，其语法如下所示：

Request.Form；

或：

Request.Form["FieldName"]；

上述 Request 对象可以使用 Form 属性获取 Form 集合对象，或不指定属性，在括号内的参数是字段名称字符串，可以获取指定窗体字段值的字符串。

如果窗体字段名称只有一个，可以直接使用字段名称获取数据。如果相同字段名称不只一个，获取的是 NameValueCollection 集合对象，此时，需要使用 Get ()方法获取每一个字段，如下所示。

Request.Form.Get (Index);

上述程序代码的 index 是从 0 开始。

2. QueryString 集合对象

HTML 网页窗体如果是使用 get 方法传递数据，其方法是将传递的数据编码后，通过 URL 网址后的字符串传送到 Web 服务器，参数位于"?"问号之后，如果参数不只一个，使用"&"符号分隔，如下所示。

http://localhost/Login.aspx?fname1=value1&fname2=value2

当浏览程序输入上述网址，按下 Enter 键后，在服务器端使用 QueryString 集合对象来取出数据，如下所示。

Request. QueryString
Request.QueryString[" FieldName"]

上述格式和 Form 集合对象相同，如果窗体字段名称只有一个，可以直接使用字段名称获取数据，如果相同字段名称不只一个，此时获取的是 NameValueCollection 集合对象，需要使用 Get ()方法获取每一个字段，如下所示。

Request.QueryString.Get (Index);

3. Request 对象常用的方法

Request 对象常用的方法如表 3-2 所示。

表 3-2　Request 对象的常用方法

方　法　名	方　法　描　述
BinaryRead	以二进制方式读取指定字节的输入流
MapPath	映射虚拟路径到物理路径
SaveAs	保存 HTTP 请求到硬盘
ValidateInput	验证客户端的输入数据

4. Request 对象的使用

下面举例说明使用 URL 传递数据的方法。URL 超级链接传递的参数或窗体 get 方法传递

计算机 基础与实训教材系列

的内容，都是使用 QueryString 集合对象来获取参数或字段值的。

【例 3-2】使用 URL 传递页面数据的方法。

(1) 新建一个 Web 站点 Ex3_2。

(2) 右击【解决方案资源管理器】窗口中的 Ex3_2 站点，并选择【添加新项】命令，在【添加新项】的【模板】列表中选择【HTML 页】，使用默认文件名，并确认语言为 Visual C#，然后单击【添加】按钮，添加一个 HTMLPage.htm 网页。

(3) 在 HTMLPage.htm 的<Title>标记中输入如下内容：

```
<title>Request 对象的使用示例</title>
```

在<body>标记中添加下面的内容：

```
<body>
    <h2>会员登录页面</h2>
    <p>
        <a href="Request.aspx?Username=hnyjj&Password=12345">会员登录
</a></p>
    <hr />
    <form name="Login" action="Request.aspx" method="get">
    <p>用户名称：<input name="Username" type="text" /></p>
    <p>用户密码：<input name="Password" type="text" /></p>
    <p><input name="Submit1" type="submit" value="提交" /></p>
    </form>
</body>
```

 计算机 基础与实训教材系列

其中 action="Request.aspx"属性定义了表单提交时要执行的程序；method="get"属性定义了表单数据的提交方式。

(4) 右击【解决方案资源管理器】窗口中的 Ex3_2 站点，并选择【添加新项】命令，在【添加新项】的【模板】列表中选择【Web 窗体】，修改文件名为 Request.aspx，并确认语言为 Visual C#，然后单击【添加】按钮，添加一个 Request.aspx 窗体页。

(5) 在【解决方案资源管理器】中双击 Request.aspx.cs，在文档窗口中打开其内容。在 Page_Load 方法中添加如下内容：

```
protected void Page_Load(object sender, EventArgs e)
{
    Response.Write(Request.QueryString);
    Response.Write("<br />");
    Response.Write("用户名："+Request.QueryString["Username"]);
    Response.Write("<br />");
    Response.Write("密码："+Request.QueryString["Password"]);
}
```

(6) 切换到 HTMLPage.htm 网页，选择菜单【调试】|【开始执行(不调试)】命令或按 Ctrl+F5 键在浏览器中执行程序。启动浏览程序加载 HTMLPage.htm 网页，就可以看到窗体和超级链接如图 3-5 所示。

单击【会员登录】超级链接文字，或是输入窗体字段后单击【提交】按钮，都可以在【地址】栏看到传递参数到 ASP.NET 程序 Request.aspx 窗体页，如图 3-6 所示。

图 3-5　HTMLPage.htm 执行结果　　　　图 3-6　Request.aspx 窗体执行结果

③.2.3　Response 对象

Response 对象用于向客户端浏览器发送数据，告诉浏览器回应内容的报头、服务器端的状态信息以及输出制定的内容。用户可以使用该对象将服务器的数据以 HTML 的格式发送到用户端的浏览器，它与 Request 组成了一对接收、发送数据的对象，这也是实现动态的基础。

Response 对象是 HttpResponse 类的实例。当用户请求页面时，ASP.NET 将自动创建该对象。

1. Response 对象的常用属性

Response 对象的常用属性如表 3-3 所示。

表 3-3　Response 对象的常用属性

属 性 名	属 性 描 述
Buffer	是否使用缓冲，缓冲处理指在整个响应处理完成后才将结果送出
BufferOutput	是否使用缓冲
Cache	获取缓存信息
Charset	获取或设置字符的编码方式
ContentType	获取或设置输出的 HTTP 内容的(MIME)类型，默认为 text/HTML
Cookies	设置客户端的 cookie
Expires	获取或设置浏览器缓存超时时间
Isclientconnected	获取客户端是否仍处于与服务器的连接中
Status	设置返回给客户端的状态

(续表)

属 性 名	属 性 描 述
StatusCode	获取或设置返回给客户端的状态的字符串
StatusDescription	获取或设置状态说明

下面详细介绍几个 Response 对象的常用属性。

(1) Response.Charset 属性

Response.Charset 属性可以获取或指定网页的编码方式，例如中文 Gb2312，如下所示：

```
Response.Charset = "Gb2312";
```

(2) Response.ContentType 属性

HTTP 通信协议基本上与数据类型无关，不过在传送数据前可以指定数据类型，即 ContentType 属性，如下所示：

```
Response.ContentType = "image/gif";
```

上述程序代码指定网页内容是 GIF 图文件。ContentType 属性值称为 MIME 数据类型，其字符串格式为 type/subtype，常用类型如表 3-4 所示。

表 3-4　ContentType 属性值的常用类型

MIME 数据类型	描　　述
text/html	HTML 网页
text/xml	XML 文件
text/plain	ASCII 文字文件，浏览程序并不会解释其内容
image/gif	GIF 格式的图片文件
image/jpeg	JPEG 格式的图片文件

(3) Response.Expires 属性

Response.Expires 属性可以设置和获取网页保留在浏览程序缓存中的分钟数，如下所示。

```
Response.Expires = 3;
```

上述程序代码设置保留时间为 3 分钟，如果设为 0，表示不保留在缓存中。如果用户在保留期限前请求此网页，显示的是存储在缓存中的网页，如果超过期限，才会连接服务器获取最新的网页内容。

2. Response 对象的常用方法

Response 对象的常用方法如表 3-5 所示。

表 3-5 Response 对象的常用方法

方 法 名	方 法 描 述
AddHeader	添加 HTTP 头信息
AppendCookie	添加一个 Cookie
AppendHeader	追加 HTTP 头信息
AppendToLog	添加自定义信息到 IIS 日志
BinaryWrite	以二进制方式输出
Clear	清除输出缓存
Close	关闭与客户端的 Socket 连接
End	发送所有缓存到客户端，并停止执行页面
Flush	发送所有缓存到客户端
Redirect	重新定向 URL
SetCookie	更新一个已存在的 Cookie
Write	输出信息
WriteFile	直接将指定文件写到输出流

下面详细介绍几个 Response 对象的常用方法。

(1) Response.Write()方法

Response.Write()方法可以将任何数据类型的数据输出到浏览程序显示，换句话说，就是输出成 HTML 标记，其程序代码如下所示。

```
public partial class _Default : System.Web.UI.Page
{
        protected void Page_Load(object sender, EventArgs e)
        {
        string str = "星期三";
        Response.Write("<center><h2>我的首页</h2></center>");
        Response.Write("<hr />");
        Response.Write("<p>今天是:"+str+"</p>");
    }
}
```

上述程序代码使用 Response.Write()方法输出字符串，输出字符串是完整的 HTML 标记。事实上，最后输出到浏览程序的 HTML 标记如下所示。

```
<center><h2>我的首页</h2></center>
<hr />
<p>今天是:星期三</p>
```

上述标记是使用 Response.Write()方法输出的结果。

(2) Response.Redirect()方法

Response.Redirect()方法可以将网页转移到其他的 URL 网址或网页，因为会转移到其他网页，所以网页内容并没有显示机会，其他多余的 HTML 标记都可以删除掉，如下所示。

```
<%    Response.Redirect("Default.aspx"); %>
```

3. Response 对象的使用

下面举例说明使用窗体字段传递数据的方法。在建立好 HTML 网页窗体后，就可以撰写 ASP.NET 程序代码来获取窗体字段数据。窗体处理程序是使用 Form 集合对象来获取窗体字段值。

【例 3-3】使用 Form 集合对象传递页面数据的方法。

(1) 新建一个 Web 站点 Ex3_3。

(2) 右击【解决方案资源管理器】窗口中的 Ex3_3 站点，并选择【添加新项】命令，在【添加新项】的【模板】中选择【HTML 页】，使用默认文件名，并确认语言为 Visual C#，然后单击【添加】按钮，添加一个 HTMLPage.htm 网页。

(3) 在 HTMLPage.htm 的<Title>标记中输入如下内容：

```
<title>Response 使用示例</title>
```

在<body>标记中添加下面的内容：

```
<body>
    <h2>会员登录页面</h2>
    <hr />
    <form name="Login" action="Response.aspx" method="post">
    <p>
        用户名称：<input name="Username" type="text" /></p>
    <p>
        用户密码：<input name="Password" type="text" /></p>
    <p>
        <input name="Submit1" type="submit" value="提交" /></p>
    </form>
</body>
```

其中 action="Response.aspx"属性定义了表单提交时要执行的程序；method="post"属性定义了表单数据的提交方式。

(4) 右击【解决方案资源管理器】窗口中的 Ex3_2 站点，并选择【添加新项】命令，在【添加新项】的【模板】中选择【Web 窗体】，修改文件名为 Response.aspx，并确认语言为 Visual C#，然后单击【添加】按钮，添加一个 Response.aspx 窗体页。

(5) 在【解决方案资源管理器】中双击 Response.aspx.cs，在文档窗口中打开其内容。在 Page_Load 方法中添加如下内容：

```
public partial class Response : System.Web.UI.Page
{
        protected void Page_Load(object sender, EventArgs e)
        {
            Response.Write("用户名：" + Request.Form["Username"]);
            Response.Write("<br />");
            Response.Write("密码：" + Request.Form["Password"]);

        }
}
```

(6) 切换到 HTMLPage.htm 网页，选择菜单【调试】|【开始执行(不调试)】命令或按 Ctrl+F5 键，在浏览器中执行程序。

③.2.4 Application 对象

Application 对象用来保存希望在多个页面之间传递的变量。由于在整个应用程序生存周期中，Application 对象都是有效的，所以在不同的页面中都可以对它进行存取，就像使用全局变量一样方便。

在 ASP.NET 环境中，Application 对象来自 HttpApplicationState 类，它可以在多个请求、连接之间共享公用信息，也可以在各个请求连接之间充当信息传递的管道。

1. 理解 Application 对象

同一虚拟目录下的所有 ASP.NET 的文件构成了 ASP.NET 应用程序。Application 对象不但可以在给定的应用程序的所有用户之间共享信息以及在服务器运行期间持久的保存数据，而且 Application 对象还有控制访问应用层数据的方法和可用于在应用程序启动和停止时触发过程的事件。

Application 对象可以建立 Application 变量，它和一般程序变量不同，Application 变量是一个 Contents 集合对象，此变量可以为访问网站的每位用户提供一个共享数据的通道，因为 Application 变量允许网站的每位用户获取或更改其值。

Application 对象是在第 1 个 Session 对象建立后建立，Application 对象的范围直到 Web 服务器关机或所有的用户都离线后才会删除。

2. Application 变量的使用

不论网站中有多少位用户同时浏览网站(不是指登录网站的用户)，在服务器端内存只保留一份 Application 变量。可以使用以下语法设置用户定义的属性(也可以称为集合)。

Application["属性/集合名称"]= 值;

可以使用如下脚本声明并建立 Application 变量:

Application["welcome"]="天狼国际软件公司网站欢迎你来访";
Application["MyObj"] = Server.CreateObject("MyComponent");
Application["HitCounter"]= "1234";

Application 变量和 ASP.NET 程序变量不一样，它是获取 Contents 集合对象的元素，变量名称是字符串。

3. Application 的常用属性

Application 对象是 System.Web 名称空间的 HttpApplicationState 类。Application 的常用属性如表 3-6 所示。

表 3-6　Application 的常用属性

属　性　名	属　性　描　述
AllKeys	获得访问 HttpApplicationState 集合的所有键
Contents	获得 HttpApplicationState 对象的引用
Count	获得 HttpApplicationState 集合的数量
Item	通过名称和索引访问 HttpApplicationState 集合
Keys	获得访问 HttpApplicationState 集合的所有键，从 NameObject CollectionBase 继承
StaticObject	获得所有使用<object>标签声明的应用程序集对象

4. Application 的常用方法

Application 的常用方法如表 3-7 所示。

表 3-7　Application 的常用方法

方　法　名	方　法　描　述
Add(name,value)	向 contents 集合中添加名称为 name，值为 value 的变量
Clear	清除 contents 集合中的所有变量
Get(name.index)	获取名称为 name 或者下标为 index 的变量值
Getkey(index)	获取下标为 index 的变量名
Lock	锁定，禁止其他用户修改 Application 对象的变量
Remove(name)	从 contents 集合中删除名称为 name 的变量
Removeall	清除 contents 集合中的所有变量
RemoveAt(index)	删除 contents 集合中下标为 index 的变量
Set(name,value)	将名称为 name 的变量值修改为 value
Unlock	解除锁定，允许其他用户修改 Application 对象的变量

ASP.NET 应用程序的每位用户都可以存取 Application 变量，用户可以同时读取 Application 变量，但是如果有一位更改数据，其他用户读取数据时，就会发生数据冲突情况，为了避免这情况发生，需要考虑同步问题。

在 Application 对象中提供 Lock()和 Unlock()方法，可以保障在同一时间内只允许一位用户存取 Application 变量，其程序代码如下所示。

```
protected void Page_Load(object sender, EventArgs e)
    {
        Application.Lock();
        Application. Set("count", (int)Application["count "] + 1);
        this.Label1.Text = "欢迎你，你是天狼国际软件公司网站的第" + Application["count "]
+ "位来访者";
        Application.UnLock();
    }
```

上面的例子是使用 Application["count"]来记录页面访问次数的例子。Lock 方法阻止其他客户修改存储在 Application 对象中的变量，以确保在同一时刻仅有一个客户可修改和存取 Application 变量。如果用户没有明确调用 Unlock 方法，则服务器将在 .aspx 文件结束或超时后即解除对 Application 对象的锁定。Unlock 方法解除对象的锁定。若有多人同时访问网站，对变量 count 的增 1 操作会造成 count 最终只增加 1，因此在进行变量 count 加 1 操作前必须将 Application 对象锁定，增 1 操作结束之后再解锁。

Application 对象的事件有 4 个，以下简单概述。

- OnStart 事件：OnStart 事件在首次创建新的会话之前发生。当 WEB 服务器启动并允许对应用程序所包含的文件进行请求时就触发 Application_OnStart 事件。Application_ OnStart 事件的处理过程必须写在 Global.aspx 文件之中。
- OnEnd 事件：与 OnStart 事件正好相反，在整个应用程序被终止时触发。
- OnBeginRequest 事件：每一个 ASP.NET 程序被请求时都会触发该事件。
- OnEndRequest 事件：ASP.NET 程序结束时，触发该事件。

5. Application 的使用

网站的访客计数是一种必备组件，其目的是显示有多少位访客曾经浏览网站，显示信息可以从开站以来的访客数，或一段时间内的访客数。

【例 3-4】在线统计网站访问人数。

(1) 新建一个 Web 站点 Ex3_4。

(2) 在 Default.aspx 中的<Title>标记中输入如下内容：

<title>在线统计网站访问人数</title>

(3) 在 Default.aspx 中的<div >标记中添加下面的内容：

 网站访问人数:

(4) 从【工具箱】的【标准】类别中拖拽一个 Label 服务器控件放在"网站访问人数:"的后面，VWD 2008 自动添加如下代码：

```
<asp:Label ID="Label1" runat="server" Text="Label"></asp:Label>
```

(5) 在【解决方案资源管理器】中双击 Default.aspx.cs，在文档窗口中打开其内容。在 Page_Load 方法中添加如下内容：

```
public partial class _Default : System.Web.UI.Page
{
    protected void Page_Load(object sender, EventArgs e)
    {
        Application.Lock();
        Application["usercount"] = (Convert.ToInt32(Application["usercount"]) + 1).ToString();
        Application.UnLock();
        Label1.Text = Application["usercount"].ToString();
    }
}
```

(6) 切换到 Default.aspx 网页，选择菜单【调试】|【开始执行(不调试)】命令，在浏览器中执行程序。每刷新一次网页，Application["usercount"]变量的值就会自动加 1。

③.2.5 Session 对象

Session 对象的作用也是用于储存特定的信息，但是它和 Application 对象在储存信息时所使用的对象是完全不同的。Application 对象储存的是共享信息，而 Session 储存的信息是局部的，是随用户不同而不同的。如果只需要在同一个用户的不同页面中共享数据，而不是需要在不同的客户端之间共享数据就可以使用 Session 对象。

Session 的生命周期是有限的(默认值为 20 分钟)，它可以使用 Timeout 属性进行设置。在 Session 的生命周期内，Session 的值是有效的。如果用户在大于生命周期的时间里没有再访问应用程序，Session 就会自动过期，Session 对象将会被 CLR 释放，其储存的数据信息将永远不再存在。

Session 对象是 HttpSessionState 类的实例。它提供了对会话状态值以及会话级别设置和生存期管理方法的访问。

1. 理解 Session 对象

每一个 Session 对象具有唯一的 Session ID 编号，在整个浏览 ASP.NET 应用程序的过程中(访问不同 ASP.NET 程序时)，都可以存取 Session 对象建立的变量。

在 ASP.NET 的 Web 应用程序中是使用 Session ID 编号判断用户是否仍在 Session 时间，它是直到 Session 对象的 TimeOut 属性设定时间到时(默认值为 20 分钟)，或执行 Abandon()方法后才会结束 Session 时间。

不过，用户每次执行新的 ASP.NET 程序时，TimeOut 属性都会归零重新计算，所以除非有浏览网站超过 TimeOut 属性的时间，否则用户浏览网站时间都属于同一个 Session 时间。

如果同时有多位用户浏览网站，每位用户都指定不同的 Session ID 编号，存储此 ID 的 Session 变量只允许拥有此 ID 的用户存取，其他用户并无法存取这些变量。

ASP.NET 的 Web 应用程序在同一段时间内的 Session ID 编号是唯一值，并不会重复，但是不能使用 Session ID 作为数据表主索引，因为在不同时间，用户还是可能指定相同的 Session ID。

2. Session 变量的使用

Session 变量是用户的专用数据，虽然每位用户的 Session 变量名称相同，但是值可能不同。而且只有该位用户才能存取自己的 Session 变量。例如，用户 hnyjj 登录网站，建立 Session 变量的程序代码如下。

```
Session["username"]= "hnyjj";
Session["password"]= "1234";
```

上述程序代码的 Session 变量使用字符串作为名，username 和 password 的值属于用户 hnyjj。接着另一位用户 hnyzy 也登录网站，也会替他建立一组 Session 变量，其程序代码如下。

```
Session["username"]= "hnyzy";
Session["password"]= "12345";
```

上述程序代码的 Session 变量拥有相同名称，只是值不同，因为属于不同用户的 Session 变量。

3. Session 对象的常用属性

Session 对象的常用属性如表 3-8 所示.

表 3-8　Session 对象的常用属性

属　　性	属 性 描 述
CodePage	获得或设置字符集标识
Contents	获得当前 Session 状态对象的引用
CookieMode	获得当前 Cookie 模式，以确定系统是否要将 Session 配置为不需要 Cookie 支持
Count	获得 Session 状态的总数
IsCookieless	确定是否需要 Cookie 支持，如果需要就可以将 Session ID 保存在 Cookie 中，如不需要就必须嵌入在 URL 中
IsNewSession	标志当前 Session 是否是新的 Session

(续表)

属　　性	属　性　描　述
IsReadOnly	是否只读
IsSynchronized	是否同步
Item	通过索引获得或设置单个 Session 值
Keys	获得 Session 集合的所有键
LCID	使用指定区域码的设定，包含日期时间和货币等格式
Mode	获得当前的 Session 模式
TimeOut	设定和获取超过 Session 时间的时间，从第 1 次进入 ASP.NET 程序到下一次请求的间隔时间，以分钟计，默认值为 20 分钟
SessionID	获取用户唯一的 Session 编号，此为只读属性。为了区别不同的会话，系统为每一个会话分配一个唯一的 ID

4. Session 对象的常用方法

Session 对象的常用方法如表 3-9 所示。

表 3-9　Session 对象的常用方法

方　法　名	方　法　描　述
Add()	添加一个对象到 HttpSessionState 集合
Abandon()	清除用户建立的 Session 变量，也就是说再也不能存取 Session 变量的值
Clear()	清除 HttpSessionState 集合的所有对象
CopyTo()	复制 HttpSessionState 集合到一个一维数组
Remove()	删除指定的 Session 变量，参数是 Session 变量的名称字符串
RemoveAll()	删除 HttpSessionState 集合的所有对象
RemoveAt()	根据索引删除一个 HttpSessionState 对象

5. Session 对象的使用

对于 Web 应用程序的用户数据，或是购物车购买商品等个人专用数据，并不是使用 Application 对象，而是使用 Session 对象的状态管理。

【例 3-5】Session 对象的使用。

(1) 新建一个 Web 站点 Ex3_5。

(2) 右击【解决方案资源管理器】窗口中的 Ex3_5 站点，并选择【添加新项】命令，在【添加新项】的【模板】中选择【Web 窗体】，修改文件名为 Session1.aspx，并确认语言为 Visual C#，然后单击【添加】按钮，添加一个 Session1.aspx 网页。

(3) 在 Session1.aspx 的<Title>标记中输入如下内容：

```
<title>Session 对象使用示例</title>
```

在<div>标记中添加下面的内容：

```
<div>
        用户名：<asp:TextBox ID="TextBox1" runat="server"></asp:TextBox><br/>
        用户密码：<asp:TextBox ID="TextBox2" runat="server"></asp:TextBox><br/>
        <asp:Button ID="Button1" runat="server" Text="提交" />
</div>
```

(4) 在【设计】视图中双击 Button 1 按钮，在其默认事件处理程序中添加如下内容：

```
    protected void Button1_Click(object sender, EventArgs e)
    {
        Session["username"] = TextBox1.Text;
        Session["password"] = TextBox2.Text;
        Response.Redirect("Session2.aspx");
    }
```

(5) 右击【解决方案资源管理器】窗口中的 Ex3_5 站点，并选择【添加新项】命令，在【添加新项】的【模板】中选择【Web 窗体】，修改文件名为 Session2.aspx，并确认语言为 Visual C#，然后单击【添加】按钮，添加一个 Session2.aspx 窗体页。

(6) 在 Session2.aspx 的< div >标记标记中输入如下内容：

```
<div>
        用户名：<asp:Label ID="Label1" runat="server"Text="Label"></asp:Label> <br />
        用户密码：<asp:Label ID="Label2" runat="server"Text="Label"></asp:Label>
</div>
```

(7) 在【解决方案资源管理器】中双击 Session2.aspx.cs，在文档窗口中打开其内容。在 Page_Load 方法中添加如下内容：

```
public partial class Session2 : System.Web.UI.Page
{
    protected void Page_Load(object sender, EventArgs e)
    {
        if (Session["username"] !=""  &&  Session["password"] != "")
        {
            Label1.Text = Session["username"].ToString();
            Label2.Text = Session["password"].ToString();
            Session.Remove("username");
            Session.Remove("password");
        }
        else
        {
```

计算机 基础与实训教材系列

```
//请输入用户名
Response.Redirect("Session1.aspx");
        }
    }
}
```

(8) 切换到 Session1.aspx 网页，选择菜单【调试】|【开始执行(不调试)】命令或按 Ctrl+F5
键，在浏览器中执行程序。

③.2.6 Server 对象

Server 对象即服务器对象，就是在服务器上工作的一个对象，用于建立 COM 对象实例、
处理应用程序错误，在页面之间传递控件，获取最新出错信息，对 HTML 进行编码和解码等。

1. Server 对象的常用属性

Server 对象的属性可以获取 Web 服务器名称和设置或获取超时时间，其相关属性如表
3-10 所示。

表 3-10 Server 对象的常用属性

属　性	说　明
MachineName	获取 Web 服务器的名称字符串
ScriptTimeout	设置和获取执行 ASP.NET 的超时时间，以秒为单位

例如，获取和显示服务器名称与超时时间，如下所示：

```
Server.ScriptTimeout = 200;
Response.Write("服务器: " + Server.MachineName +"<br />");
Response.Write("超时时间: " + Server.ScriptTimeout   +"<br />");
```

2. Server 对象的常用方法

Server 对象的方法可以获取文件路径、使用 COM 组件以及执行 HTML 和 URL 编码。
Server 对象的常用方法如表 3-11 所示。

表 3-11 Server 对象的常用方法

方　法　名	方　法　描　述
CreateObject(type)	创建由 type 指定的对象或服务器组件的实例
Execute(path)	执行由 path 指定的 ASP.NET 程序，执行完毕后仍然继续原程序的执行
GetLastError()	获取最近一次发生的异常

（续表）

方 法 名	方 法 描 述
HtmlEncode(string)	将 string 指定的字符串进行编码
HtmlDecode	进行 HTML 解码
MapPath(path)	将参数 path 指定的虚拟路径转换为实际路径
Transfer(url)	结束当前 ASP.NET 程序，然后执行参数 url 指定的程序
UrlEncode(string)	对 string 进行 URL 编码
UrlDecode	进行 URL 解码

💡 **提示**

Transfer()方法，终止当前页的执行，并为当前请求开始执行新页。该方法与 Reponse.Redirect 方法不同的是，它转发请求。例如 Server.Transfer("Logon.aspx"); Response.Redirect()方法浪费相当多带宽在浏览程序和 Web 服务器间的通信，Server.Transfer()方法的转移操作完全在 Web 服务器端完成，并不会浪费带宽。Server.Execute()方法和 Server.Transfer()方法相似，Server.Execute()方法有些像在主程序调用子程序，当转移 ASP.NET 程序执行完成后，还会回到调用转移的 ASP.NET 程序。

3. Server 对象的使用

【例 3-6】获取和显示服务器名称与超时时间。

(1) 新建一个 Web 站点 Ex3_6。

(2) 在 Default.aspx 中的<Title>标记中输入如下内容：

<title> Server 对象的使用</title>

(3) 在【解决方案资源管理器】中双击 Default.aspx.cs，在文档窗口中打开其内容。在 Page_Load 方法中添加如下内容：

```
public partial class _Default : System.Web.UI.Page
{
    protected void Page_Load(object sender, EventArgs e)
    {
        Server.Execute("Default2.aspx");
        Server.ScriptTimeout = 200;
        Response.Write("服务器: " + Server.MachineName +"<br />");
        Response.Write("超时时间: " + Server.ScriptTimeout   +"<br />");
    }
}
```

(4) 右击【解决方案资源管理器】窗口中的 Ex3_6 站点，并选择【添加新项】命令，在【添加新项】的【模板】中选择【Web 窗体】，修改文件名为 Default2.aspx，并确认语言为 Visual C#，然后单击【添加】按钮，添加一个 Default2.aspx Web 窗体。

(5) 在 Default2.aspx 中的<div>标记中输入如下内容：

```
<div>
        <h2> Server 对象使用示例</h2> <hr />
</div>
```

(6) 切换到 Default.aspx 网页，选择菜单【调试】|【开始执行(不调试)】命令或按 Ctrl+F5 键，在浏览器中执行程序。执行结果如图 3-7 所示。

③.2.7　ViewState(视图状态)对象

ViewState 对象是状态管理中常用的一种对象，可以用来保存页和控件的值。

视图状态是 ASP.NET 页框架默认情况下用于保存往返过程之间的页面信息以及控件值的方法。

使用 ViewState 时的注意事项如下。

(1) 视图状态提供了特定 ASP.NET 页面的状态信息。如果需要在多个页上使用信息，或者如果需要在访问网站时保留信息，则应当使用另一个方法来维护状态。

(2) 视图状态信息将序列化为 XML，然后使用 Base64 编码进行编码，这将生成大量的数据。如果视图状态包含大量信息，则会影响网页的性能。因此，建议使用一些典型数据来测试页性能，确定视图状态的大小是否是导致应用程序性能问题的"瓶颈"。

(3) 虽然使用视图状态可以保存页和控件的值，但是在某些情况下，需要关闭视图状态。

【例 3-7】ViewState(视图状态)对象的使用。

(1) 新建一个 Web 站点 Ex3_7。

(2) 在 Default.aspx 中的<Title>标记中输入如下内容：

```
<title>ViewState 对象的使用</title>
```

在<div>标记中添加下面的内容：

```
<div>
    您的爱好：<br />
<asp:TextBox ID="TextBox1" runat="server"></asp:TextBox><br />
    <asp:Button ID="Button1" runat="server" Text="保存 ViewState 中的值"
            onclick="Button1_Click" /> <br />
    <asp:Label ID="Label1" runat="server" Text="Label"></asp:Label><br />
    <asp:Button ID="Button2" runat="server" Text="读取 ViewState 中的值"
            onclick="Button2_Click" />
</div>
```

(3) 在【解决方案资源管理器】中双击 Default.aspx.cs，在文档窗口中打开其内容。在其中
添加如下内容：

```
public partial class _Default : System.Web.UI.Page
{
    string VSString = "basketball";
    protected void Page_Load(object sender, EventArgs e)
    {
        if (!Page.IsPostBack)
        {
            ViewState.Add("favorite", VSString);
        }
    }
    protected void Button1_Click(object sender, EventArgs e)
    {
        VSString = this.TextBox1.Text;
        ViewState["favorite"] = VSString;
    }
    protected void Button2_Click(object sender, EventArgs e)
    {
        if (ViewState["favorite"] != null)
        {
            this.Label1.Text = ViewState["favorite"].ToString();
        }
        else
        {
            this.Label1.Text = "查看的 ViewState 值不存在";
        }
    }
}
```

(4) 切换到 Default.aspx 网页，选择菜单【调试】|【开始执行(不调试)】命令或按 Ctrl+F5
键，在浏览器中执行程序。执行结果如图 3-8 所示。

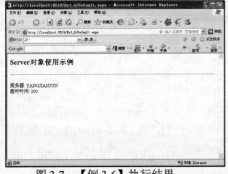

图 3-7 【例 3-6】执行结果   图 3-8 【例 3-7】执行结果

③.2.8 Cookies 对象

在使用 ASP.NET 建立 Web 应用程序时，要保留用户的浏览记录，例如记录用户是否浏览过网站或输入的相关数据，因为 HTTP 通信协议并不会保留状态，Cookies 就是一种存储浏览信息的好方法。

Cookies 可以解决 HTTP 通信协议无法保留信息的问题。虽然用户可以使用文本文件、XML 文件和数据库来存储相关数据，但是对于成千上万只来一次或数次的访客而言，存储这些数据实在太浪费硬盘空间，Cookies 则是最佳的解决方案。

1. Cookies 对象简介

Cookies 通常用于存储少量的浏览者的信息，将一些用户信息储存在客户端的机器中，它全部存储于 Windows 目录下的 Cookie 文件夹中，以便于在每次请求时被服务器在设定的时期内进行读取。Cookie 的储存大小是有限制的，一般浏览器会将其的大小控制在 4096 个字节以内。

Cookies 是存储在客户端，也就是浏览程序所在的计算机，所以并不会浪费服务器资源，只要用户进入网站时，就可以检查客户端是否有存储 Cookies，通过 Cookies 存储的信息来建立复杂的 Web 应用程序。

如果读者常常浏览 Web 网站，在 Windows XP 的 C:\Documents and Settings\Administrator\Cookies 文件夹(Administrator 是当前用户名称)中可以看到网站保留的 Cookies 文件。

2. Cookies 的设置和获取

在 ASP.NET 程序中处理 Cookies 是使用 Request 和 Response 对象的 Cookies 集合对象，也就是 HttpCookieCollection 对象，主要的操作有 3 种，如下所示。

- 设置 Cookie：在客户端计算机创建 Cookie 来存储数据。Response 对象的 Cookies 集合来设置 Cookie。例如，要将"VistorID"、值为"88,hnyjj"的 Cookie 传给浏览器，可使用<% Response.Cookies["VistorID"].Value = "88,hnyjj";%>语句完成。
- 删除 Cookie：删除客户端计算机的 Cookie，在方法上只是将有效期限设置成已经过期。如 Response.Cookies["VistorID"].Expires = DateTime.Now.AddDays(1);。
- 获取 Cookie 内容：当浏览程序进入网站时，获取客户端保留的 Cookie 数据，可以使用 Request 对象的 Cookies 集合。如下所示。

Label1.Text = Request.Cookies["VistorID"].Value ;

浏览器向服务器发出请求时，会随请求一起发送该服务器的 Cookies。在 ASP.NET 应用程序中，可以使用 HttpRequest 对象读取 Cookies，该对象可用作 Page 类的 Request 属性使用。HttpRequest 对象的结构与 HttpResponse 对象的结构基本相同，因此，可以从 HttpRequest 对象中读取 Cookies，并且读取方式与将 Cookies 写入 HttpResponse 对象的方式基本相同。

3. 确定浏览器是否接受 Cookies

用户可将其浏览器设置为拒绝接受 Cookie。虽然不能向客户端写入 Cookies 信息，但是不会引发任何错误。同样，浏览器也不向服务器发送有关其当前 Cookies 设置的任何信息。确定 Cookies 是否被接受的一种方法时尝试编写一个 Cookies，然后再尝试读取该 Cookies。如果无法读取已编写的 Cookies，则可以假定浏览器不接受 Cookies。

【例 3-8】Cookies 对象的使用。

(1) 新建一个 Web 站点 Ex3_8。

(2) 在 Default.aspx 中的<Title>标记中输入如下内容：

```
<title>Cookies 对象使用示例</title>
```

在<div>标记中添加下面的内容：

```
<div>
     <asp:Label ID="Label1" runat="server" Text="Label"></asp:Label><br />
    <br />
    <asp:Button ID="Button1" runat="server"    Text="写入 Cookie"
        onclick="Button1_Click" /><br /> <br />
    <asp:Button ID="Button2" runat="server"    Text="读取 Cookie"
        onclick="Button2_Click" />
</div>
```

(3) 在【设计】视图中双击 Button1 按钮，在其默认事件处理程序中添加如下内容：

```
protected void Button1_Click(object sender, EventArgs e)
{
    Response.Cookies["VistorID"].Value = "88,hnyjj";
    Response.Cookies["Password"].Value = "12345";
    Response.Cookies["VistorID"].Expires = DateTime.Now.AddDays(1);
    this.Label1.Text = "写入完毕！ ";
}
```

(4) 在【设计】视图中双击 Button2 按钮，在其默认事件处理程序中添加如下内容：

```
protected void Button2_Click(object sender, EventArgs e)
{
    if (Request.Cookies["VistorID"] != null)
    {
        Label1.Text = Request.Cookies["VistorID"].Value;
    }
    //输出所有 Cookies
    foreach( string cookie in Request.Cookies)
```

```
                {
                    Label1.Text +="<br />"+ Request.Cookies[cookie].Value ;
                }
        }
```

(5) 切换到 Default.aspx Web 窗体，选择菜单【调试】|【开始执行(不调试)】命令或按 Ctrl+F5 键，在浏览器中执行程序。单击【写入 Cookie】按钮，执行结果如图 3-9 所示；单击【读取 Cookie】按钮，执行结果如图 3-10 所示。

图 3-9 单击【写入 Cookie】按钮执行结果　　　图 3-10 单击【读取 Cookie】按钮执行结果

3.2.9 状态管理

在 ASP.NET 程序间的数据传递方法换个角度来说，就是如何保留用户状态的方法，称为 "状态管理"(State Management)。按数据存储的位置分为客户端和服务器端两大类。

1. 客户端的状态管理

客户端的状态管理是将数据存储在用户计算机，或是直接存储在 ASP.NET 程序建立的网页中，如表 3-12 所示。

表 3-12 客户端的状态管理

状态管理方法	描　　述
Cookies	Cookies 是保留在用户计算机的小文件，文件内容是一些用户信息
ViewState	ASP.NET 的 ViewState 功能，在窗体回发时能够在网页中使用 ViewState 属性保留用户数据
隐藏字段	使用窗体隐藏字段回发窗体数据或传递数据到其他网页
QueryString 集合对象	使用网址 URL 参数，即在 URL 网址加上参数，将数据传递给其他网页

在本章主要是介绍 Cookies、QueryString 集合对象和 ViewState 对象的状态管理方法。

2. 服务器端的状态管理

服务器端的状态管理是将数据存储在服务器计算机上，换句话说，它会占用 Web 服务器的系统资源，如表 3-13 所示。

表 3-13　服务器端的状态管理

状态管理方法	描　述
Application 对象	使用 Application 对象的变量存储用户信息
Session 对象	使用 Session 对象的变量存储用户信息
数据库	使用数据库的记录存储用户信息
XML 文件或文本文件	使用 XML 文件或文本文件存储用户信息
Profile 对象	使用 HttpModules 类的 Profile 对象存储用户信息

3.3　服务器与浏览程序信息

Request 对象的 ServerVariable、Browser 和 ClientCertificate 属性可以获取服务器、浏览程序和用户验证的相关信息。

3.3.1　Web 服务器的系统信息

Web 服务器的系统信息可以使用 Request 对象的 ServerVariables 属性来获取，这是一个集合对象，以参数的 Server 变量字符串来获取指定的系统信息。常用 Server 变量如表 3-14 所示。

表 3-14　常用 Server 变量

Server 变量	描　述
ALL_HTTP	传送到浏览程序的 HTTP 通信协议标头内容
ALL_RAW	传送到浏览程序的所有原始数据
APPL_MD_PATH	Web 应用程序的服务器路径
APPL_PHYSICAL_PATH	Web 应用程序的实际路径
AUTH_PASSWORD	认证密码
AUTH_TYPE	认证方法，服务器用来验证用户是否可以存取保护程序的方式
AUTH_USER	认证的用户名称
CONTENT_LENGTH	客户端传送给服务器文件内容的长度
CONTENT_TYPE	客户端传送内容的数据类型
GATEWAY_INTERFACE	服务器端的 CGI 版本

(续表)

Server 变量	描　述
LOCAL_ADDR	客户端的 IP 地址
PATH_INFO	目前 ASP.NET 程序文件的路径
PATH_TRANSLATED	目前 ASP.NET 程序文件的实际路径
QUERY_STRING	URL 的参数数据
REMOTE_ADDR	客户端的 IP 地址
REMOTE_HOST	客户端的的主机名称
REQUEST_METHOD	HTTP 的请求方法为 get、put 或 post
SCRIPT_NAME	目前 ASP.NET 程序文件的虚拟路径
SERVER_NAME	服务器的网域名称或 IP 地址
SERVER_PORT	服务器的 HTTP 端口号
SERVER_PROTOCOL	服务器的 HTTP 版本
SERVER_SOFTWARE	服务器使用的软件

表 3-14 中 Server 变量是集合对象的参数字符串，例如获取用户 IP 地址和目前 ASP.NET 程序的虚拟路径，如下所示：

IPAddress = Request.ServerVariables["REMOTE_ADDR"]
strPath = Request.ServerVariables["PATH_INFO"]

上述程序代码的参数就是需要获取的参数字符串，也就是 Server 变量名称。

【例 3-9】获取 Web 服务器的系统信息示例。

(1) 新建一个 Web 站点 Ex3_9。

(2) 在 Default.aspx 中的<Title>标记中输入如下内容：

<title>获取 Web 服务器的系统信息示例</title>

(3) 在【解决方案资源管理器】中双击 Default.aspx.cs，在文档窗口中打开其内容。在 Page_Load 方法中添加如下内容：

```
public partial class _Default : System.Web.UI.Page
{
protected void Page_Load(object sender, EventArgs e)
{
    string ServerVars;
    Response.Write("<table border=1>");
    foreach (string  objServerVars in  Request.ServerVariables)
    //for (int i=1;i< Request.ServerVariables.Count;i++)
    {
```

```
        Response.Write("<tr>");
        Response.Write("<td>" + objServerVars + "</td>");
        ServerVars = Request.ServerVariables[objServerVars];
        if (ServerVars=="")
        {
            ServerVars = "N/A";
        }
        Response.Write("<td>" + ServerVars+"</td>");
        Response.Write("<tr>");
        }
    }
}
```

(4) 切换到 Default.aspx Web 窗体，选择菜单【调试】|【开始执行(不调试)】命令或按 Ctrl+F5 键，在浏览器中执行程序。

③.3.2　获取浏览程序信息

Request 对象的 Browser 属性可以获取 HttpBrowserCapabilities 集合对象，即客户端浏览程序的相关信息，以便得知浏览程序提供哪些功能。

因为客户端浏览程序在连接 Web 服务器时，"HTTP 用户代理人标头"(HTTP User Agent Header)信息会传送给服务器，标头信息的内容就是浏览程序的相关信息，在 ASP.NET 程序中是使用 Request 对象的 Browser 属性来获取此对象，如下所示：

HttpBrowserCapabilities hbc= Request.Browser;

上述程序代码在获取 HttpBrowserCapabilities 对象后，就可以使用相关属性来获取浏览程序支持的功能，相关属性如表 3-15 所示。

表 3-15　获取浏览程序支持的相关属性

属　　性	属　性　描　述
Type	浏览程序的种类，IE 为 Internet Explorer，Netscape 为 Netscape Navigator
Browser	浏览程序的名称
Version	浏览程序的版本
MajorVersion	版本小数点前的主版本编号
MinorVersion	版本小数点后的次版本编号
Platform	使用的操作系统平台
Frames	浏览程序是否支持框架页
Tables	浏览程序是否支持表格

(续表)

属　　　性	属 性 描 述
Cookies	浏览程序是否支持 Cookies
VBscript	浏览程序是否支持 VBScript
Javascript	浏览程序是否支持 JavaScript
JavaApplets	浏览程序是否支持 Java Applets
ActiveXControls	浏览程序是否支持 ActiveX 控件

【例 3-10】获取客户端浏览程序的相关信息。

(1) 新建一个 Web 站点 Ex3_10。

(2) 在 Default.aspx 中的<Title>标记中输入如下内容:

<title>获取客户端浏览程序的相关信息</title>

(3) 在【解决方案资源管理器】中双击 Default.aspx.cs,在文档窗口中打开其内容。在
Page_Load 方法中添加如下内容:

```
protected void Page_Load(object sender, EventArgs e)
{
    string    BR = "<br />"; // 换行标记常数
    HttpBrowserCapabilities hbc= Request.Browser;
    Response.Write("浏览程序种类: " + hbc.Type + BR);
    Response.Write("浏览程序名称: " + hbc.Browser+ BR);
    Response.Write("版本: " + hbc.Version + BR);
    Response.Write("主版本: " + hbc.MajorVersion + BR);
    Response.Write("次版本: " + hbc.MinorVersion + BR);
    Response.Write("平台: " + hbc.Platform + BR);
    Response.Write("支持框架: " + hbc.Frames + BR);
    Response.Write("支持表格: " + hbc.Tables + BR);
    Response.Write("支持 Cookies: " + hbc.Cookies + BR);
    Response.Write("支持 VBScript: " + hbc.VBScript + BR);
    Response.Write("支持 JavaScript: " + hbc.JavaScript + BR);
    Response.Write("支持 Java Applets: "+ hbc.JavaApplets +BR);
    Response.Write("支持 ActiveX 控件: " + hbc.ActiveXControls + BR);
}
```

(4) 切换到 Default.aspx Web 窗体,选择菜单【调试】|【开始执行(不调试)】命令或按 Ctrl+F5
键,在浏览器中执行程序。

③.3.3 获取客户端的凭证数据

Request.ClientCertificate 属性可以获取客户端的凭证数据，如下所示：

HttpClientCertificate hcc = Request.ClientCertificate;

上述程序代码在获取 HttpClientCertificate 对象后，就可以使用相关属性来获取凭证数据，相关属性如表 3-16 所示。

表 3-16 获取凭证数据的相关属性

属　　性	属 性 描 述
Certificate	获取客户端凭证的所有内容
Cookie	如果有提供，获取唯一客户端凭证的 ID
IsPresent	是否拥有客户端凭证，True 为有，False 为没有
Issuer	客户端凭证核发的单位数据
IsValid	客户端凭证是否有效
KeySize	获取数字凭证公钥的尺寸，如 128 bits
SecretKeySize	获取数字凭证私钥的尺寸，如 1024 bits
SerialNumber	凭证的序号
ServerIssuer	获取服务器凭证核发单位的数据
ServerSubject	获取服务器凭证的主旨数据
Subject	获取客户端凭证的主旨数据
ValidFrom	凭证有效的起始日期时间
ValidUntil	凭证有效的结束日期时间

例如，检查是否拥有客户端凭证，如下所示。

Response.Write("是否有凭证: " + hcc.IsPresent +"<br />");

上述程序代码可以获取 IsPresent 属性的值，True 表示有，False 表示没有凭证。

【例 3-11】获取客户端的凭证数据示例。

(1) 新建一个 Web 站点 Ex3_11。

(2) 在 Default.aspx 中的<Title>标记中输入如下内容：

<title>获取客户端的凭证数据示例</title>

(3) 在【解决方案资源管理器】中双击 Default.aspx.cs，在文档窗口中打开其内容。在 Page_Load 方法中添加如下内容：

protected void Page_Load(object sender, EventArgs e)

```
    {
        string BR = "<br />"; // 换行标记常数
        HttpClientCertificate hcc = Request.ClientCertificate;
        Response.Write("获取唯一客户端凭证的 ID: " + hcc.Cookie + BR);
        Response.Write("是否拥有客户端凭证: " + hcc.IsPresent + BR);
        Response.Write("客户端凭证是否有效: " + hcc.IsValid + BR);
        Response.Write("客户端凭证核发的单位数据: " + hcc.Issuer + BR);
        Response.Write("数字凭证公钥的尺寸: " + hcc.KeySize + BR);
        Response.Write("数字凭证私钥的尺寸: " + hcc.SecretKeySize + BR);
        Response.Write("凭证的序号: " + hcc.SerialNumber + BR);
        Response.Write("服务器凭证核发单位的数据: " + hcc.ServerIssuer + BR);
        Response.Write("服务器凭证的主旨数据: " + hcc.ServerSubject + BR);
        Response.Write("客户端凭证的主旨数据: " + hcc.Subject + BR);
        Response.Write("凭证有效的起始日期时间: " + hcc.ValidFrom + BR);
        Response.Write("凭证有效的结束日期时间: " + hcc.ValidUntil + BR);
    }
```

(4) 切换到 Default.aspx Web 窗体，选择菜单【调试】|【开始执行(不调试)】命令或按 Ctrl+F5 键，在浏览器中执行程序。

3.4 ASP.NET 配置管理

使用 ASP.NET 配置系统的功能，可以配置整个服务器上的所有 ASP.NET 应用程序、单个 ASP.NET 应用程序和各个页面或应用程序子目录，也可以配置各种具体的功能，如身份验证模式、页缓存、编译器选项、自定义错误、调试和跟踪选项等。

3.4.1 web.config 文件介绍

Web 配置文件 web.config 是 Web 应用程序的数据设定文件，它是一份 XML 文件，内含 Web 应用程序相关设定的 XML 标记，可以用来简化 ASP.NET 应用程序的相关设定。

1. Web 配置文件的基础

Web 配置文件 web.config 位于 Web 应用程序的任何目录中，子目录如果没有 web.config 文件，就是继承父目录 web.config 文件的相关设定；如果子目录有 web.config 文件，就会覆盖父目录 web.config 文件的相关设定。

.NET Framework 根配置文件名称是 Machine.config，存储在 Windows 文件夹下 Microsoft.NET\Framework\<version>\CONFIG，整个 Web 服务器所有 Web 应用程序的设定都是

继承此配置文件，如果需要更改设定，可使用 web.config 文件在各目录中覆盖相关设定。

web.config 文件内容如下。

(1) 标识

配置内容被置于 web.config 文件中的标记<configuration>和</configuration>之间。

```
<configuration>
    配置内容
</configuration>
```

(2) 配置段

具体定义配置的内容，以供应用程序使用。Web 配置文件是一份 XML 文件，在 XML 标记的属性就是设定值，标记名称和属性值格式是字符串，第一个开头字母是小写，之后每一字头是大写，如<appSetting>。

Web 配置文件的范例如下所示：

```
<configuration>
  <appSettings>
    <add key="dbType" value="Access Database"/>
  </appSettings>
  <connectionStrings>
    <add name="provider"
        connectionString="Microsoft.Jet.OLEDB.4.0;"/>
    <add name="database"
        connectionString="/Database /Products.mdb"/>
  </connectionStrings>
  <system.web>
    <sessionState cookieless="false"   timeout="10"/>
    <globalization
        fileEncoding="gb2312"
        requestEncoding=" gb2312"
        responseEncoding=" gb2312"
        culture="zh-CN"/>
    <compilation defaultLanguage="C#" debug="true"/>
    <customErrors mode="RemoteOnly"/>
  </system.web>
</configuration>
```

上述 Web 配置文件的根标记是<configuration>，其子标记<appSettings>、<connection Strings>和<system.web>是配置段。在<system.web>下的设定区段属于 ASP.NET 相关设定。常用设定区段标记说明如表 3-17 所示。

表 3-17　常用设定区段标记

设 定 区 段	描 述
<anonymousIdentification>	控制 Web 应用程序的匿名用户
<authentication>	设定 ASP.NET 验证方式
<authorization>	设定 ASP.NET 用户授权
<browserCaps>	设定浏览程序兼容组件 HttpBrowserCapabilities
<compilation>	设定 ASP.NET 应用程序的编译方式
<customErrors>	设定 ASP.NET 应用程序的自订错误处理
<globalization>	关于 ASP.NET 应用程序的全球化设定，也就是本地化设定
<httpHandlers>	设定 HTTP 处理是对应到 URL 请求的 IHttpHandler 类
<httpModules>	创建、删除或清除 ASP.NET 应用程序的 HTTP 模块
<httpRuntime>	ASP.NET 的 HTTP 执行期相关设定
<identity>	设定 ASP.NET 应用程序的用户识别是使用服务器端用户账号的权限 (impersonate 属性)，或指定的用户账号(userName 和 password 属性)
<machineKey>	设定在使用窗体基础验证的 Cookie 数据时，用来加码和解码的金钥值
<membership>	设定 ASP.NET 的 Membership 机制
<pages>	设定 ASP.NET 程序的相关设定，即 Page 指引命令的属性
<profile>	设定个人化信息的 Porfile 对象
<roles>	设定 ASP.NET 的角色管理
<sessionState>	设定 ASP.NET 应用程序的 Session 状态 HttpModule
<siteMap>	设定 ASP.NET 网站导览系统
<trace>	ASP.NET 应用程序的除错功能，可以设定是否追踪应用程序的执行
<webParts>	设定 ASP.NET 应用程序的网页组件
<webServices>	设定 ASP.NET 的 Web 服务

2. appSetting 与 connectionStrings 区段的参数和连接字符串

在 Web 配置文件的 <appSettings> 区段可以创建 ASP.NET 程序所需的参数，ASP.NET 3.5 新增 <connectionStrings> 区段，可以指定数据库连接字符串。

在 web.config 文件<configuration>标记的子标记<appSettings> 和 <connectionStrings> 区段中，可以创建参数和数据库连接字符串，如下所示：

```
<configuration>
  <appSettings>
    <add key="dbType" value="Access Database"/>
  </appSettings>
  <connectionStrings>
    <add name="SQLCONNECTIONSTRING" connectionString="Data
```

```
Source=.\SQLEXPRESS;Initial Catalog=CK_BookShopDB;Integrated
Security=True;"
                providerName="System.Data.SqlClient" />
</connectionStrings>
    <system.web>
        ………
    </system.web>
</configuration>
```

　　<appSettings> 标记的子标记用来创建参数，每一个 <add> 标记可以创建一个参数，属性 key 是参数名称，value 是参数值。

　　在 <connectionStrings> 标记的 <add> 子标记也可以创建连接字符串，属性 name 是名称，connectionString 属性是连接字符串内容。

　　ASP.NET3.5 的 Configuration API 可以存取 web.config 和 machine.config 配置文件的设定数据。在 ASP.NET 程序中是使用 System.Web.Configuration 名称空间的 WebConfigurationManager 类来存取相关设定。首先导入所需的名称空间，如下所示：

　　Using System.Web.Configuration;

　　导入 System.Web.Configuration 名称空间后，接着就可以获取 <app Settings> 区段创建的参数，如下所示：

　　string　dbType = ConfigurationManager.AppSettings("dbType");

　　上述程序代码使用 AppSettings 属性获取指定参数，使用的是<add>标记的 key 属性。同样可以获取<connectionStrings>区段的数据库连接字符串，如下所示：

　　string　db = ConfigurationManager.ConnectionStrings ["SQLCONNECTIONSTRING"]
.ConnectionString) ;

　　上述程序代码使用 ConnectionStrings 属性获取参数 SQLCONNECTIONSTRING 的值，即 <add> 标记的 name 属性。

3. 在 sessionState 区段设定 Session 状态

　　ASP.NET 的 Session 状态管理拥有扩充性，可以在 web.config 文件的 <sessionState>区段设定 Session 状态管理，它属于<system.web>的子标记，如下所示：

```
<configuration>
    <system.web>
        <sessionState cookieless="false" timeout="10"/>
        ………
    </system.web>
</configuration>
```

计算机 基础与实训教材系列

上述<sessionState>标记的常用属性如表 3-18 所示。

表 3-18　<sessionState> 标记的常用属性

属　　性	属 性 描 述
mode	Session 状态存储的位置可以是 off(不存储)、InProc(使用 Cookie)、StateServer(使用状态服务器)和 SqlServer(存储在 SQL Server)
cookieless	是否使用 Cookie 存储 Session 状态。True 为不使用，False 为使用
timeout	Session 时间的期限，以分钟计，默认值为 20 分钟，其功能如同 Session 对象的 TimeOut 属性

③.4.2　Global.asax 文件介绍

Global.asax 文件是 Web 应用程序的系统文件，属于选项文件，可有可无。当需要使用 Application 和 Session 对象的事件处理程序时，就需要创建此文件。

另外，由于 Global.asax 在网络应用程序中的特殊地位，它被存放的位置也是固定的。必须存放在当前应用所在的虚拟目录的根目录下。如果放在虚拟目录的子目录中，Global.asax 文件将不会起任何作用。

1. 创建 Global.asax 文件

使用 VWD 2008 可以创建 Global.asax 文件。启动 VWD 2008 打开某网站后，执行【文件】|【新建文件】命令，打开【添加新项】对话框。在【模板】选项中选择【全局应用程序类】选项(如果网站已经建立就不会看到此项目)，如图 3-11 所示。单击【打开】按钮就可以在 Web 网站中创建 Global.asax 文件。一个 Web 网站只能拥有一个 Global.asax 文件。

2. Global.asax 文件结构

Global.asax 文件主要是定义 Web 应用程序的 Application_Start()、Application_End()、Session_Start()和 Session_End()等事件处理程序。

Global.asax 文件的内容框架如下：

```
<%@ Application Language="C#" %>
<script runat="server">
    void Application_Start(object sender, EventArgs e)
    {
        //在应用程序启动时运行的代码
    }
    void Application_End(object sender, EventArgs e)
    {
        //在应用程序关闭时运行的代码
    }
```

计算机 基础与实训教材系列

```
void Application_Error(object sender, EventArgs e)
{
        //在出现未处理的错误时运行的代码
}
void Session_Start(object sender, EventArgs e)
{
        //在新会话启动时运行的代码
}
void Session_End(object sender, EventArgs e)
{
        //在会话结束时运行的代码。
        // 注意: 只有在 Web.config 文件中的 sessionstate 模式设置为
        // InProc 时，才会引发 Session_End 事件。如果会话模式
        //设置为 StateServer 或 SQLServer，则不会引发该事件。
}
</script>
```

图 3-11　【添加新项】对话框

③.5　Page 对象与 Web 窗体页指令

Page 对象用来与扩展名为.aspx 的文件相关联。Web 窗体页指令也称为预编译指令。下面分别介绍。

③.5.1　Page 对象

Page 对象用来与扩展名为.aspx 的文件相关联。这些文件在运行时创建为 Page 对象，并缓存在服务器内存中。Page 对象充当页中所有服务器控件的命名容器。

Page 对象对应 Web Form 窗体，主要用来设置与网页有关的各种属性、方法和事件。ASP.NET 分析 Web Form 窗体文件代码，产生以窗体文件名为名称的类，该类是

System.Web.UI.Form 的派生类，因此在 Web Form 窗体文件中可以使用 Page 类的属性、方法和事件。

Page 对象的主要属性如表 3-19 所示。

表 3-19　Page 对象的主要属性

属 性 名	值	操 作	属 性 描 述
Application	对象	只读	获取当前 web 请求的 Application 对象
Cache	对象	只读	获取与网页所在的应该用程序相关联的 cache 对象
ClientTarget	字符串	读/写	客户端浏览器属性
EnableViewState	布尔值	读/写	当前网页请求结束时，是否要保持视图状态及所包含的服务器的视图状态，默认为 True
ErrorPage	URL 串	读/写	当前网页发生未处理的异常时，将转向错误信息网页；若未设置此属性，将显示默认错误信息网页
IsPostBack	布尔值	只读	网页加载情况，为 True 表示网页由于客户端返回数据而重新被加载，为 false 表示网页被第一次加载
IsValid	布尔值	只读	检查网页上的控件是否全部验证成功，若全部验证成功，则返回 True，否则返回 false
Request	对象	只读	当前网页的 Request 对象
Response	对象	只读	当前网页的 Response 对象
Server	对象	只读	Server 对象
Session	对象	只读	Session 对象
Trace	对象	只读	当前网页请求的 Trace 对象
Visible	布尔值	读/写	设置是否显示网页

Page 对象的主要方法如表 3-20 所示。

表 3-20　Page 对象的主要方法

方 法 名	方 法 描 述
DataBind( )	将数据源与 Web 上的服务器控件进行绑定
Dispose( )	让服务器控件在释放内存前执行清理工作
FindControl( )	在 Web Form 上搜索标识为 id 的服务器控件,若找到则返回该控件,否则就返回 Nothing
HasControls( )	若 Page 对象中包含服务器控件，则返回 True，否则返回 false
MapPath(VirtualPath)	将虚拟路径 VirtualPath 转化为实际路径

Page 对象的主要事件如表 3-21 所示。

表 3-21　Page 对象的主要事件

事 件 名	事 件 描 述
Init	ASP.NET 网页被请求时第一个触发的事件
Load	网页载入时触发的事件
UnLoad	网页完成处理且信息被写入浏览器时触发的事件
DataBinding	当网页从内存释放时触发的事件
Disposed	当网页从内存释放时触发的事件
Error	当网页上发生未处理的异常情况时触发的事件

 提示

　　Page 对象的 Init 事件发生在 Load 事件之前。这两个事件在 Page 对象中的具体含义为当加载 Web Form 时，首先要触发 Init 事件，对网页或者控件进行初始化；Web Form 完成初始化后就会加载网页，这时会触发 Load 事件。Init 与 Load 事件也有区别，Init 事件只会在第一次加载 Web Form 时触发，而 Load 事件则在 Web Form 每次被加载的时候都触发。

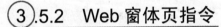

3.5.2　Web 窗体页指令

　　Web 窗体页指令也称为预编译指令，用来指定当请求 ASP .NET 页和用户控件时使用的设置。常用的预编译指令如表 3-22 所示。

表 3-22　常用的预编译指令

指 令	说 明
@Page	该指令定义 ASP.NET 页分析器和编译器使用的页的特定属性。它只能包含在.aspx 文件之中，且每个.aspx 文件之中只能有一个@ Page 指令
@Control	该指令定义 ASP.NET 页分析器和编译器使用的用户控件(.ascx 文件)特定的属性。只能包含在.ascx 文件之中。且每个.ascx 文件中只能有一个@Control 指令
@Assembly	该指令在编译过程中将程序集链接到当前页，以使程序集的所有类和接口都可用在该页上
@Implements	该指令指示当前页或用户控件实现指定的.NET 框架接口
@Import	该指令将命名空间显式导入到页中，使导入的命名空间的所有类和接口可用于该页。导入的命名空间可以是.NET 框架类库或用户定义的命名空间的一部分
@OutputCache	该指令以声明的方式控制 ASP.NET 页或页中包含的用户控件的输出缓存策略
@Reference	该指令以声明的方式指示另一个用户控件或页源文件应该被动态编译并链接到在其中声明该指令的页
@Register	该指令将别名与命名空间及类名关联起来，以便在自定义服务器控件语法中使用简明的表示法
@Control	该指令定义 ASP.NET 页分析器和编译器使用的用户控件(.ascx 文件)特定的属性。只能包含在.ascx 文件之中。且每个.ascx 文件中只能有一个@Control 指令
@Assembly	该指令在编译过程中将程序集链接到当前页，以使程序集的所有类和接口都可用在该页上

@ Page 指令应用示例如下：

```
<%@ Page Language="C#" AutoEventWireup="true"
CodeFile="EmployeeForm.aspx.cs" Inherits=" Default" %>
```

③.6　上机练习

本章的上机练习完成 Global.asax 文件的使用。

在 ASP.NET 的 Web 应用程序中使用 Global.asax 文件时，注意，一个 Web 应用程序只能有唯一的 Global.asax 文件，其位置是 Web 应用程序的启动目录。

当用户请求 ASP.NET 程序后，就会替每位用户建立 Session 时间和 Application 对象，接着检查 ASP.NET 应用程序是否含有 Global.asax 文件。

如果有 Global.asax 文件，就将它编译成继承 HttpApplication 类的 .NET Framework 类，然后在执行 ASP.NET 文件的程序代码前触发 Application_Start 事件，执行 Global.asax 文件的 Application_Start()事件处理程序，并建立 Session 对象，因为 Global.asax 文件存在，接着执行 Session_Start()事件处理程序。

当 Session 时间超过 TimeOut 属性的设定(默认为 20 分钟)或执行 Abandon()方法，表示 Session 时间结束，就触发 Session_End 事件执行 Session_End()事件处理程序，处理程序是在关闭 Session 对象前执行。

Web 服务器如果关机，在关闭 Application 对象前就会执行 Application_End()事件处理程序，当然也会结束所有用户的 Session 时间，执行所有用户的 Session_End()事件处理程序。

【例 3-12】创建一个 Global.asax 程序。在 Global.asax 文件的事件处理程序中建立程序代码，以便显示事件处理程序的执行过程。

(1) 新建一个 Web 站点 Ex3_12。

(2) 执行【网站】|【添加新项】命令，打开【添加新项】对话框。在【模板】列表中选择【全局应用程序类】选项(如果网站已经建立就不会看到此项目)，如图 3-11 所示。单击【打开】按钮就可以在 Web 网站中创建 Global.asax 文件。

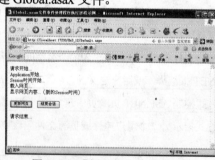

图 3-12　【例 3-12】执行结果

(3) 在 Global.asax 文件中添加如下内容：

```
<%@ Application Language="C#" %>
```

```
<script runat="server">
    void Application_Start(object sender, EventArgs e)
    {
        //在应用程序启动时运行的代码
        Application["Message"] = "Application 开始...<br />";
    }
    void Application_End(object sender, EventArgs e)
    {
        //在应用程序关闭时运行的代码
    }
    void Application_Error(object sender, EventArgs e)
    {
        //在出现未处理的错误时运行的代码
    }
    void Session_Start(object sender, EventArgs e)
    {
        //在新会话启动时运行的代码
        string output = Application["Message"].ToString();
        Response.Write(output);
        Application["Message"] = "";//清除 Application 变量
        Response.Write("Session 时间开始...<br />");
    }
    void Session_End(object sender, EventArgs e)
    {
        //在会话结束时运行的代码。
        // 注意: 只有在 Web.config 文件中的 sessionstate 模式设置为
        // InProc 时，才会引发 Session_End 事件。如果会话模式
        //设置为 StateServer 或 SQLServer，则不会引发该事件。
        Application["Message"] = "Session 结束...<br />";
    }
    void Application_BeginRequest(object sender, EventArgs e)
    {
        //在开始请求时运行的代码
        Response.Write("请求开始...<br />");
    }
    void Application_EndRequest(object sender, EventArgs e)
    {
        //在结束请求时运行的代码
        Response.Write("请求结束...<br />");
    }
```

```
</script>
```

(4) 在 Default.aspx 中的<Title>标记中输入如下内容:

```
<title> Global.asax 文件事件处理程序执行过程示例</title>
```

(5) 在 Default.aspx 中的<body>标记中添加如下内容:

```
<body>
    显示网页内容...(<% if (Session.IsNewSession==true)
            Response.Write("新的 Session 时间");
        else
            Response.Write("同一个 Session 时间");
    %>)

    <form id="form1" runat="server">
    <div>
        <asp:Button ID="Button1" runat="server" Text="更新网页"
onclick="Button1_Click" />
          
    <asp:Button ID="Button2" runat="server" onclick="Button2_Click"Text="结束会话" />
    </div>
    </form>
</body>
```

(6) 在【解决方案资源管理器】中双击 Default.aspx.cs,在文档窗口中打开其内容。在 Page_Load 方法中添加如下内容:

```
protected void Page_Load(object sender, EventArgs e)
    {
        Response.Write("载入网页...<br />");
}
```

(7) 切换到 Default.aspx Web 窗体的【设计】视图。双击【更新网页】按钮,在其默认事件处理程序中添加如下代码:

```
protected void Button1_Click(object sender, EventArgs e)
    {
        Response.Write("更新网页...<br />");
    }
```

双击【结束会话】按钮,在其默认事件处理程序中添加如下代码:

```
protected void Button2_Click(object sender, EventArgs e)
```

```
        {
            Session.Abandon() ;//结束 Session 时间
            Response.Redirect("Default.aspx");
        }
```

在 Default.aspx Web 窗体中显示整个 Global.asax 文件的事件处理程序的执行过程，包含网页请求事件的执行顺序，在 Web 窗体中含有两个按钮，可以更新网页和结束 Session 时间。

(8) 切换到 Default.aspx Web 窗体，选择菜单【调试】|【开始执行(不调试)】命令或按 Ctrl+F5 键，在浏览器中执行程序。执行结果如图 3-12 所示。

从图 3-12 中可以看到事件处理程序的执行顺序，首先执行 Application_Start 事件，然后是 Application_BeginRequest 和 Session_Start 事件，因为 Application_Start 事件的信息是在 Session_Start 事件处理程序中显示的，所以顺序相反，Application_Start 事件是在 Application_BeginRequest 事件前触发。

在新的 Session 时间开始后，触发 Page_Load 事件加载网页来显示网页内容，请求过程结束触发 Application_EndRequest 事件。

单击【更新网页】按钮，因为尚未结束 Session 时间，可以看到只加载网页和请求信息，表示属于同一个 Session 时间，如图 3-13 所示。

单击【结束会话】按钮以 Abandon()方法强迫结束 Session 时间，因为重新加载网页，可以看到 Session 结束后再次建立新的 Session 时间，如图 3-14 所示。

图 3-13　单击【更新网页】按钮执行结果

图 3-14　单击【结束会话】按钮执行结果

❸.7　习题

1. 试说明 HTTP 通信协议的特性。

2. 试建立 ASP.NET 程序分别使用 Response.Redirect()和 Server.Transfer()方法转移至清华大学出版社 http://www.tup.com.cn。

3. 试说明 Request 对象的 Form 和 QueryString 集合对象，如何在 ASP.NET 程序中使用窗体和 URL 传递参数。

4. 试建立 ASP.NET 程序获取下列的系统环境变量，如下所示。

REMOTE_HOST、SCRIPT_NAME、SERVER_NAME、SERVER_SOFTWARE

计算机 基础与实训教材系列

Web 服务器控件使用

学习目标

本章主要介绍了 HTML 服务器控件、Web Server 服务器控件、用户控件、ASP.NET 的电子邮件处理、文件的上传与下载、ASP.NET 网页记事日历等内容。通过本章学习，理解和掌握服务器控件的基本概念；理解和掌握服务器控件的属性、方法和事件；理解和掌握用户控件的使用；学会编写常用的 Web 应用程序。

本章重点

- ◉ Web 服务器控件概述
- ◉ HTML 控件
- ◉ 标准服务器控件
- ◉ 其他 ASP.NET Server 服务器控件
- ◉ 用户控件
- ◉ 文件的上传与下载

④.1 Web 服务器控件概述

ASP.NET 服务器控件是 ASP.NET 网页上的对象，当客户端浏览器请求服务器端的网页时，这些控件对象将在服务器上运行并向客户端浏览器呈现 HTML 标记。控件是可重用的组件或对象，有自己的属性和方法，可以响应事件。使用 ASP.NET 服务器控件，可以大大减少开发 Web 应用程序所需编写的代码量，提高开发效率和 Web 应用程序的性能。

网站部署在 Web 服务器上，人们可以通过浏览器来访问这个站点。当客户端请求一个静态的 HTML 页面时(扩展名为.htm 或 html 的页面)，服务器找到对应的文件直接将其发送给用户端浏览器；而在请求 ASP.NET 页面时(扩展名为.aspx 的页面)，服务器将在文件系统中找到并读取对应的页面，然后将页面中的服务器控件转换成浏览器可以读取的 HTML 标记和一些脚本代码，再将转换后的结果页面发送给用户。

在创建.aspx 页面时，可以将任意的服务器控件放置到页面上，然而请求服务器上该页面的浏览器将只会接收到 HTML 和 JavaScript 脚本代码，如图 4-1 所示。

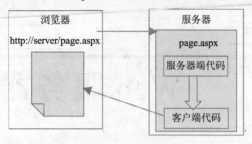

图 4-1　ASP.NET 页面的工作流程

 提示

　　Web 浏览器无法理解 ASP.NET 页面。Web 浏览器只理解 HTML，可能也理解 JavaScript 或 VBscript 等脚本语言，但它不能处理 ASP.NET 代码。服务器读取 ASP.NET 代码并进行处理，将所有 ASP.NET 特有的内容转换为 IITML 以及(如果浏览器支持的话)一些 JavaScript 代码，然后将最新生成的 HTML 发送回浏览器。

④.1.1　Web Server 控件的主要特点

Server 控件是基于更加抽象的、具有更强的面向对象特征的设计模型，它提供了比 HTML 服务器种类更多、功能更强大的控件集合。它属于 System.Web.UI.WebControl 名称空间，所有的 ASP.NET 服务器控件类都是从该名称空间的基类 WebControl 派生的。

Server 控件的主要特点如下。

- Web Server 控件是一组从 WebControl 基类派生出来的控件。这组控件既包括传统的控件(如 Label、TextBox、Button 等)，也包含了更高抽象级别的控件(如 Calendar、DataList 等)。

- Web Server 控件具有更好的面向对象特性，所有控件的通用属性都在 WebControl 基类中实现，具有高度的一致性，从而简化编程人员的工作，减少错误。Web Server 控件可以自动地检测客户端浏览器的类型和功能，生成相应的 HTML 代码，从而最大程度地发挥浏览器的功能。

- Web Server 控件还具有数据绑定特性，所有属性都可以进行数据绑定，某些控件甚至还可以向数据源提交数据。

- 使用 Web Server 控件时，必须在类名前添加"asp："作为前缀，用来映射这些 Web 服务器控件所处的 System.Web.UI.Web 控件名称空间，并且带有 runat="server"属性。

常用的 Web Server 控件如表 4-1 所示。

表 4-1 常用的 Web Server 控件

Web 服务器控件名称	控 件 描 述
Label	用来显示静态文本(如标题)的控件
TextBox	显示一个文本框,可以是单行,亦可以是多行
Button	创建一个下按按钮
LinkButton	创建一个超链接形式的按钮
ImageButton	创建一个图片,并允许用户单击该图片时触发 click 事件,程序员可以捕获该事件并响应它
HyperLink	显示一个超链接,允许用户跳转到该链接
DropDownList	显示一个下拉列表,用户可以在列表中选择一个选项
ListBox	显示一个列表框,用户可以选择列表框中的一个或多个项目
CheckBox	创建一个选择框,用户可以在选择与不选择之间进行切换
CheckBoxList	创建一个选择框组,可以根据数据源动态地创建组内的选择框
RadioButton	创建一个单选按钮
RadioButtonList	创建一个单选按钮组,可以根据数据源动态地创建组内的按钮
Image	显示一个格式大小合适的图片
ImageMap	显示一个可以在图片上定义热点(HotSpot)的服务器控件,用户可以通过单击这些热点区域进行回发(PostBack)操作或者定向(Navigate)到某个 URL 地址
Table	显示一个可以操纵的表格
BulletedList	可以在页面上显示项目符号和编号格式的控件
HiddenField	HiddenField 就是一个隐蔽输入框的服务器控件,它能让你保存那些不需要显示在页面上的且对安全性要求不高的数据
Calendar	显示一个月历,允许用户选择月和日期
AdRotator	显示一个广告条
FileUoload	用于上传文件的一个控件
Wizard	向导控件
Xml	可以使用该控件与 xsl 转换,也可以选择数据源进行创建
MultiView	本控件的作用是可以将要显示的页面内容分成几个部分进行显示,而每个部分的页面之间用比如"上一步"、"下一步"的导航功能来连接
Panel	容器控件,用来存放其他控件
PlaceHolder	在页面的控件层次结构中保留一个控件位置,从而可以通过程序在该位置上添加控件
Substitutison	缓存控件(只支持静态 static 方法,而且参数也只能为 HttpContext)
Localize	在网页上保留显示本地化静态文本的位置
Literal	在网页上保留显示静态文本的位置

计算机 基础与实训教材系列

④.1.2　在页面中添加 Web Server 控件

在页面中添加 Web Server 控件的方法非常简单，有以下 3 种。

方法 1：把【工具箱】中的某控件拖放到页面的【设计】视图上。该方法有时难以把控件准确地添加到想放的位置。例如，可能不容易把控件拖到一个 HTML 元素的起始和结束标记之间。

方法 2：把【工具箱】中的某控件拖放到页面的【源】视图上。在【源】视图中可以准确定位控件。

方法 3：可以直接在【源】视图中输入控件的标记。注意使用智能感知 (IntelliSense) 功能帮助输入不同的标记和属性。还可以发现，【属性】窗口在【源】视图中也是可用的。只要简单地单击有关标记，【属性】窗口就会更新，以反映输入的标记。这样就可以轻松地修改控件的属性，而仍然可以准确地看到它生成了什么标记。

前两种方法会自动生成控件的标记和某些属性。例如，在 Web 应用程序中，添加一个 Label Web 窗体控件，VWD 2008 自动生成的 Label 控件定义如下：

```
<asp:Label ID="Label1" runat="server" Text="Label"></asp:Label>
```

④.1.3　所有 Web Server 控件的共同属性

VWD 2008【工具箱】中的绝大多数服务器控件都有一些共同的行为。例如，每个控件都有一个 ID，用来在页面中唯一地标识它；还有一个 Runat 属性，总是设置为 Server，表示应在服务器上处理控件；以及一个 ClientID，包含将赋予最终 HTML 中的元素的客户端 ID 属性。

除了这些属性外，很多服务器控件还有更多共同的属性。如表 4-2 所示。

表 4-2　所有 Web Server 控件的共同属性

属　　性	属　性　描　述
AccessKey	允许设置一个键，使用这个键，就可以按下关联的字母在客户机中访问控件
BackColor ForeColor	允许修改浏览器中背景的颜色(BackColor)和控件文本的颜色(ForeColor)
BorderColor BorderStyle BorderWidth	修改浏览器中控件的边框。这 3 个 ASP.NET 属性中的每一个都直接映射到它的 CSS 部分
CssClass	用来定义浏览器中控件的 HTML 类属性
Enabled	确定用户是否可以与浏览器中的控件交互。例如，如果文本框是禁用的(Enabled="false")，就不能修改它的文本

（续表）

属　　性	属 性 描 述
Font	允许定义与字体有关的各种设置，如 Font-Size、Font-Name 和 Font-Bold
Height Width	确定浏览器中控件的高度和宽度
TabIndex	设置 HTML tabindex 属性，确定用户按下 Tab 键时焦点沿着页面中控件移动的顺序
ToolTip	允许设置浏览器中控件的工具提示。这个工具提示在 HTML 中被呈现为标题属性，当用户把鼠标悬停在相关 HTML 元素上时就会显示出来
Visible	确定是否将控件发送给浏览器。不会真的看到它作为一种服务器上能见到的设置，因为不可见的控件根本不会发送给浏览器

ASP.NET 服务器控件主要类别有 HTML 服务器控件、标准服务器控件、验证控件、用户控件、数据控件、导航控件等。如图 4-2 所示。

本章主要介绍 HTML 服务器控件、标准服务器控件和用户控件。其他控件只做一般介绍，具体的使用将在以后章节展开。【标准】服务器控件如图 4-3 所示。

图 4-2　ASP.NET 服务器控件类别　　　图 4-3　ASP.NET 服务器控件【标准】类别

④.2　HTML 控件

VWD 2008 工具箱的"HTML"类别中含有若干 HTML 控件，与 ASP.NET Server Control 相反，HTML 控件是客户端控件，直接出现在浏览器中的最终 HTML 中。可以通过向它们添加 Runat="Server"属性将它们变成 HTML 服务器控件。

4.2.1　HTML 元素

在 VWD 2008 中，从工具箱添加到页面上的 HTML 控件只是已设置了某些属性的 HTML 元素，当然也可通过输入 HTML 标记在【源】视图中直接创建 HTML 元素。

默认情况下，ASP.NET 文件中的 HTML 元素作为文本进行处理，并且不能在服务器端代码中引用这些元素，只能在客户端通过 JavaScript 和 VBscript 等脚本语言来控制。

工具箱的 HTML 选项卡上提供了一些基于 HTML INPUT 元素的控件。下面仅介绍两个 HTML INPUT 元素的使用方法。

1. Input (Button)控件

Input (Button)控件是一个按钮控件，默认情况下是 INPUT type="button"元素。

Input(Button)元素的主要功能是创建一个用来触发事件处理程序的按钮，通过使用 onclick 属性来表明单击按钮可以触发的处理方法。其主要属性如下。

⊙　ID：此控件的编程名称。

⊙　value：设置按钮中显示的文字。

2. Input (Text) 控件

Input (Text) 控件是一个文本框控件，默认情况下是 INPUT type="text"元素。

Input(Text)元素创建允许用户在其中输入文本或密码的单行文本框，其主要属性如下。

⊙　Type=text/password：文本框的类型。

⊙　MaxLength：文本框中最大的输入字节。

⊙　Size：设定文本框的宽度。

⊙　Value：设定文本框的值。

4.2.2　HTML 服务器控件

在 VWD 2008 中，从工具箱添加到 ASP.NET 页面上的 HTML 服务器控件只是已设置了某些属性的 HTML 元素。

默认情况下，这些添加到 ASP.NET 文件中的 HTML 元素被视为传递给浏览器的标记，作为文本进行处理，不能在服务器端的代码中引用这些元素。若要使这些元素能以编程方式进行访问，可以通过添加 runat="server"属性表明应将 HTML 元素作为服务器控件进行处理。还可设置 HTML 元素的 id 属性，这样就可使用基于服务器的代码对其进行编程引用了。

展开工具箱中的 HTML 类别，可以看到一些 Web 页面中常用的 HTML 元素。HTML 服务器控件在 Server 端被解释成 HTML 代码，然后再发送到客户端。

在 ASP.NET 中，在 HTML 元素标记中添加 runat="server"属性就可以变为 HTML 服务器控件。每个 HTML 服务器控件一般都要有 Type、Id、Value 3 个属性，其中 Type 属性表示输入控件的类型，Id 属性是作为这个控件的标识，Value 属性是获得或者设置输入控件的内容。

还要注意的是，必须保证 HTML 服务器控件的 HTML 标记被包括在一个<form></form>之间，而且这个<form>标记必须有 runat="server"属性。当然如果在程序代码里面不会访问到这个<form>标记，可以不给它赋上 Id 属性。

例如，在 Web 应用程序中，添加一个 Input(Button)的 HTML 控件后，VWD 2008 自动生成的 HTML 代码如下：

```
<input id="Button1" type="button" value="button" />
```

 提示

HTML 控件是 Microsoft 公司随同原始的 ASP 模型提供的。现有的 ASP 网页可以方便地移植到 ASP.NET 中。如果是从头开始构建一个 Web 应用程序的话，应该使用标准 Web 窗体控件。

【例 4-1】演示 Input 元素(Text)、Input (Button)元素和 Input(Button)服务器控件、Input(Text)服务器控件使用。

(1) 新建一个 ASP.NET 网站 Ex4_1。

(2) 在 Web 窗体页 Default.aspx 的【源】视图中的<title>标记之间输入如下内容：

```
<title>html 元素示例</title>
```

(3) 单击文档窗口下方的【设计】按钮将页面切换到【设计】视图。在阴影区域中输入文本"请在下面左边两个文本框中输入 2 个整数，然后单击"="按钮即可求出它们的差"。

(4) 从【工具箱】的 HTML 类别中将 3 个 Input 元素(Text)控件、一个 Input (Button)控件添加到页面的【设计】视图中的阴影区域。设置 Input (Button)的 value 属性的值为"="。如图 4-4 所示。

图 4-4 【例 4-1】程序界面

(5) 双击【设计】视图中的 Input (Button)控件。在 Web 窗体页 Default.aspx 的【源】视图中添加 Input (Button)控件的单击事件处理程序，内容如下：

```
<script language="javascript" type="text/javascript">
```

```
// <![CDATA[
        function Button1_onclick() {
            alert('You clicked me.');
            var a = document.getElementById("Text1").value;
            var b = document.getElementById("Text2").value;
            var answer = parseInt(a) - parseInt(b);
            document.getElementById("Text3").value = answer;
        }
// ]]>
</script>
```

(6) 步骤(3)~步骤(5)将使 VWD 2008 自动在文件 Default.aspx 的<div>标记中添加如下代码：

```
<div>
        请在下面左边两个文本框中输入 2 个整数，然后单击&quot;=&quot;按钮即可求出它们
的差。<br />
         <input id="Text1" type="text" /> -
        <input id="Text2" type="text" /> 
        <input id="Button1" type="button" value="=" onclick="return
Button1_onclick()" /> 
        <input id="Text3" type="text" />
</div>
```

(7) 在【解决方案资源管理器中】窗口中右击 Default.aspx 文件，在弹出的菜单中选择【在浏览器中查看】命令，即可在浏览器中打开该页面。

(8) 在【解决方案资源管理器中】右击根文件夹，在弹出的菜单中选择【添加新项】命令，在【模板】列表中选择【Web 窗体】，添加一个 Default2.aspx 页面。

(9) 按步骤(2)~步骤(4)相似的步骤在 Default2.aspx 的<div>标记中添加如下代码：

```
<div>
        <input id="Text1" type="text" runat="server" />  - 
        <input id="Text2" type="text" runat="server" /> 
        <input id="Button1" type="button" value="="   runat="server"
onserverclick="Button1_Click" /> 
        <input id="Text3" type="text" runat="server" />
</div>
```

 提示

> 这里的每个控件增加了 runat="server"属性；添加 Input (Button)控件的 onserver click ="Button1_Click"属性。

(10) 在【解决方案资源管理器中】窗口中双击 **Default2.aspx.cs** 文件，添加 Input (Button) 控件的单击事件处理程序，内容如下：

```
protected void Button1_Click(Object sender, EventArgs e)
{
    int Answer;
    Answer = Convert.ToInt32(Text1.Value) – Convert.ToInt32(Text2.Value);
    Text3.Value = Answer.ToString();
}
```

(11) 在【解决方案资源管理器中】窗口中右击 **Default2.aspx** 文件，在弹出的菜单中选择【在浏览器中查看】命令，即可在浏览器中打开该页面。

(12) 在左边两个文本框中输入两个整数，然后单击【=】按钮，可在右边文本框中得到两个数的差。

Default.aspx 中的 HTML Input(Button)元素和 Default2.aspx 中 HTML 服务器控件的比较：

```
<input id="Button1" type="button" value="=" onclick="return
Button1_onclick()" />
<input id="Button1" type="button" value="="    runat="server"
onserverclick="Button1_Click" />
```

比较这两个语句，可以看出声明一个 HTML 服务器按钮控件和声明一个 HTML 元素有以下几点不同。

- 服务器按钮控件用 onserverclick 属性代替了 html 按钮的 onclick 属性。
- 服务器按钮控件多用了一个 runat＝"server"属性。

说明：

- ID 属性是标识服务器控件的唯一标志，通过它可以像引用一个对象一样来直接在服务器端引用服务器控件。
- 用 OnServerClick 属性代替 OnClick 属性是为了表明响应按钮的单击事件是在服务器端进行处理，而不是客户端。
- 多出的 runat＝"server"属性是说明该控件为服务器控件，这是区别 HTML 服务器控件和 html 元素的唯一方法。

④.3　标准服务器控件

ASP.NET 包含大量可在 ASP.NET Web 页上使用的标准服务器控件。本节重点从 ASP.NET 服务器控件的工作原理和过程入手，介绍控件的常用功能和用法。

④.3.1 Label 控件

Label 控件用来显示静态文本(如标题)的控件。与编程有关的主要属性如下。

◉ ID 属性：指定 Label 控件在程序设计中唯一标识。

◉ Text 属性：指定 Label 控件要显示的文本。

◉ Visible 属性：指定 Label 控件是否可见。默认值为 True，可见。

④.3.2 TextBox 控件

TextBox 控件相当于是 HTML 窗体标记的单行、密码和多行文字，使用 TextMode 属性值来区分不同的功能，如下所示：

```
<asp:TextBox Id="name" Width="200px"    Runat="server"/>
<asp:TextBox Id="pass" Width="200px"
    TextMode="Password" Runat="server"/>
<asp:TextBox Id="address" Width="200px"
    TextMode="Multiline" Rows="3" Runat="server"/>
```

上述标记建立 3 个 TextBox 控件，使用 TextMode 属性指定字段种类是密码字段(Password)或多行文字(Multiline)，没有指定就是单行文字，其相关属性如表 4-3 所示。

表 4-3　TextBox 控件属性

属　　性	属　性　描　述
AutoPostBack	是否当用户更改文字内容时，自动回发给服务器，True 为是，默认值为 False，不回发
Columns	多行文字显示的宽度，以字数为单位，只有当 TextMode 属性为 Multiline 时才需使用
MaxLength	控件允许输入文字的最大长度，不适用在 TextMode 属性为 Multiline 时
ReadOnly	是否是只读控件，True 为是，默认值 False 为不是
Rows	文字区域的高度有几行，只有当 TextMode 属性为 Multiline 时才需使用
Text	文字控件的内容
TextMode	文字控件的状态是密码(Password)或多行(Mulitline)
Wrap	多行文字内容是否自动换行，默认值 True 为自动换行，False 为不换行，只有当 TextMode 属性为 Multiline 时才需使用

TextBox 控件的事件主要有 OnTextChanged 事件。当用户更改控件内容时产生 TextChanged 事件，需要配合 AutoPostBack 属性才会有作用。

4.3.3　按钮控件

Web 窗体中的按钮允许用户发送命令。它们将窗体提交给服务器并使窗体同任何挂起的事件一起被处理。Web 服务器控件包括 3 种类型的按钮：标准命令按钮(Button 控件)、超级链接样式按钮(LinkButton 控件)和图形化按钮(ImageButton 控件)。这 3 种按钮提供类似的功能，但具有不同的外观。

- Button：表示一个标准的命令按钮，呈现为一个 HTML 提交按钮。
- LinkButton：超级链接样式的按钮。(注意：可使用 HyperLink Web 服务器控件创建真正的超级链接)。
- ImageButton：允许将一个图形指定为按钮。这对于提供丰富的按钮外观非常有用。ImageButton 控件还查明用户在图形中单击的位置，这使程序员能够将按钮用作图像映射。主要的属性为 ImageUrl="图像的存储位置"。

可使用 ASP.NET Button 服务器控件为用户提供向服务器发送网页的能力。该控件会在服务器代码中触发一个事件，可以处理该事件来响应回发(PostBack)。

1. 按钮事件

当用户单击任何 Button 服务器控件时，会将该页发送到服务器。这使得在基于服务器的代码中网页被处理，任何挂起的事件被引发。这些按钮还可引发它们自己的 Click 事件，可以为这些事件编写"事件处理程序"。

2. 按钮回发行为

当用户单击按钮控件时，该页回发到服务器。默认情况下，该页回发到其本身，在这里重新生成相同的页面并处理该页上控件的事件处理程序。

可以配置按钮以将当前页面回发到另一页面。这对于创建多页窗体可能非常有用。

默认情况下，Button 控件使用 HTML POST 操作提交页面。LinkButton 和 ImageButton 控件不能直接支持 HTML POST 操作。因此，使用这些按钮时，它们将客户端脚本添加到页面以允许控件以编程方式提交页面。(因此 LinkButton 和 ImageButton 控件要求在浏览器上启用客户端脚本。)

在某些情况下，可能希望 Button 控件也使用客户端脚本执行回发。这在希望以编程方式操作回发(如将回发附加到页面上的其他元素)时非常有用。可以将 Button 控件的 UseSubmitBehavior 属性设置为 true，以使 Button 控件使用基于客户端脚本的回发。

3. 处理 Button 控件的客户端事件

Button 控件既可以引发服务器事件，也可以引发客户端事件。服务器事件在回发后发生，且这些事件在为页面编写的服务器端代码中处理。客户端事件在客户端脚本(通常为 JavaScript)中处理，并在提交页面前引发。通过向 ASP.NET 按钮控件添加客户端事件，可以执行一些任务(如在提交页之前显示确认对话框以及可能取消提交)。

【例 4-2】演示文本框 TextBox 控件、标签 Label 控件、按钮 Button 控件的使用。

(1) 新建一个 ASP.NET 网站 Ex4_2。

(2) 切换到 Web 窗体页 Default.aspx 的【设计】视图，从【工具箱】中，拖放一个 Label 控件到页面<div>标记的虚线内，在【属性】窗口中设置其 Text 属性值为"请输入用户名和密码："。同样的方法添加 2 个 TextBox 控件、1 个 Button 控件。界面如图 4-5 所示。

双击【设计】视图中的 Button 控件。切换到 Default.aspx.cs 窗口，在其中添加 Button 控件的默认事件处理程序如下：

```
protected void Button1_Click(object sender, EventArgs e)
{
    if (TextBox1.Text == "" || TextBox2.Text == "")
    {
        string scriptString = "alert('" + "信息不全！请重新填写！" + "');";
        Page.ClientScript.RegisterClientScriptBlock(this.GetType(),
"warning", scriptString, true);
    }
    else
    {
        Response.Redirect(string.Format("Content.aspx?user={0}&password={1}",
                TextBox1.Text, TextBox2.Text));

    }
}
```

(3) 在【解决方案资源管理器】中，创建一个新的 Web 窗体，命名为 Content.aspx。在【解决方案资源管理器】中双击 Content.aspx.cs 文件，在打开的文档窗口中添加如下内容：

```
protected void Page_Load(object sender, EventArgs e)
{
    string scriptContent = Request.QueryString["user"].ToString() + ",
欢迎您！注意记好您的密码：" + Request.QueryString["password"].ToString();
    Response.Write(scriptContent);
    string scriptString = "alert('" + scriptContent + "');";
    Page.ClientScript.RegisterClientScriptBlock(this.GetType(),
"success", scriptString, true);
}
```

(4) 在【解决方案资源管理器】窗口中右击 Default.aspx 文件，在弹出的菜单中选择【在浏览器中查看】命令，即可在浏览器中打开该页面。执行结果如图 4-5 所示。输入用户名和密码以后，单击登录按钮，执行结果如图 4-6 所示。

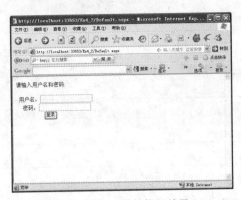

图 4-5　【例 4-2】的执行结果 1

图 4-6　【例 4-2】的执行结果 2

④.3.4　ListBox 控件和 DropDownList 控件

在 Web 控件的 ListControl 类中有 4 种选择功能的控件对象 DropDownList、ListBox、CheckBoxList 和 RadioButtonList 控件。要向列表中添加项目，可以在控件的起始和结束标记之间定义<asp:ListItem>元素，如下面的示例所示：

```
<asp:DropDownList ID="DropDownList1" runat="server">
        <asp:ListItem Selected="True">C#</asp:ListItem>
        <asp:ListItem>Visual Basic</asp:ListItem>
        <asp:ListItem>CSS</asp:ListItem>
 </asp:DropDownList>
```

也可以通过【ListItem 集合编辑器】采用图形化方式完成。方法如下。

- 在 Web 页的设计窗口中添加某 ListControl 类控件。
- 单击控件右上角的【>】打开其【智能任务列表】，如图 4-7 所示。在列表中选择【编辑项…】，打开如图 4-8 所示的对话框。
- 单击【添加】按钮，在 CSS 属性列表中设置其相关属性，最后单击【确定】按钮完成。

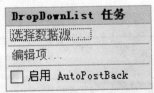

图 4-7　智能任务列表对话框

图 4-8　【ListItem 集合编辑器】对话框

1. ListControl 类的属性

ListControl 类的主要属性和事件如表 4-4 所示。

表4-4 ListControl 类的主要属性和事件

属性或事件	属性或事件描述
AutoPostBack 属性	是否当用户更改选择的选项时，自动回发给服务器，True 为是，默认值为 False，不回发
Items 属性	ListControl 控件所有选项的集合对象
SelectedIndex 属性	选取选项的最小索引值，如为单选，就是选取选项的索引值，没有选择返回 - 1
SelectedItem 属性	最小选取索引值的 ListItem 对象
OnSelectedIndexChanged 事件	当用户更改选项时产生 SelectedIndexChanged 事件，需要配合 AutoPostBack 属性才会有作用

要程序化地查看列表控件当前活动和选中的项目，可以查看它的 SelectedValue、SelectedItem 或者 SelectedIndex 属性。SelectcdValue 返回一个含有选中项目的值的字符串；SelectedIndex 返回列表中项目基于 0 的索引，对于上面的示例，如果用户选择 C#，那么 SelectedIndex 将会为 0；类似地，当用户选择 CSS 时，索引将为 2(列表中的第三项)。

对于允许多重选择的控件(如 CheckBoxList 和 ListBox 控件)，可以在 Items 集合之间循环，并且看到选中了哪些项目。在这种情况下，SelectedItem 仅返回列表中的第一个选中项目，而不是返回所有选中项目。

另外 ListControl 类还提供 DataSourceID、DataTextField 和 DataValueField 等属性来处理数据绑定的数据源，详细说明请参阅第 9 章的相关内容。

2. ListItem 控件

所有选择功能的控件相同，都要使用 ListItem 控件。每一个 ListItem 控件是一个选项，其主要属性如表 4-5 所示。

表4-5 ListItem 控件的主要属性

属 性	属 性 描 述
Attributes	所有 ListItem 控件的名称和值的集合对象
Selected	选项是否被选取，默认值 False 为没有选取，True 为选取
Text	选项显示的名称
Value	选项值

3. ListBox 服务器控件

ListBox 服务器控件使用户能够从预定义的列表中选择一项或多项。

ListBox 服务器控件的主要属性如表 4-6 所示。

表 4-6　ListBox 控件的主要属性

属　　　性	属　性　描　述
Rows	ListBox 控件的高，默认值是 4
SelectionMode	控件的选择方式，Single 为单选，Multiple 为多选
ToolTip	当鼠标移到控件上时，显示的文字内容

如果将 ListBox 控件的属性 SelectionMode 的值从"Single"改为"Multiple"将允许进行多重选择，用户可以在按住 Ctrl 或 Shift 键的同时，单击以选择多个项。

对于多选的 ListBox 控件，获取选取选项的程序设计如下：

```
foreach (ListItem item in ListBox1.Items)
{
    if (item.Selected == true)
    {
        Label1.Text += "在列表框中选择的是：" + item.Value + "<br />";
    }
}
```

4. DropDownList 服务器控件

DropDownList 服务器控件使用户可以从预定义的下拉列表中选择单个项，它与 ListBox 服务器控件的不同之处在于，其选项列表在用户单击下拉按钮之前一直保持隐藏状态。此外，DropDownList 控件不支持多重选择模式。

DropDownList 控件的某个选项被选中时，该控件将引发 SelectedIndexChanged 事件。默认情况下，此事件不会导致向服务器发送页，但可通过将 AutoPostBack 属性设置为 true，强制该控件立即发送。

对于 DropDownList 控件，获取选取选项的程序如下所示：

DropDownList1.SelectedValue；

DropDownList 控件也可以使用继承自 ListControl 类的 SelectedItem 属性获取 ListItem 对象，然后使用 Text 和 Value 属性获取选项名称和值，如下所示：

DropDownList1.SelectedItem.Text；或 DropDownList1.SelectedItem.Value；

④.3.5　CheckBox(复选框)和 CheckBoxList(复选框列表)控件

CheckBox 控件和 CheckBoxList 控件分别用于向用户提供选项和选项列表。

计算机 基础与实训教材系列

1. CheckBox(复选框)控件

CheckBox 控件适合用在选项不多且比较固定的情况，当选项较多或需在运行时动态决定有哪些选项时，使用 CheckBoxList 控件比较方便。当在 Web 页中添加 CheckBox 控件并设置相关属性后，VWD 将自动生成如下代码：

```
<asp:CheckBox ID="CheckBox1" runat="server" Checked="True" Text="C#" />
<asp:CheckBox ID="CheckBox2" runat="server" Text="VB.NET" />
```

CheckBox 控件的主要属性如表 4-7 所示。

表 4-7　CheckBox 控件主要属性

属　　性	属 性 描 述
AutoPostBack	是否当用户更改选项时，自动回发给服务器，True 为是，默认值为 False，不回发
Checked	检查 CheckBox 控件是否选中，默认值 False 为没有，True 为选中
Text	控件显示的内容，即 CheckBox 控件的选项文字
TextAlign	选项文字和选择方框的对齐方式，默认值为 Right 靠右对齐，Left 为靠左

CheckBox 控件的主要事件为 OnCheckdChanged 事件。当用户选中选项时产生 CheckedChanged 事件，需要配合 AutoPostBack 属性才会有作用。

CheckBox 控件的处理是使用 if 条件来检查 Checked 属性，就可以知道是否选中复选框，如下所示：

```
if (CheckBox1.Checked == true)
        Label1.Text = "使用电子邮件来确认" + "<br />";
```

2. CheckBoxList(复选框列表)控件

CheckBoxList 复选框列表控件相当于是一组 CheckBox 控件。当在 Web 页中添加一个 CheckBoxList 控件并通过【集合编辑器】添加项后 VWD 将自动生成如下代码：

```
<asp:CheckBoxList ID="CheckBoxList1" runat="server"
        RepeatDirection="Horizontal">
        <asp:ListItem Selected="True">键盘</asp:ListItem>
        <asp:ListItem>鼠标</asp:ListItem>
        <asp:ListItem>麦克</asp:ListItem>
        <asp:ListItem>喇叭</asp:ListItem>
    </asp:CheckBoxList>
```

CheckBoxList 控件的主要属性如表 4-8 所示。

表 4-8 CheckBoxList 控件的主要属性

属 性	属 性 描 述
CellPadding	单元格中边界和内容间的距离以像素为单位，默认值为–1
CellSpacing	单元格间的距离
RepeatColumns	使用多少列来排列 CheckBoxList 控件，默认值为 0
RepeatDirection	排列方向，默认值是 Vertical 垂直，或是 Horizontal 水平排列
RepeatLayout	排列的版面配置，默认值 Table 是使用表格，或是 Flow 为一直线排列
TextAlign	选项文字和选中方框的对齐方式，默认值为 Right 靠右对齐，Left 为靠左

与单个的 CheckBox 控件相反，CheckBoxList 控件在用户更改选定索引项时会引发 Selected IndexChanged 事件。默认情况下，此事件并不导致向服务器发送窗体，但可以通过将 Auto PostBack 属性设置为 true 来指定此选项。CheckBoxList 控件有一个重要的属性是 Items 属性，通过该属性可以用可视化方式为 CheckBoxList 控件添加选项。

4.3.6　Image 和 ImageMap 服务器控件

ASP.NET 3.5 包含两个图形控件，一个是 Image，一个是 ImageMap 控件。

1. Image 服务器控件

Image 服务器控件可以在 ASP.NET 网页上显示图像，并用自己的代码管理这些图像。可以在设计或运行时以编程方式为 Image 对象指定图形文件。还可以将控件的 ImageUrl 属性绑定到一个数据源，以根据数据库信息显示图形。Image 控件的主要属性如下。

- ⊙ ImageUrl：指定所显示的图像。
- ⊙ AlternateText：指定在图像不用时代替图像而显示的文本。
- ⊙ ImageAlign：指定图像相对于 Web 窗体上其他元素的对齐方式。

与大多数其他服务器控件不同，Image 控件不支持任何事件。例如，Image 控件不响应鼠标单击事件。实际上，可以通过使用 ImageMap 或 ImageButton 控件来创建交互式图像。

2. Imagemap 服务器控件

Imagemap 就是一种图形，包括许多不同部分，将鼠标指针指在图形的各个部分，按一下鼠标左键，就可以进入另一个超级链接的页面。

Imagemap 不一定要真的是 map，可以是任何图形。比如可以是一张脸，将鼠标点在眼睛上就出现关于眼睛的页面，点在鼻子上就出现鼻子的页面。

ImageMap 控件由两个元素组成。第一个是图像，它可以是任何标准 Web 图形格式的图形，如.gif、.jpg 或.png 文件。第二个元素是 HotSpot(作用点)控件的集合。每个作用点控件都是一个类型为 CircleHotSpot、RectangleHotSpot 或 PolygonHotSpot 的不同项。对于每个作用点控件，都要定义用于指定该作用点的位置和大小的坐标。例如，如果创建一个 CircleHotSpot 控件，则需要定义圆心的 x 和 y 坐标以及圆的半径。

响应用户单击：每一个作用点都可以是一个单独的超链接或回发事件。可以指定用户单击作用点时发生的事件，可以将每个作用点配置为可以转到为该作用点提供的 URL 的超链接。或者，也可以将控件配置为在用户单击某个作用点时执行回发，并可为每个作用点提供一个唯一值。回发会引发 ImageMap 控件的 Click 事件。在事件处理程序中，可以读取分配给每个作用点的唯一值。

④.3.7 RadioButton 和 RadioButtonList 服务器控件

在向 ASP.NET 网页添加单选按钮时，可以使用两种服务器控件：单个 RadioButton 控件或 RadioButtonList 控件。这两种控件都允许用户从一小组互相排斥的预定义选项中进行选择。这些控件允许用户定义任意数目带标签的单选按钮，并将它们水平或垂直排列。在 Web 页中添加 RadioButton 控件并在属性窗口中设置相关属性后，VWD 将自动生成如下代码：

```
<asp:RadioButton ID="RadioButton1" runat="server" GroupName="Sex" Text="
男" />
<asp:RadioButton ID="RadioButton2" runat="server" GroupName="Sex" Text="
女" />
```

RadioButton 控件继承 CheckBox 控件的相关属性，同样提供 AutoPostBack、Checked、Text、TextAlign 属性和 OnCheckedChanged 事件。另外有一个 GroupName 属性表示它所属的组名。

RadioButtonList 控件的相关属性和 CheckBoxList 控件相同。RadioButtonList 控件获取选项方式和 DropDownList 控件相同。当在 Web 页中添加一个 RadioButtonList 控件并通过【ListItem 集合编辑器】添加项后，VWD 将自动生成如下代码：

```
<asp:RadioButtonList ID="RadioButtonList1" runat="server"
        RepeatDirection="Horizontal">
        <asp:ListItem Selected="True">信用卡</asp:ListItem>
        <asp:ListItem>划拨</asp:ListItem>
        <asp:ListItem>到货付款</asp:ListItem>
    </asp:RadioButtonList>
```

每类控件都有各自的优点。单个 RadioButton 控件使程序员可以更好地控制单选按钮组的布局。例如，可以在各单选按钮之间加入文本(即非单选按钮文本)。

RadioButtonList 控件不允许程序员在按钮之间插入文本，但如果想将按钮绑定到数据源，使用这类控件要方便得多。在编写代码以检查所选定的按钮方面，它也稍微简单一些。

1. 对单选按钮分组

单选按钮很少单独使用，而是进行分组以提供一组互斥的选项。在一个组内，每次只能选择一个单选按钮。可以用下列两种方法创建分组的单选按钮。

⊙ 先向页面中添加单个的 RadioButton 控件，然后将所有这些控件手动分配到一个组中。具有相同组名的所有单选按钮视为单个组的组成部分。

⊙ 向页面中添加一个 RadioButtonList 控件。该控件中的列表项将自动进行分组。

2. RadioButton 事件

在单个 RadioButton 控件和 RadioButtonList 控件之间，事件的工作方式略有不同。

单个 RadioButton 控件在用户单击该控件时引发 CheckedChanged 事件。默认情况下，这一事件并不导致向服务器发送页面，但通过将 AutoPostBack 属性设置为 true，可以使该控件强制立即发送。

与单个的 RadioButton 控件相反，RadioButtonList 控件在用户更改列表中选定的单选按钮时会引发 SelectedIndexChanged 事件。默认情况下，此事件并不导致向服务器发送窗体，但可以通过将 AutoPostBack 属性设置为 true 来指定此选项。

④.3.8　MultiView 和 View 控件

MultiView 和 View 控件可以制作出选项卡的效果，MultiView 控件用作一个或多个 View 控件的外部容器。View 控件又可包含标记和控件的任何组合。

如果要切换视图，可以使用控件的 ID 或者 View 控件的索引值。在 MultiView 控件中，一次只能将一个 View 控件定义为活动视图。如果某个 View 控件定义为活动视图，它所包含的子控件则会呈现到客户端。可以使用 ActiveViewIndex 属性或 SetActiveView 方法定义活动视图。如果 ActiveViewIndex 属性为空，则 MultiView 控件不向客户端呈现任何内容。如果活动视图设置为 MultiView 控件中不存在的 View，则会在运行时引发 ArgumentOutOfRangeException 异常。

下面介绍 MultiView 和 View 控件常用属性、方法和事件。

⊙ ActiveViewIndex 属性：用于获取或设置当前被激活显示的 View 控件的索引值。默认值为 -1，表示没有 View 控件被激活。

⊙ SetActiveView 方法：用于激活显示特定的 View 控件。

⊙ ActiveViewChanged 事件：当视图切换时被激发。

MultiView 控件一次显示一个 View 控件，并公开该 View 控件内的标记和控件。通过设置 MultiView 控件的 ActiveViewIndex 属性，可以指定当前可见的 View 控件。

呈现 View 控件内容：未选择某个 View 控件时，该控件不会呈现到页面中。但是，每次呈现页面时都会创建所有 View 控件中的所有服务器控件的实例，并且将这些实例的值存储为页面的视图状态的一部分。

无论是 MultiView 控件还是各个 View 控件，除当前 View 控件的内容外，都不会在页面中显示任何标记。例如，这些控件不会以与 Panel 控件相同的方式来呈现 div 元素。这些控件也不支持可以作为一个整体应用于当前 View 控件的外观属性。但是可以将一个主题分配给 MultiView 或 View 控件，控件将该主题应用于当前 View 控件的所有子控件。

引用控件：每个 View 控件都支持 Controls 属性，该属性包含该 View 控件中的控件集合。也可以在代码中单独引用 View 控件中的控件。

在视图间导航：除了通过将 MultiView 控件的 ActiveViewIndex 属性设置为要显示的 View 控件的索引值可以在视图间导航外，MultiView 控件还支持可以添加到每个 View 控件的导航按钮。

若要创建导航按钮，可以向每个 View 控件添加一个按钮控件(Button、LinkButton 或 ImageButton)。然后可以将每个按钮的 CommandName 和 CommandArgument 属性设置为保留值以使 MultiView 控件移动到另一个视图。

④.3.9 AdRotator(广告控件)服务器控件

AdRotator 服务器控件提供一种在 ASP.NET 网页上显示广告的方法。该控件可显示.gif 文件或其他图形图像。当用户单击广告时，系统会将他们重定向到指定的目标 URL。

AdRotator 服务器控件可从数据源(通常是 XML 文件或数据库表)提供的广告列表中自动读取广告信息，如图形文件名和目标 URL。程序员可以将信息存储在一个 XML 文件或数据库表中，然后将 AdRotator 控件绑定到该文件。

AdRotator 控件会随机选择广告，每次刷新页面时都将更改显示的广告。广告可以加权以控制广告条的优先级别，这可以使某些广告的显示频率比其他广告高。也能编写在广告间循环的自定义逻辑。

AdRotator 控件的所有属性都是可选的。XML 文件中可以包括下列属性。

- ◉ ImageUrl：要显示的图像的 URL。
- ◉ NavigateUrl：单击 AdRotator 控件时要转到的网页的 URL。
- ◉ AlternateText：图像不可用时显示的文本。
- ◉ Keyword：可用于筛选特定广告的广告类别。
- ◉ Impressions：一个指示广告的可能显示频率的数值(加权数值)。在 XML 文件中，所有 Impressions 值的总和不能超过 2,048,000,000 - 1。
- ◉ Height：广告的高度(以像素为单位)。此值会重写 AdRotator 控件的默认高度设置。
- ◉ Width：广告的宽度(以像素为单位)。此值会重写 AdRotator 控件的默认宽度设置。

【例 4-3】使用 AdRotator 服务器控件显示数据源中的广告。

(1) 新建一个 ASP.NET 网站 Ex4_3。

(2) 在【解决方案资源管理器中】右击根文件夹，在弹出的菜单中选择【新建文件夹】命令，更改文件夹的名称为 Images。复制程序用图像文件到 Images 文件夹。

(3) 在【解决方案资源管理器】中右击根文件夹，在弹出的菜单中选择【添加新项】命令，在【模板】列表中选择【XML 文件】选项，更改文件名为 AdDataSource.xml，单击【添加】按钮。在其文档窗口中添加如下代码：

```xml
<?xml version="1.0" encoding="utf-8" ?>
<Advertisements xmlns="">
  <Ad>
    <ImageUrl>~/images/baidu.gif</ImageUrl>
    <NavigateUrl>http://www.baidu.com</NavigateUrl>
    <AlternateText>Ad for baidu, Ltd. Web site</AlternateText>
    <Impressions>100</Impressions>
  </Ad>
  <Ad>
    <ImageUrl>~/images/google.gif</ImageUrl>
    <NavigateUrl>http://www.google.com</NavigateUrl>
    <AlternateText>Ad for Google Web site</AlternateText>
    <Impressions>50</Impressions>
  </Ad>
</Advertisements>
```

（4）切换到 Web 窗体页 Default.aspx 的【设计】视图，从【工具箱】中，拖放一个 AdRotator 控件到页面<div>标记的虚线内。在【AdRotator 任务】列表中单击【选择数据源】右边朝下的箭头，在弹出的菜单中选择【新建数据源】命令，如图 4-9 所示。之后，弹出【数据源配置向导】对话框如图 4-10 所示，在其中单击【XML 文件】选项，然后单击【确定】按钮，进入【指定用作此控件源的 XML 文件】页面，如图 4-11 所示。单击【浏览】按钮，在弹出的对话框中选择 AdDataSource.xml 文件。单击 2 次【确定】按钮，返回 Default.aspx 页面。至此在 Default.aspx 页面将自动添加一个 XmlDataSource1 控件。

图 4-9　【AdRotator 任务】列表

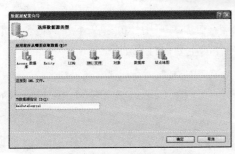

图 4-10　【数据源配置向导】页面 1

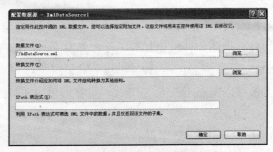

图 4-11　【数据源配置向导】页面 2

(5) 按 Ctrl+F5 键，在浏览器中打开 Default.aspx 页面。刷新页面将更改显示的广告。

④.3.10 Literal 控件和 Panel 控件

Literal 控件和 Panel 控件均可作为容器控件，但二者的适用场合不同，下面分别介绍。

1. Literal 控件

Literal 控件可以作为页面上其他内容的容器，最常用于向页面中动态添加内容。

对于静态内容，无需使用容器，可以将标记作为 HTML 直接添加到页面中。但是，如果要动态添加内容，则必须将内容添加到容器中。典型的容器有 Label 控件、Literal 控件、Panel 控件和 PlaceHolder 控件。

Literal 控件与 Label 控件的区别在于 Literal 控件不向文本中添加任何 HTML 元素，而 Label 控件呈现一个 span 元素。因此，Literal 控件不支持包括位置属性在内的任何样式属性。但是，Literal 控件允许指定是否对内容进行编码。

Panel 和 PlaceHolder 控件呈现为 div 元素，这将在页面中创建离散块，与 Label 和 Literal 控件进行内嵌呈现的方式不同。

通常情况下，当希望文本和控件直接呈现在页面中而不使用任何附加标记时，可使用 Literal 控件。

Literal 控件常用的属性是 Mode 属性，该属性用于指定控件对所添加的标记的处理方式。可以将 Mode 属性设置为以下值。

- Transform.：将对添加到控件中的任何标记进行转换，以适应请求浏览器的协议。如果向使用 HTML 以外的其他协议的移动设备呈现内容，此设置非常有用。
- PassThrough.：添加到控件中的任何标记都将按原样呈现在浏览器中。
- Encode：将使用 HtmlEncode 方法对添加到控件中的任何标记进行编码，这会将 HTML 编码转换为其文本表示形式。例如，<b>标记将呈现为<b>。当希望浏览器显示而不解释标记时，编码将很有用。编码对于安全也很有用，有助于防止在浏览器中执行恶意标记。显示来自不受信任的源的字符串时推荐使用此设置。

2. Panel 控件

Panel 控件在 ASP.NET 网页内提供了一种容器控件，可以将它用作静态文本和其他控件的父控件，向该控件添加其他控件和静态文本。Panel 控件的主要属性有如下。

- BackImageUrl：设置面板的背景图像。
- HorizontalAlign：指定子控件在面板内的对齐方式。可取值 Center、Justify、Left、Not、Set、Right。
- Wrap：设置当行的长度超过面板的宽度时，控件中的项是自动在下一行继续，还是在面板边缘处截断。

可以将 Panel 控件用作其他控件的容器。当以编程方法创建内容并需要一种将内容插入到页面中的方法时，此方法尤为适用。以下部分描述了可以使用 Panel 控件的其他方法。

(1) 动态生成的控件的容器

Panel 控件为在运行时创建的控件提供了一个方便的容器。

(2) 对控件和标记进行分组

对于一组控件和相关的标记，可以通过把其放置在 Panel 控件中，然后操作此 Panel 控件的方式将它们作为一个单元进行管理。例如，可以通过设置面板的 Visible 属性来隐藏或显示该面板中的一组控件。

(3) 具有默认按钮的窗体

可将 TextBox 控件和 Button 控件放置在 Panel 控件中，然后通过将 Panel 控件的 Default Button 属性设置为面板中某个按钮的 ID 来定义一个默认的按钮。如果用户在面板内的文本框中进行输入时按 Enter 键，这与用户单击特定的默认按钮具有相同的效果。这有助于用户更有效地使用项目窗体。

(4) 向其他控件添加滚动条

有些控件(如 TreeView 控件)没有内置的滚动条。通过在 Panel 控件中放置滚动条控件，可以添加滚动行为。若要向 Panel 控件添加滚动条，请设置 Height 和 Width 属性，将 Panel 控件限制为特定的大小，然后再设置 ScrollBars 属性。

(5) 页上的自定义区域

可使用 Panel 控件在页面上创建具有自定义外观和行为的区域，如下所示。

◉ 创建一个带标题的分组框：可设置 GroupingText 属性来显示标题。呈现页时，Panel 控件的周围将显示一个包含标题的框，其标题是指定的文本。

> **提示**
>
> 不能在 Panel 控件中同时指定滚动条和分组文本。如果设置了分组文本，其优先级高于滚动条。

◉ 在页面上创建具有自定义颜色或其他外观的区域：Panel 控件支持外观属性(如 BackColor 和 BorderWidth)，可以设置外观属性为页面上的某个区域创建独特的外观。

4.4　其他 ASP.NET Server 服务器控件

除了上面介绍的标准 Web 服务器控件以外，经常使用的 Web 服务器控件还有数据控件、有效性验证控件、导航控件、登录控件、Ajax 控件和 Webparts 控件。下面简要介绍它们。

数据控件是在 ASP.NET 2.0 中引入的，提供了非常方便的方式来访问各种数据源，如数据库、XML 文件与对象。

有效性验证控件可以用来快速创建具有有效性验证的 Web Form，防止用户输入无效数据。有效性验证控件的出色之处是它们既可以在客户机上也可以在服务器上执行，这样就能创建响应性好而且安全的 Web 应用程序。

在【工具箱】的【导航】类别下的控件用来让用户找到在站点中浏览的路径。TreeView 控件表现数据的层次结构，并且可以用来显示站点的结构，从而可以轻松地访问站点中的所有页面。Menu 控件的功能与之类似，并可以选择显示水平还是竖直菜单。SiteMapPath 控件在 Web 页面中创建一个【站点地图路径】，允许用户在站点的层次结构页面中轻松地找到浏览路径。

与 Data 控件一样，登录控件也是在 ASP.NET 2.0 中引入的，并且内置到了 ASP.NET 3.5 中。有了登录控件，只需用很少的工作量就可以创建安全的 Web 站点，用户需要注册和登录后才能访问 Web 站点的特定部分(甚至是整个站点)。此外，它们提供了一些工具，让用户可以修改他们的口令；或者如果忘了老口令，可以请求一个新的口令，并允许根据创建状态和用户的角色显示不同的数据。

ASP.NET WebParts 是一组控件，允许 Web 页面的终端用户修改 Web 站点的外观和行为。用户只需通过几个简单的动作，就能修改 Web 站点的整个外观。这些动作包括：重新排列内容、隐藏或显示 Web 页面的一些部分，以及向页面中添加其他内容片段。ASP.NET WebParts 本书不做更多的讨论，因为只是介绍它，就需要一整本书。

在 2005 年 9 月官方发布 ASP.NET 2.0 的一年多以后，Microsoft 发布了 ASP.NET 2.0 Ajax Extensions 1.0 作为 ASP.NET 2.0 的插件。因为有了这些扩展，所以可以创建无闪烁的 Web 应用程序，不需完整回送就能从客户端 JavaScript 中接收服务器上的数据。自从 Ajax 在 2005 年成为一种热门技术以来，Microsoft 一直在努力成为顶级 Ajax 实现者。VWD 的最新版本也不例外：Ajax 现在已经完全集成到了 .NET Framework 和 VWD IDE 中，所以可以轻松地访问它丰富的功能集。

④.5 用户控件

有时可能需要控件具有 ASP.NET 内置服务器控件没有的功能。在这种情况下，用户可以创建自己的控件。有两个选择，可以创建用户控件和自定义控件。

用户控件：用户控件是能够在其中放置标记和服务器控件的容器。然后，可以将用户控件作为一个单元对待，为其定义属性和方法。

自定义控件：自定义控件是编写的一个类，此类从 Control 或 WebControl 派生。

创建用户控件要比创建自定义控件方便很多，因为可以重用现有的控件。用户控件使创建具有复杂用户界面元素的控件极为方便。

④5.1 建立用户控件

ASP.NET Web 用户控件与完整的 ASP.NET 网页(.aspx 文件)相似，同时具有用户界面页和代码页。可以采取与创建 ASP.NET 页相似的方式创建用户控件，然后向其中添加所需的标记和子控件。用户控件可以像页面一样包含对其内容进行操作(包括执行数据绑定等任务)的代码。

用户控件与 ASP.NET 网页有以下区别。

- 用户控件的文件扩展名为.ascx。
- 用户控件中没有@Page 指令,而是包含@Control 指令,该指令对配置及其他属性进行定义。
- 用户控件不能作为独立文件运行。而必须像处理任何控件一样, 将它们添加到 ASP.NET 页中。
- 用户控件中没有 HTML、body 或 form 元素。这些元素必须位于宿主页中。
- 可以在用户控件上使用与在 ASP.NET 网页上所用相同的 HTML 元素(HTML、body 或 form 元素除外)和 Web 控件。例如, 如果要创建一个将用作工具栏的用户控件, 则可以将一系列 Button 服务器控件放在该控件上, 并创建这些按钮的事件处理程序。

建立用户控件主要有两种方法。

1. 利用 VWD 2008 集成开发环境建立

(1) 打开所开发的网站。

(2) 在【解决方案资源管理器】中,用鼠标右击网站名, 在弹出的菜单中选择【添加新项】|【Web 用户控件】命令,确定文件名(扩展名为 ascx)。单击【添加】按钮即可。VWD 2008 将自动添加如下代码:

```
<%@ Control Language="C#" AutoEventWireup="true"
CodeFile="WebUserControl.ascx.cs" Inherits="WebUserControl" %>
```

(3) 采用类似 Web 窗体的方法设计控件窗体。

(4) 切换到 Web 窗体的设计视图,将控件文件从解决方案资源管理器中拖放到设计窗体内。VWD 2008 将自动在 Web 窗体的源视图窗口中添加如下代码:

```
…
<%@ Register src="WebUserControl.ascx" tagname="WebUserControl"
tagprefix="uc1" %>
…
<uc1:WebUserControl ID="WebUserControl1" runat="server" />
```

2. 将 Web 窗体改成用户控件

如果已经开发了 Web 窗体,并决定在整个应用中访问其功能,则可以对该文件进行一些小改动, 将其改成用户控件。

(1) 移除所有 <html>、<body> 和 <form> 元素。

(2) 如果 Web 窗体页中有 @ Page 指令,则将其更改为 @ Control 指令。

提示

要避免在将某一页转换为用户控件时出现分析错误,请移除 @ Page 指令支持但 @ Control 指令不支持的任何属性。

(3) 在 @Control 指令中包括 className 属性。这样，当用户控件以编程方式添加到某一页或其他服务器控件时，就可以成为强类型。

(4) 为该控件指定一个文件名，使其反映该控件的用途，并将文件扩展名从 .aspx 更改为 .ascx。

④ 5.2 使用用户控件

只有把用户控件添加到 Web 窗体中时，用户控件才可以工作。添加方法如下。

(1) 在要包含用户控件的 Web 窗体页中，声明一个@Register 指令，该指令包括以下属性。

- ◉ tagprefix 属性：该属性将前缀与用户控件相关联。此前缀将包括在用户控件元素的开始标记中。

- ◉ tagname 属性：该属性将名称与用户控件相关联。此名称将包括在用户控件元素的开始标记中。

- ◉ Src 属性：该属性定义要包括在 Web 窗体页中的用户控件文件的虚拟路径。

例如，以下代码将注册在文件 Login1.ascx 中定义的用户控件。该控件还被指定有标记前缀 Acme 和标记名称 Login。该文件位于 Controls 目录中。代字号 (~) 表示应用程序的根目录。

```
<%@ Register TagPrefix="Acme" TagName="Login" Src="~\controls\login1.ascx" %>
```

(2) 使用自定义服务器控件语法在 HtmlForm 服务器控件的开始标记和结束标记之间 (<form runat=server></form>) 声明该用户控件元素。例如，要声明在步骤(1)导入的控件，请使用以下语法：

```
<html>
<body>
<form runat="server">
<Acme:Login id="MyLogin" runat="server"/>
</form>
</body>
</html>
```

④ 5.3 设置用户控件属性

当创建用户控件并指定此控件的属性后，可以从包含该用户控件的页面以声明和编程方式来设置这些属性值。

下面的示例声明一个简单的控件，该控件有两个属性：Color 和 Text。

```
<%@ Control language="C#">
<script language="C#" runat="server">
    public String Color = "blue";
```

```
        public String Text = "This is a simple message user control! ";
</script>
<span id="Message" style="color:<%=Color%>"><%=Text%></span>
```

④ 5.4 在控件中封装用户控件事件

编写用户控件的事件处理方法和编写 Web 窗体的事件处理方法之间几乎没有区别。用户控件封装它自己的事件并通过将被处理的包含页来发送事件信息。不要在包含页中包含控件事件处理程序，要在该用户控件的代码声明块或生成该用户控件的代码隐藏类文件中写入用户控件事件处理程序。

如下示例建立的用户控件，包含一个文本框、一个标签和一个提交按钮，单击按钮时，将运行用户控件的事件处理程序，获得用户输入的内容：

```
public partial class Login : System.Web.UI.UserControl
{
    …
    protected void Button1_Click(object sender, EventArgs e)
    {
        Label1.Text = TextBox1.Text + "您好，欢迎光临!";
    }
}
```

【例 4-4】创建一个用户登录的自定义控件。

(1) 新建一个 ASP.NET 网站 Ex4_4。

(2) 在【解决方案资源管理器】中右击根文件夹，在弹出的菜单中选择【添加新项】命令，在【模板】列表中选择【Web 用户控件】选项，更改文件名为 Login.ascx，单击【添加】按钮。

(3) 切换到在 Login.ascx 的设计视图，从格式工具栏【段落】下拉列表中选择【标题 3】选项，内容设置为【包含事件的用户控件】，按回车键；输入"用户："，从工具箱中拖拽一个 TextBox 控件到页面，按回车键；输入"密码："，从工具箱中拖拽一个 TextBox 控件到页面，按回车键；从工具箱中拖拽一个 Button 控件到页面，设置其 Text 属性为【提交】，按回车键；从工具箱中拖拽一个 Label 控件到页面，设置其 Text 属性为空。切换到在 Login.ascx 的源视图，可以看到 VWD 自动生成如下代码：

```
<%@ Control Language="C#" AutoEventWireup="true" CodeFile="Login.ascx.cs" Inherits="Login" %>
    <h3> 包含事件的用户控件</h3>
    <p>用户：<asp:TextBox ID="TextBox1" runat="server"></asp:TextBox></p>
<p>密码：<asp:TextBox ID="TextBox2" runat="server"></asp:TextBox></p>
<p>
    <asp:Button ID="Button1" runat="server" onclick="Button1_Click" Text="提交" /></p>
<p><asp:Label ID="Label1" runat="server" Text=" "></asp:Label></p>
```

最后添加一行如下代码，使用用户控件的属性。

```
<span id="Message" style="color:<%=Color%>"><%=Text%></span>
```

(4) 双击 Button1 按钮，在打开的 Login.ascx.cs 源代码窗口中添加如下代码：

```
public partial class Login : System.Web.UI.UserControl
{
    //添加用户控件的属性
    public string Color = "blue";
        public string Text = "This is a simple message user control!";
        …
        //添加用户控件的事件处理程序
    protected void Button1_Click(object sender, EventArgs e)
        {
                Label1.Text = TextBox1.Text + "您好，欢迎光临!";
        }
}
```

(5) 切换到在 Default.aspx 页面的设计视图，从【解决方案资源管理器】中拖拽 Login.ascx. 用户控件到<div>标记中。切换到在 Default.aspx 的源视图，可以看到 VWD 自动生成如下代码：

```
…
<%@ Register src="Login.ascx" tagname="Login" tagprefix="uc1" %>
…
  <div>
        <uc1:Login ID="Login1" runat="server" />
    </div>
…
```

(6) 按 Ctrl+F5 键，在浏览器中打开 Default.aspx 页面。执行结果如图 4-12 所示。

图 4-12　【例 4-4】执行结果

4.6　文件的上传与下载

上传文件是 Web 应用中常见的功能。在 ASP.NET 3.5 中，可以使用 FileUpLoad 控件实现文件上传功能。

使用 FileUpload Web 服务器控件，可以向用户提供一种将文件从其计算机发送到服务器的方法。要上的文件将在回发期间作为浏览器请求的一部分提交给服务器。在文件完成上载后，就可以用代码管理该文件。

使用 FileUpload Web 服务器控件上传文件的步骤如下。

(1) 向页面添加 FileUpload 控件。

(2) 在事件(如该页的按钮事件)的处理程序中，执行下面的操。

◉ 通过测试 FileUpload 控件的 HasFile 属性，检查该控件是否有上传的文件。

◉ 检查该文件的文件名或 MIME 类型以确保用户已上传了服务器要接收的文件。若要检查 MIME 类型，请获取作为 FileUpload 控件的 PostedFile 属性公开的 Http PostedFile 对象。然后，通过查看已发送文件的 ContentType 属性，就可以获取该文件的 MIME 类型了。

◉ 将该文件保存到服务器指定的位置。服务器可以调用 HttpPostedFile 对象的 SaveAs 方法。或者，还可以使用 HttpPostedFile 对象的 InputStream 属性，以字节数组或字节流的形式管理已上传的文件。

【例 4-5】上传文件。建立一个 Web 应用程序，能够上传图像文件，将文件保存在 Web 应用程序的根目录下。

(1) 新建一个 ASP.NET 网站 Ex4_4。

(2) 切换到在 Default.aspx 页面的设计视图，从【工具箱】中拖拽一个 FileUpLoad 控件到 <div>标记中；从【工具箱】中拖拽一个 Button 控件到页面，并设置其 Text 属性为【上传文件】；从【工具箱】中拖拽一个 Label 控件到页面。

(3) 双击 Button 控件，在 Default.aspx.cs 代码窗口中添加如下代码：

```
protected void Button1_Click(object sender, EventArgs e)
    {
        if (IsPostBack)
        {
            Boolean fileOK = false;
            String path = Server.MapPath("~/");
            if (FileUpload1.HasFile)
            {
            String fileExtension =System.IO.Path.GetExtension(FileUpload1.FileName).ToLower();
                String[] allowedExtensions = { ".gif", ".png", ".jpeg", ".jpg" };
                for (int i = 0; i < allowedExtensions.Length; i++)
                {
                    if (fileExtension == allowedExtensions[i])
```

```
                {
                    fileOK = true;
                }
            }
        }
    if (fileOK)
    {
        try
        {
            FileUpload1.PostedFile.SaveAs(path + FileUpload1.FileName);
            Label1.Text = "File uploaded!";
        }
        catch (Exception ex)
        {
            Label1.Text = "File could not be uploaded.";
        }
    }
    else
    {
        Label1.Text = "Cannot accept files of this type.";
    }
    }
}
```

该代码根据允许的文件扩展名的硬编码列表检查已上传文件的文件扩展名，并拒绝所有其他类型的文件。然后，将该文件写入当前网站的根文件夹中。用已上传文件在客户端计算机上的文件名保存该文件。由于 HttpPostedFile 对象的 FileName 属性返回该文件在客户端计算机上的完整路径，因此会使用 FileUpload 控件的 FileName 属性。

(4) 按 Ctrl+F5 键，在浏览器中打开 Default.aspx 页面。执行结果如图 4-13 所示。刷新【解决方案资源管理器】窗口，可以看到上传的文件。

图 4-13　【例 4-5】执行结果

文件的下载就很简单了，只要使用 HyperLink 控件链接到要下载的文件就可以了。

4.7　上机练习

上机练习演示 Imagemap 服务器控件的使用。

【例 4-6】Imagemap 服务器控件导航示例。

(1) 新建一个 Web 站点 Ex4_6。

(2) 在 Default.aspx 中的<Title>标记中输入如下内容：

<title>Imagemap 服务器控件导航示例</title>

(3) 在【解决方案资源管理器】中右击网站根文件夹，在弹出的下拉菜单中单击【新建文件夹】命令，命名文件夹的名称为 Images。复制程序用图像文件到该文件夹当中。

(4) 切换到在 Default.aspx 页面的设计视图，从【工具箱】中拖拽一个 Imagemap 服务器控件到<div>标记中；在其属性窗口中单击 ImageUrl 属性右边的浏览按钮(…)，在打开的选择图像对话框中选择某图像文件，如图 4-14 所示。在其属性窗口中单击 HotSpots 属性右边的浏览按钮(…)，在打开的【HotSpots 集合编辑器】对话框中添加每个作用点控件，单击【添加】按钮旁边的黑箭头，选择作用点的类型(CircleHotSpot、RectangleHotSpot 或 Polygon HotSpot)，在右列表中确定该作用点的相关属性，如图 4-15 所示。重复这个过程，添加其他作用点。

图 4-14　选择图像对话框

图 4-15　【HotSpots 集合编辑器】对话框

(5) 按 Ctrl+F5 键，在浏览器中打开 Default.aspx 页面。执行结果如图 4-16 所示。

图 4-16　【例 4-6】执行结果

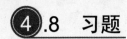

4.8　习题

　　1. 指出<asp:DropDownList>和<asp:ListBox>之间的区别。

　　2. 试建立 ASP.NET 程序使用 Calendar 和 DropDownList 控件，选取指定的年/月/日，就可以显示当月的万年历。

計算机 基础与实训教材系列

第5章

Web 验证控件的使用

本章主要介绍了服务器端校验、客户端校验、实现客户端控件等内容。用户在 Web Form 中输入数据，然后提交给服务器。为了防止系统接收无效数据，在允许系统使用之前要先验证数据的有效性。通过本章学习，掌握如何使用 ASP.NET 支持的有效性验证控件来验证用户输入的信息是否有效。

本章重点

◉ 服务器端校验

◉ 客户端校验

◉ 如何实现客户端校验

⑤.1 服务器端校验

与 Windows 应用程序一样，校验用户输入的内容是否符合一些要求是系统的一个重要内容。对 Web 应用程序来说，进行数据校验有两种方式，分别是服务端校验和客户端校验，这是两种完全不同的方式。程序设计时，程序员必须考虑是在服务器端还是在客户端(浏览器)进行校验。

在动态网站的设计中，数据通常沿着两个方向流动：从服务器发送到终端用户的浏览器，或者数据由用户输入并发送到服务器进行处理或存储。来自服务器的数据可以从很多不同的数据源得到，一种数据流是直接来自数据库服务器上的数据文件或数据库等；另一种数据流来自客户端(浏览器)；来自浏览器的数据流从底层来看基本相同——用户在 Web Form 中输入数据，然后提交给服务器。

在 ASP.NET 中，当用户在所浏览的页面中输入了不同的数据信息，随后通常用户会通过单击一个按钮或一个链接来进行下一步的操作。在 ASP.NET 中，称为用户向服务器发出了一个请求,而服务器向用户发出的反馈信息称为一个响应。在这个请求连接-响应过程中,如果是在服务器端对用户的输入进行验证,验证其是否符合要求,这样的方式称为服务器端校验。

在 VWD 2008 中,查看一下 TextBox 控件的事件,可以看到它具有 TextChanged 事件,当用户更新了文本框中的内容并将 Web 窗体传回服务器时,该事件就会运行。像所有的 Web Server 控件一样,TextChanged 事件在 Web 服务器端执行。整个运行过程是数据从 Web 浏览器传到服务器,在服务器端执行事件以校验数据,然后将所有校验错误打包,并作为 HTML 应答的一部分送回客户端。如果正在执行的校验很复杂,或者是必须在 Web 服务器端执行的处理(如确保用户输入的产品编号必须是在后台数据库中的),使用服务器端的校验技术是完全可以的。但是,如果仅仅是检查一个文本框(如确保文本框中输入的是一定范围内的正整数),采用服务器端的校验就开销太大了。可以在客户端的浏览器中执行这种检查,以减少网络传输。也就是说可以采用客户端校验。

⑤.2 客户端校验

客户端校验不经过服务器端的处理,在发出请求之前就对用户输入的数据进行验证。通常这种方式都是通过一些脚本语言实现的,最为常用的脚本语言就是 JavaScript。服务器端的验证代码在客户端是无法得知的,而客户端的验证代码如 JavaScript 代码段则存在于用户浏览的页面中,用户是可以获得的。

在 ASP.NET 出现之前,ASP 中进行数据校验是非常复杂的。由于不存在数据验证控件,开发人员必须手工编写大量的代码,而这些代码的重复程度又很高。因此,造成了极大的浪费,也使得开发人员对数据验证颇为头痛。

在 ASP.NET 中,客户端验证则十分便捷。由于验证代码存在于用户端,数据验证不需要经过服务器端处理,因此此种验证的响应速度非常快。在当时,这种用户体验是服务器端数据验证所不能达到的,所以,用户倾向于此类数据验证的方式。

但是,客户端数据验证也不是完美无缺的。由于客户端数据验证的特点,即所有的代码都暴露在最终用户的浏览器中,用户可以非常简单地获得数据验证的源代码(几乎所有的浏览器都提供了查看当前页面源代码的功能),这样,用户就可以简单地获得数据验证的必要信息。此时,一个无需拥有太高级黑客技巧的用户就可以简单地规避这些数据验证。

可以看到,如果采用客户端的数据验证,那么安全性难以得到保证。因此,如果要保证安全性,服务器端的数据验证则更胜一筹。

一般而言,应当将客户端有效性验证看作对用户的好意。它给用户提供了即时反馈,不需要向服务器发送完整回送,就使他们知道他们忘了输入必需的字段,或者输入了不正确的数据。另一方面,服务器端有效性验证是唯一真正的有效性验证方式。这是有效地防止无效数据进入系统的唯一有效方式。

ASP.NET 为开发人员提供了一套完整的服务器控件来验证用户输入的信息是否有效,这些控件可与 ASP.NET 网页上的任何控件(包括 HTML 和服务器控件)一起使用。

5.3　实现客户端校验

从严格意义上来说，Internet 上的每个 Web 站点都得处理来自用户的输入。通常，可以用两种技术将这种输入发送给 Web 服务器：GET 与 POST。GET 数据被附加到所请求页面的实际地址后面；POST 方法采用的是将数据放在所请求页面体中发送。

使用 GET 方法，数据被添加到页面的查询字符串中。用 Request 对象的 QueryString 属性检索它。设想在请求如下页面：

UserRequest.aspx?userid=66&username=yang

对于本例，查询字符串是 userid=66& username=yang。问号用来将查询字符串与地址的其余部分隔开。要访问查询字符串中的单个项目，可以用 QueryString 集合的 Get 方法：

```
Response.Write(Request.QueryString);
Response.Write("<br />");
Response.Write(Request.QueryString.Get("userid"));
Response.Write("<br />");
Response.Write(Request.QueryString.Get("username"));
```

另一方面，POST 方法用提交给服务器的控件从表单中获得数据。设想有一个带两个控件的表单：一个名为 txtAge 的 TextBox，用来容纳用户的年龄；另一个为 Button，将年龄提交给服务器。在 Button 控件的 Click 事件中，可以写下列代码来将用户的输入转换为整数：

```
int age = Convert.ToInt32(txtAge.Text);
```

 提示 -------------------------------------
　　对于 POST 方法。ASP.NET 不用手工从提交的表单中检索数据，而是用来自表单的数据填充页面中的各种控件。

设想一下如果用户在文本框中输入的是 is 26 而不只是数字 26 会发生什么样的情况呢？结果就是代码会崩溃(Convert.ToInt32 方法发生异常)。因为 Convert 类的 ToInt32 方法的参数必须是一个数字串。

为了尽可能地克服这个问题，ASP.NET 配备了不少有效性验证控件，有助于在将数据用于应用程序中之前验证数据的有效性。下面将介绍如何用验证控件来确保用户向系统中提交有效数据。

5.3.1　ASP.NET 验证控件

Web 窗体模型提供了校验控件来支持客户端校验。输入验证控件如表 5-1 所示。
如果用户运行的是 MicroSoft Internet Explore 4.0 或以后的版本(它们都支持 DHTML)的浏

览器，这些控件就会生成 JavaScript 代码，并在浏览器中运行。假如用户使用的是老版本的浏览器，校验控件就会生成服务器端的代码。关键在于构建 Web 窗体的开发人员没有必要关心这个问题。所有浏览器版本检查和代码生成都已经内置到校验器控件中。开发人员只需要把校验控件拖放到 Web 窗体中，设置其属性，并指定要执行的校验规则,要显示的任何错误信息即可。

表 5-1 ASP.NET 验证控件

验 证 类 型	使用的控件	描　述
必选项	必需字段验证 RequiredFieldValidator	验证一个必填字段，如果这个字段没填，那么，将不能提交信息
与某值的比较	比较验证控件 CompareValidator	比较验证：将用户输入与一个常数值或者另一个控件或特定数据类型的值进行比较(使用小于、等于或大于等比较运算符)，同时也可以用来校验控件中内容的数据类型(如整形、字符串型等)。如密码和确认密码两个字段是否相等
范围检查	范围验证控件 RangeValidator	范围验证：RangeValidator 控件可以用来判断用户输入的值是否在某一特定范围内。可以检查数字对、字母对和日期对限定的范围。属性 MaximumValue 和 MinimumValue 用来设定范围的最大和最小值
模式匹配	正则表达式验证控件 RegularExpressionValidator	正则表达式验证：它根据正则表达式来验证用户输入字段的格式是否合法，如电子邮件、身份证、电话号码等。ControlToValidate 属性选择需要验证的控件，ValidationExpression 属性则编写需要验证的表达式的样式
用户定义	用户定义验证控件 CustomValidator	使用开发人员自己编写的验证逻辑检查用户输入。此类验证使开发人员能够检查在运行时派生的值。在运行定制的客户端 JavaScript 或 VBScript 函数时，可以使用这个控件
验证汇总	验证总结控件 ValidationSummary	ValidationSummary 验证总结控件:该控件不执行验证，但该控件将本页所有验证控件的验证错误信息汇总为一个列表并集中显示，列表的显示方式由 DisplayMode 属性设置

ASP.NET 3.5 有 6 个在 Web 站点中进行有效性验证的控件。其中有 5 个控件用来执行实际有效性验证，而最后一个控件 ValidationSummary 用来向用户提供页面中出现的错误的反馈信息。在 VWD 2008【工具箱】的【验证】类别中可以找到这些控件，如图 5-1 所示。

图 5-1　验证控件

RequiredFieldValidator、CompareValidator、RangeValidator、RegularExpression Validator、CustomValidator 这 5 个有效性验证控件基本上都继承自同一个基类，因此它们有一些共同的行为。5 个有效性验证控件中的 4 个以相同的方式操作，并包含允许验证关联控件的内置行为。最后一个控件 CustomValidator 允许写非内置的自定义功能。

有效性验证控件共有的以及使用有效性验证控件时常要用到的属性如表 5-2 所示。

表 5-2 有效性验证控件共有的属性

属　　性	描　　述
Display	这个属性确定隐藏的错误消息是否占用空间。如果将 Display 设置为 Static，错误消息就会占用屏幕空间，即使当隐藏时也是如此
CssClass	这个属性允许设置应用到错误消息文本的 CSS 类
ErrorMessage	这个属性引用用在 ValidationSummary 控件中的有效性验证控件的错误消息。当 Text 属性为空时，也用 ErrorMessage 值作为出现在页面上的文本
Text	Text 属性用作有效性验证控件显示在页面上的文本。它可以有一个星号(*)，表示错误或必需的字段，或者像 "Please enter your name." 这样的文本
ControlToValidate	这个属性包含需要验证有效性的控件的 ID
EnableClientScript	这个属性取得或设置一个设置值，确定控件是否提供客户机上的有效性验证。默认值为 True
SetFocusOnError	这个属性确定客户端脚本是否将焦点放在生成错误的第一个控件上。默认情况下这个设置是 False
ValidationGroup	有效性验证控件可以组合在一起，允许针对选中的控件进行有效性验证。所有名为 ValidationGroup 的控件都会被同时检查，即不会检查不是这个控件组的一部分的控件。比如，假设有一个逻辑页面，其中有一个 Login 按钮，以及输入用户名和口令的字段。同一个页面也可能包含允许搜索站点的搜索框。使用 ValidationGroup，就可以让 Login 按钮验证用户名与口令框的有效性，而搜索按钮仅触发搜索框的有效性验证
IsValid	通常在设计时不会设置这个属性，不过在运行时它提供了关于有没有通过有效性验证测试的信息

上述验证控件分别实现不同的功能，下面分别对上述控件进行介绍。

必需字段验证(RequiredFieldValidator)用于保证该字段不为空。RequiredFieldValidator 控件的功能非常多，不仅支持对 TextBox 控件的验证，还支持 DropDownList 控件的验证。RequiredFieldValidator 控件有两个主要属性。

⊙ ErrorMessage 属性：设置错误信息。

⊙ ControlToValidate 属性：内容为待校验的控件 ID。

比较验证控件(CompareValidator)用于比较两个控件中的输入是否相等，这是非常有用的一个验证控件，读者常见的会员注册程序中通常都包含"密码输入"和"再次输入密码"两个步骤，这时便可以用到 CompareValidator 控件。CompareValidator 控件的主要属性如下。

- ⊙ ControlToCompare 属性：参加比较的目标控件。
- ⊙ ControlToValidate 属性：参加比较的源控件。
- ⊙ Type 属性：规定用于比较和验证的数据类型，有 5 种，分别为 String、Integer、Double、Currency 和 Date。
- ⊙ Operator 属性：用于表示比较的方法，有如下几种，分别为 Equal、NotEqual、GreatThan、GreatThanEqual、LessThan、LessThanEqual 和 DataTypeCheck。可以看到，除了前文中使用的相等的比较之外，还有不等于、大于、大于等于、小于、小于等于、类型检查等比较方法。因此，CompareValidate 控件的使用非常灵活。
- ⊙ ValueToCompare 属性：要比较的值。这个属性允许定义一个要比较的常量值。它通常用在必须输入 Yes 这样的单词的协议中，表示同意某些条件。只要将 ValueToCompare 设置为单词 Yes，并将 ControlToValidate 设置为要验证有效性的控件，就可以了。当设置了这个属性时，请确保清除 ControlToCompare 属性，否则的话会优先采用 ControlToCompare 属性。

范围验证(RangeValidation)控件用于限定用户输入数据的有效范围。RangeValidation 控件也非常实用，如限制输入的年龄等场景可以经常见到。RangeValidation 控件的主要属性如下。

- ⊙ ControlToValidate 属性：要验证的控件名称。
- ⊙ MinimumValue 属性：确定可接受值的最小值。
- ⊙ MaximumValue 属性：确定可接受值的最大值。
- ⊙ ValidateExpression 属性：验证格式规则。
- ⊙ Text 属性：未通过验证时显示的信息。
- ⊙ Type 属性：要比较和验证的数据类型，有 Currency、Date、Double、Integer 和 String。

正则表达式验证控件(RegularExpressionValidator)是一种较为灵活的验证方式，可以借由正则表达式的强大功能，实现对复杂字符串的验证功能。Visual Web Developer 2008 配备了几个内置表达式，使验证电子邮件地址及邮政编码等值的有效性变得比较容易。其主要属性如下。

- ⊙ ControlToValidate 属性：要验证的控件名称。
- ⊙ ValidationExpression 属性：验证格式规则。它有很多正则表达式可以设置，因此它能完成许多复杂的功能。
- ⊙ Text 属性：未通过验证时显示的信息。
- ⊙ Type 属性：要比较和验证的数据类型，有 Currency、Date、Double、Integer 和 String。

自定义验证(CustomValidator)控件主要用于以上验证控件都不适合的场合，可以由开发人员自行编写验证功能。CustomValidator 控件的主要属性如下。

- ⊙ ControlToValidate 属性：要验证的控件名称。
- ⊙ OnServerValidate 属性：服务器端执行验证的方法名。
- ⊙ Display 属性：错误信息的呈现方式；None 为不显示错误信息、Dynamic 为动态产生错误提示信息、Static 为静态隐藏错误提示信息。

● ClientValidateFunction 属性：ClientValidateFunction 属性的内容为开发人员自己编写的某方法名。客户端执行验证的方法名。

验证总结(ValidationSummary)控件属于一个显示控件，本身并不参与用户输入的验证，只负责收集当前页面的验证错误信息(ErrorMessage)，并以集合的形式显示。

执行客户端的用户校验，可以使用上面介绍的校验控件来完成。在使用一个 Validator 控件时，将 Validator 控件的 ErrorMessage 属性设置为要显示的错误信息，将 ControlToValidate 属性设置为需要验证的控件。验证 EnableClientScript 属性已设为 True。

 提示

> Text 和 ErrorMessage 属性之间的区别。虽说它们都可以用来以错误消息的形式向用户提供反馈，但是当与 ValidationSummary 控件结合起来使用时，两者之间就有一个小区别。当同时设置这两个属性时，Validation 控件显示 Text 属性，而 ValidationSummary 显示 ErrorMessage。

5.3.2　验证 Web 窗体页中的用户输入

有效性验证控件使用非常容易。只需将它们添加到一个页面，设置一些属性，然后它们会完成所有艰难的工作。下面举例说明验证控件的使用。

【例 5-1】演示校验控件的用法。

(1) 新建一个 ASP.NET 网站项目 Ex5_1。

(2) 切换到 Default.aspx 页面的设计视图，在 Default.aspx 页面上添加 5 个 TextBox 控件、1 个 Button 控件；5 个 RequireFieldValidator 控件、1 个 RangeValidation 控件、1 个 RegularExpressionValidator、1 个 CompareValidator、1 个 Label 控件和 1 个 ValidationSummary 控件。界面设计如图 5-2 所示。

图 5-2　页面布局

(3) 选择控件，在属性窗口中修改控件的属性。

设置 TextBox4、TextBox5 的 TextMode 属性为"Password"。

将 5 个 RequireFieldValidator 控件的 ControlToValidate 分别设置到 5 个 TextBox 控件上，修改其 Text 属性为*(可以同时修改 5 个 RequireFieldValidator 控件的 Text 属性，方法是选定 RequireFieldValidator1，按住 Ctrl 键，选择 RequireFieldValidator2~ RequireFieldValidator5，在属性窗口中修改 Text 属性为*)，设置其 ErrorMessage 属性分别为"姓名不能为空"、"年龄不能为空"、"邮箱不能为空"、"密码不能为空"和"确认密码不能为空"。

计算机 基础与实训教材系列

将 RangeValidation 控件的 ControlToValidate 属性设置为 "TextBox2"；Minimum Value 属性设置为 "1"；MaximumValue 设置为 "100"；Type 属性设置为 "Integer"；ErrorMessage 属性设置为 "年龄范围 1-100"；Text 属性为 "*"。

将 RegularExpressionValidator 控件的 ControlToValidate 属性设置为 "TextBox3"；ErrorMessage 属性设置为 "邮箱格式错误"；Text 属性为*；单击 ValidationExpression 属性，单击其右边的浏览按钮，在弹出的【正则表达式编辑器】对话框中选择【Internet 电子邮件地址】选项，如图 5-3 所示。单击【确定】按钮，完成设置。

将 CompareValidator 控件的 ControlToValidate 属性设置为 TextBox5；ControlToCompare 属性设置为 TextBox4；ErrorMessage 属性设置为 "密码不对请重新输入"；Text 属性设置为*。

将 Button 控件的 Text 属性设置为 "提交"。设置 Label 控件的 Text 属性为空。

(4) 切换到 Default.aspx 页面的设计视图，双击 Button 控件，在 Default.aspx.cs 代码窗口中添加其事件处理程序如下：

```
protected void Button1_Click(object sender, EventArgs e)
{
    Label1.Text = "全部验证正确！";
}
```

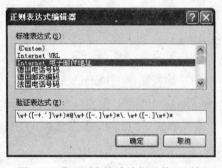

图 5-3　【正则表达式编辑器】对话框

(5) 切换到 Default.aspx 页面的源视图，VWD 2008 自动生成的代码如下：

```
<%@ Page Language="C#" AutoEventWireup="true"    CodeFile="Default.aspx.cs"
Inherits="_Default" %>

<!DOCTYPE html PUBLIC "-//W3C//DTD XHTML 1.0 Transitional//EN"
"http://www.w3.org/TR/xhtml1/DTD/xhtml1-transitional.dtd">

<html xmlns="http://www.w3.org/1999/xhtml">
<head runat="server">
    <title></title>
</head>
<body>
```

```
<form id="form1" runat="server">
<div>
        姓名：<asp:TextBox ID="TextBox1" runat="server"></asp:TextBox>
        <asp:RequiredFieldValidator ID="RequiredFieldValidator1"
runat="server"
            ControlToValidate="TextBox1" ErrorMessage="姓名不能为空
">*</asp:RequiredFieldValidator>
        <br />
        年龄：<asp:TextBox ID="TextBox2" runat="server"></asp:TextBox>
        <asp:RequiredFieldValidator ID="RequiredFieldValidator2" runat="server"
            ControlToValidate="TextBox2" ErrorMessage="年龄不能为空
">*</asp:RequiredFieldValidator>
        <asp:RangeValidator ID="RangeValidator1" runat="server"
            ControlToValidate="TextBox2" ErrorMessage="年龄范围 1-100"
MaximumValue="100"
            MinimumValue="1" Type="Integer">*</asp:RangeValidator>
        <br />
        邮箱：<asp:TextBox ID="TextBox3" runat="server"></asp:TextBox>
        <asp:RequiredFieldValidator ID="RequiredFieldValidator3" runat="server"
            ControlToValidate="TextBox3" ErrorMessage="邮箱不能为空
">*</asp:RequiredFieldValidator>
        <asp:RegularExpressionValidator ID="RegularExpressionValidator1"
runat="server"
            ControlToValidate="TextBox3" ErrorMessage="邮箱格式错误"

ValidationExpression="\w+([-+.']\w+)*@\w+([-.]\w+)*\.\w+([-.]\w+)*">*</
asp:RegularExpressionValidator>
        <br />
        密码：<asp:TextBox ID="TextBox4" runat="server"
TextMode="Password"></asp:TextBox>
        <asp:RequiredFieldValidator ID="RequiredFieldValidator4" runat="server"
            ControlToValidate="TextBox4" ErrorMessage="密码不能为空
">*</asp:RequiredFieldValidator>
        <br />
        确认密码：<asp:TextBox ID="TextBox5" runat="server"
TextMode="Password"></asp:TextBox>
        <asp:RequiredFieldValidator ID="RequiredFieldValidator5" runat="server"
            ControlToValidate="TextBox5" ErrorMessage="确认密码不能为空
">*</asp:RequiredFieldValidator>
        <asp:CompareValidator ID="CompareValidator1" runat="server"
```

计算机 基础与实训教材系列

```
                ControlToCompare="TextBox4" ControlToValidate="TextBox5"
                ErrorMessage="密码不对请重新输入">*</asp:CompareValidator>
            <br />
            <br />
            <asp:Button ID="Button1" runat="server" onclick="Button1_Click"
Text="提交" />      
            <asp:Label ID="Label1" runat="server" Text=" "></asp:Label>
            <br />
            <asp:ValidationSummary ID="ValidationSummary1" runat="server" />
        </div>
    </form>
</body>
</html>
```

(6) 按 Ctrl+F5 键，在浏览器中执行程序，如果全部文本输入框不输入内容，直接单击【提交】按钮，则结果如图 5-4 所示。

(7) 运行程序时，若单个文本输入框输入为空，则结果如图 5-5 所示。

图 5-4　输入为空的显示结果　　　　　图 5-5　单个输入为空显示结果

(8) 运行程序时，若年龄文本输入框输入的值不在 1~100 的范围，则结果如图 5-6 所示。

(9) 运行程序时，若邮箱文本输入框输入的邮件格式不正确，则结果如图 5-7 所示。

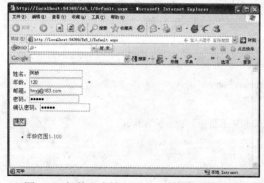 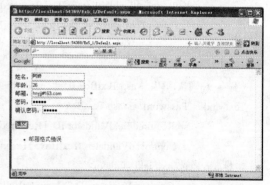

图 5-6　年龄文本输入不在 1~100 的显示结果　　　图 5-7　邮件地址不正确的显示结果

(10) 若全部输入正确，运行结果如图 5-8 所示。

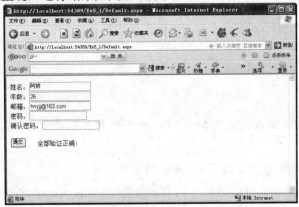

图 5-8　全部输入正确的显示结果

⑤.4　上机练习

本练习介绍了如何在页面中使用 CustomValidator 控件来确保用户至少输入了两个电话号码中的一个。这种有效性验证是在客户机和服务器上发生的。

【例 5-2】演示 CustomValidator 控件的用法。

(1) 新建一个 ASP.NET 网站 Ex5_2。

(2) 切换到 Default.aspx 页面的【设计视图】，选择菜单【表】|【插入表】命令插入一个表格。创建一个 8 行 3 列的表。

(3) 合并第一行的 3 个单元格。方法是选中这 3 个单元格，选择菜单【表】|【修改】|【合并单元格】命令。

(4) 在合并后的单元格中输入"请输入您的联系方式"。

(5) 在第二行的第一个单元格中输入文本"您的名字："。进入同一行的第二个单元格，拖动一个文本框并命名为 txtName。进入第二行的最后一个单元格，从【工具箱】的【验证】类别中拖动一个 RequiredFieldValidator 控件到其中。

(6) 在【设计视图】中单击 RequiredFieldValidator 一次，然后按 F4 键打开它的【属性】窗口。设置 RequiredFieldValidator 控件的属性如表 5-3 所示。

表 5-3　RequiredFieldValidator 控件属性设置

属　　性	属　性　值
ErrorMessage	请输入你的姓名
Text	*
ControlToValidate	txtName

(7) 在第二列中，再拖动 4 个文本框到名字文本框与保存按钮之间的空表格单元格中。从上到下，分别将这些控件命名为：

- ⊙ txtEmailAddress
- ⊙ txtPhoneHome
- ⊙ txtPhoneBusiness
- ⊙ txtComments

(8) 将 txtComments 的属性设置为 MultiLine，然后使控件在设计器中稍微宽一点和高一点，以便用户添加注释。

(9) 在第一列的单元格中，添加图 5-9 所示的文本。

(10) 在电子邮件地址那一行的最后一列中，拖放一个 RequiredFieldValidator 控件和一个 RegularExpressionValidator 控件；在其他情况行的最后一个单元格中，拖放一个 Required FieldValidator。并设置其相关的属性如表 5-4 所示。

表 5-4　验证控件相关属性的设置

控　件	需要设置的属性及其值	
RequiredFieldValidator2	ErrorMessage	请输入 E-mail 地址
	ControlToValidate	txtEmailAddress
RegularExpressionValidator1	ErrorMessage	E-mail 地址格式错误
	ControlToValidate	txtEmailAddress
	ValidationExpression	Internet 电子邮件地址
RequiredFieldValidator3	ErrorMessage	请输入注释
	ControlToValidate	txtComments

(11) 在家庭电话那一行的最后一列中，拖放一个 CustomValidator 控件，并设置其相关的属性如表 5-5 所示。

表 5-5　CustomValidator 控件的属性设置

属　性	属　性　值
Display	Dynamic
ErrorMessage	必须输入家庭电话或工作电话
Text	*
ClientValidationFunction	ValidatePhoneNumbers

(12) 合并最后一行单元格，从【工具箱】的【验证】类别中拖动一个 ValidationSummary 控件。完成后，表单将如图 5-9 所示。

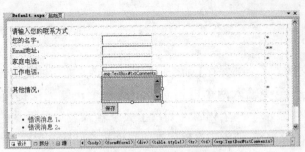

图 5-9　【例 5-2】界面设计

(13) 在 CustomValidator 控件的属性窗口中，单击事件的按钮切换到其事件列表。双击事件 ServerValidate 切换到 Default.aspx.cs 代码窗口。在该事件处理程序中添加如下代码：

```
protected void CustomValidator1_ServerValidate(object source,
ServerValidateEventArgs args)
    {
        if (txtPhoneHome.Text != string.Empty || txtPhoneBusiness.Text !=string.Empty)
        {
            args.IsValid = true;
        }
        else
        {
            args.IsValid = false;
        }
    }
```

(14) 切换到 Default.aspx 页面的【源】视图，并在带控件的表之前添加下列 JavaScript 代码块：

```
<script type="text/javascript">
    function ValidatePhoneNumbers(source, args)
    {
        var txtPhoneHome = document.getElementById('<%= txtPhoneHome.ClientID %>');
        var txtPhoneBusiness = document.getElementById('<%= txtPhoneBusiness.ClientID %>');
        if (txtPhoneHome.value != '' || txtPhoneBusiness.value != '')
        {
            args.IsValid = true;
        }
        else
        {
            args.IsValid =j false;
        }
    }
```

```
</script>
<table class="style1">
```

    (15) 单击菜单【文件】|【全部保存】命令保存所有修改，然后在浏览器中请求 Default.aspx 页面。注意，如果没有至少输入两个电话号码中的一个，就无法提交表单。还要注意，ValidationSummary 控件显示了一个列表，列出了关于输入表单的数据的所有问题。客户端 JavaScript 函数 ValidatePhoneNumber 现在确保在将页面提交回服务器之前至少输入一个电话号码。执行结果如图 5-10 所示。

图 5-10　【例 5-2】执行结果

⑤.5　习题

    1. 为什么当处理数据时检查 Page 的 IsValid 属性的值是如此重要呢？如果忘记进行这种检查会发生什么情况？

    2. 当使用一个 CustomValidator 时，可以在客户机和服务器上写有效性验证代码。如何告诉 ASP.NET 运行库在有效性验证处理期间调用什么客户端有效性验证方法？

    3. 如何把 CustomValidator 例程中的有效性验证的成功或失败情况告诉有效性验证机制呢？

第6章

ADO.NET 技术介绍

学习目标

本章介绍 ADO.NET 有关内容。讨论 ADO.NET 的结构以及如何使用 ADO.NET 访问关系数据库。通过本章的学习，读者应了解 ADO.NET 的基本知识；掌握数据库创建方法；掌握 ADO.NET 与数据库的连接方法；掌握利用 Command 访问数据库的方法；掌握利用 DataAdapter 访问数据库的方法。绝大多数软件系统都需要有数据库的支持，因此数据库编程也是每一个开发者应该掌握的。

本章重点

- ◉ .NET 数据提供者
- ◉ DataSet 数据集
- ◉ 数据库创建
- ◉ 数据库访问

6.1 ADO.NET 概述

ADO.NET 是美国微软公司最新推出.NET 平台中的一种数据访问技术，是专门为.NET Framework 而设计的，是 ADO 的升级版本；ADO.NET 集成到了.NET Framework 中，可用于任何.NET 语言，尤其是 C#；ADO.NET 包括所有的 System.Data 命名空间及其嵌套的命名空间。ADO.NET 将成为构建.NET 数据库应用程序的基础。

ADO.NET 支持已连接环境和非连接环境的数据访问。

已连接环境是指应用程序和数据库之间保持连续的通信，称为已连接环境。

非连接环境是指随着网络的发展，许多应用程序要求能在与数据库断开的情况下进行操作，出现了非连接环境。

6.1.1 ADO.NET 架构

ADO.NET 是 .NET Framework 提供的数据访问的类库，ADO.NET 对 Microsoft SQL Server、Oracle 和 XML 等数据源提供一致的访问。应用程序可以使用 ADO.NET 连接到这些数据源，并检索和更新所包含的数据。

ADO.NET 架构的两个主要组件如下。

⦾ Data Provider(数据提供者)

⦾ DataSet(数据集)

ADO.NET 有两个重要的组成部分：.NET 数据提供者和 DataSet 对象。结构如图 6-1 所示。

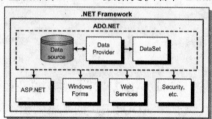

图 6-1　ADO.NET 架构的组成

数据提供者包含许多针对数据源的组件，设计者通过这些组件可以使程序与指定的数据源进行连接。.NET 数据提供者主要包括 Connection 对象、Command 对象、DataReader 对象以及 DataAdapter 对象。DataSet 对象用于以表格形式在程序中放置一组数据，它不关心数据的来源；DataSet 是 ADO.NET 的核心，是内存中的数据库数据的副本，用于支持 ADO.NET 中的离线数据的访问。

6.1.2 .NET Framework 数据提供程序

.NET Framework 数据提供程序用于连接到数据库、执行命令和检索结果。 提供者对象就是指在每一个.NET 数据提供者中定义的对象，其名称前带有特定提供者的名称。

1. .NET Framework 有 4 种数据提供程序

.NET Framework 有以下 4 种数据提供程序。

⦾ SQL Server .NET Framework 数据提供程序。

⦾ OLE DB .NET Framework 数据提供程序。

⦾ ODBC .NET Framework 数据提供程序。

⦾ Oracle .NET Framework 数据提供程序。

2. .NET Data Provider 核心类

.NET Framework 数据提供程序包括 4 个核心类，用于实现对数据库的数据处理。

（1）Connection 对象

数据库应用程序和数据库进行交互要在建立数据库连接的基础上进行。Connection 对象成为连接对象，提供了对数据存储中正在运行的事务(Transaction)的访问技术。

（2）Command 对象

Command 对象用于执行数据库的命令操作，命令操作包括检索(Select)、插入(Insert)、删除(Delete)以及更新(Update)操作。

（3）DataAdapter 对象

DataAdapter(数据适配器)对象在 DataSet 对象和数据源之间架起了一座"桥梁"。DataAdapter 可以用数据源填充 DataSet 并解析更新。

（4）DataReader 对象

数据流提供了高性能的、前向的数据存取机制。通过 DataReader 可以轻松而高效地访问数据流。DataReader 对象用于从数据库中读取由 SELECT 命令返回的只读的数据流，在这个过程中一直保持与数据库的连接。

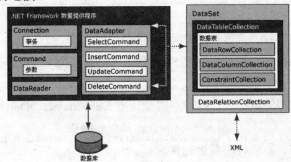

图 6-2　.NET Framework 数据提供程序和 DataSet 对象的关系

连接对象 Connection、命令对象 Command、参数对象 Parameter 提供了数据源和 DataSet 之间的接口。

6.1.3　DataSet 数据集

ADO.NET 的一个比较突出的特点是支持离线访问，即在非连接环境下对数据进行处理，DataSet 是支持离线访问的关键对象，它将数据存储在缓存中。DataSet 对象不关心数据源的类型，它将信息以表的形式存放。DataSet 对象是非连接存储和处理关系的基础。

.NET Framework 数据提供程序和 DataSet 对象的关系如图 6-2 所示。

DataSet 对象是支持 ADO.NET 的断开式、分布式数据方案的核心对象。DataSet 是数据的内存驻留表示形式，无论数据源是什么，它都会提供一致的关系编程模型。它可以用于多个不同的数据源，用于 XML 数据，或用于管理应用程序本地的数据。DataSet 表示包括相关表、约束和表间关系在内的整个数据集。

6.1.4 使用 ADO.NET 访问数据库的一般步骤

使用 ADO.NET 访问数据库的一般步骤如下。

⊙ 根据使用的数据源，确定使用 .NET 框架数据提供程序。实际编程时就是用 using 语句导入相应的名称控件。

.NET Framework 有 4 种数据提供程序对应的名称空间，如表 6-1 所示。

表 6-1 .NET Framework 有四种数据提供程序对应的名称空间

名 称 空 间	对应的类名称
System.Data.SqlClient	SqlConnection；SqlCommand；SqlDataReader；SqlDataAdapter
System.Data.Odbc	OdbcConnection；OdbcCommand；OdbcDataReader；OdbcDataAdapter
System.Data.OleDb	OleDbConnection；OleDbCommand；OleDbDataReader；OleDbDataAdapter
System.Data.OracleClient	OracleConnection；OracleCommand；OracleDataReader；OracleDataAdapter

⊙ 建立与数据源的连接，需要使用 Connection 对象。
⊙ 执行对数据源的操作命令，通常是 SQL 命令，需要使用 Command 对象。
⊙ 使用 DataReader 对象读取数据源的数据。
⊙ 使用数据集对获得的数据进行操作，需要使用 DataAdapter、DataSet 等。DataSet 对象与 DataAdapter 对象配合，完成数据的查询和更新操作。
⊙ 向用户显示数据，需要使用数据控件。

6.2 ADO.NET 对象

ADO.NET 包括 Connection 对象、Command 对象、DataReader 对象、DataAdapter 对象和 DataSet 对象。

6.2.1 Connection 对象

在 ADO.NET 中，可以使用 Conneciton 对象连接到数据库。根据数据源的不同，连接对象有 4 种：SqlConnection、OleDbConnection、OdbcConnection 和 OracleConnection。

1. Connection 对象常用属性

Connection 对象常用属性如下。

⊙ ConnectionString 属性：用来指定要连接的数据源。在 ConnectionString 属性中，需要使用很多参数。如 Data Source 用来指明数据源；Initial Catalog 用来指明数据库；Integrated Security 用来指明集成安全等。

- ConnectionTimeout 属性：获取在尝试建立连接时终止尝试并生成错误之前所等待的时间。返回结果为等待连接打开的时间(以秒为单位)。默认值为 15 秒。
- Database 属性：获取当前数据库或连接打开后要使用的数据库的名称。返回结果为当前数据库的名称或连接打开后要使用的数据库的名称。默认值为空字符串。
- DataSource 属性：获取要连接的数据源实例的名称。

下面是连接微软 SQL Server Express 数据库的理解字符串示例：

```
connectionString="Data Source=yangjianjun\SQLExpress;Initial
Catalog=Northwind;
Integrated Security=True"
```

2. Connection 对象常用方法

Connection 对象最常用的方法有 Open 和 Close 方法。

- Open()方法：该方法用于打开由 ConnectionString 属性指定的数据源连接。
- Close 方法()：该方法用于断开由 ConnectionString 属性指定的数据源连接。

3. Connection 对象的创建

SqlConnection 对象的构造方法如下。

```
// 摘要:初始化 System.Data.SqlClient.SqlConnection 类的新实例。
public SqlConnection();
/*摘要:如果给定包含连接字符串的字符串，则初始化
System.Data.SqlClient.SqlConnection 类的新实例。参数: connectionString:用于
打开 SQL Server 数据库的连接。*/
public SqlConnection(string connectionString);
```

创建一个 SqlConnection 对象的方法如下。

```
string connectionString="DataSource=yangjianjun\SQLExpress;Initial
Catalog=Northwind;Integrated Security=True";
SqlConnection    con = new SqlConnection();
con.ConnectionString = connectionString;
```

OleDbConnection 对象的创建方法和 SqlConnection 对象的创建方法类似。例如：

```
OleDbConnection    con = new OleDbConnection ();
```

要使用数据库，首先要在应用程序和数据库之间建立连接。另外需要为项目添加引用，如 System.Data；和 System.Data.OleDb；或 System.Data. SqlClient；。

【例 6-1】使用 VWD 2008 可视化方式创建与 SQL Server2005/2008 Express 数据库连接示例。

(1) 新建一个 Web 站点 Ex6_1。

(2) 在 Default.aspx 中的<Title>标记中输入如下内容：

<title>使用 VWD2008 可视化方式创建数据库连接示例</title>

(3) 选择主菜单【工具】|【连接到数据库】命令，弹出【添加连接】对话框，如图 6-3 所示。

(4) 如果当前数据源不是开发人员想使用的，可以通过选择【更改】按钮，打开【更改数据源】对话框，如图 6-4 所示。目前确认选择的是 Microsoft SQL Server。单击【确定】按钮。返回【添加连接】对话框。

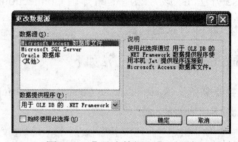

图 6-3　【添加连接】对话框　　　　　　图 6-4　【更改数据源】对话框

(5) 在【添加连接】对话框的【服务器名】文本框中输入 "HNYJJ\SQLEXPRESS"；在【登录到服务器】框架中选择【使用 Windows 身份验证】；在【连接到一个数据库】框架中选择【选择或输入一个数据库名】，并在其文本框中输入 "Northwind" 或单击下拉箭头选择 "Northwind" 数据库。

(6) 单击【测试连接】按钮。如果设置完全正确的话，将出现如图 6-5 所示的【测试连接成功】对话框。单击【确定】按钮，返回【添加连接】对话框，单击【确定】按钮，VWD 2008 将自动在【数据库资源管理器】窗口显示该连接，如图 6-6 所示。

图 6-5　测试连接成功对话框　　　　图 6-6　数据连接出现在【数据库资源管理器】窗口

(7) 在 Default.aspx 文档窗口中，单击【拆分】标签，切换到【设计】视图，从【工具箱】的【数据】选项中拖放一个 SqlDataSource 控件到网页中，选择 SqlDataSource 控件，单击其右上角的【>】按钮，在弹出的【SqlDataSource 任务】下拉列表中单击【配置数据源】选项，如图 6-7 所示。

图 6-7　【SqlDataSource 任务】下拉列表

(8) 在之后弹出的【配置数据源】对话框中选择之前创建的数据库连接 hnyjj\sqlexpress. Northwind.dbo。如图 6-8 所示。

(9) 单击【下一步】按钮，弹出【配置数据源】对话框的【将连接字符串保存到应用程序配置文件中】页面，如图 6-9 所示。确认选中【是，将此连接另存为】复选框。

图 6-8　【配置数据源】对话框 1

图 6-9　【配置数据源】对话框 2

(10) 单击【下一步】按钮，弹出【配置数据源】对话框的【配置 Select 语句】页面，如图 6-10 所示。在【列】列表中选择*。

(11) 单击【下一步】按钮，弹出的【配置数据源】对话框的【测试查询】页面，如图 6-11 所示。在【列】列表中选择*。单击【测试查询】按钮，显示查询结果。

图 6-10　【配置数据源】对话框 3

图 6-11　【配置数据源】对话框 4

(12) 单击【完成】按钮，完成数据源配置。将在 Default.aspx【源】视图中自动添加如下代码：

```
<asp:SqlDataSource ID="SqlDataSource1" runat="server"
```

```
ConnectionString="<%$ ConnectionStrings:NorthwindConnectionString %>"
SelectCommand="SELECT * FROM [Alphabetical list of products]"
</asp:SqlDataSource>
```

 提示

步骤(7)~步骤(12)将自动在 web.config 文件中添加如下内容。

```
<connectionStrings>
    <add name="NorthwindConnectionString" connectionString="Data
Source=hnyjj\sqlexpress;Initial Catalog=Northwind;Integrated
Security=True"    providerName="System.Data.SqlClient" />
    </connectionStrings>
```

以上内容也可以直接在 web.config 文件中输入。

(13) 从【工具箱】的【标准】选项中拖放一个 Label 控件到网页中。

(14) 在【解决方案资源管理器】中双击 Default.aspx.cs，在文档窗口中打开其内容。在其中添加如下内容：

```
…
//引用数据库访问名称空间
using System.Data;
using System.Data.SqlClient;
using System.Configuration;

public partial class _Default : System.Web.UI.Page
{
    protected void Page_Load(object sender, EventArgs e)
    {
        //从 web.config 配置文件取出数据库连接串
        string sqlconnstr =
ConfigurationManager.ConnectionStrings["NorthwindConnectionString"].Con
nectionString;
        //建立数据库连接对象
        SqlConnection sqlconn = new SqlConnection(sqlconnstr);
        string str = sqlconn.DataSource;
        //打开连接
        sqlconn.Open();
        Label1.Text = "成功建立与 SQL Server 2008 数据库的连接" + "<br />";
        Label1.Text= Label1.Text + "连接的数据源实例的名称是：" + str;
```

计算机 基础与实训教材系列

```
        //关闭连接
        sqlconn.Close();
        sqlconn = null;
    }
}
```

知识点 -

System.Configuration 名称空间中定义的类可用于从 Web.config 文件中读取配置信息。

(15) 切换到 Default.aspx Web 窗体，选择菜单【调试】|【开始执行(不调试)】命令或按 Ctrl+F5
键，在浏览器中执行程序。

6.2.2　Command 对象

Command 对象用于执行数据库的命令操作。数据命令对象可直接执行 SQL 语句或存储过
程，是 OleDbCommand、SqlCommand、OdbcCommand 或 OracleCommand 类以及其他类似
类的实例。OleDbCommand 类可用于任何 OLE DB 提供程序，SqlCommand 类进行优化以便
用于 SQL Server 7.0 或更高版本，OdbcCommand 类用于 ODBC 数据源，OracleCommand 类
用于 Oracle 数据库。

1. Command 对象的常用属性

Command 对象的常用属性如下。

- CommandText 属性：获取或设置要对数据源执行的 Transact-SQL 语句或存储过程。返
  回结果为要执行的 Transact-SQL 语句或存储过程。默认为空字符串。
- CommandTimeout 属性：获取或设置在终止执行命令的尝试并生成错误之前的等待时
  间。返回结果为等待命令执行的时间(以秒为单位)；默认为 30 秒。
- CommandType 属性：获取或设置一个值，该值指示如何解释 CommandText 属性。返
  回结果为 System.Data.CommandType 值之一；默认为 Text。
- Connection 属性：获取或设置 Command 的此实例使用的 Connection。返回结果为与数
  据源的连接；默认值为 null。

2. Command 对象的常用方法

Command 对象的常用方法如下。

- ExecuteNonQuery()方法：对连接执行 Transact-SQL 语句并返回受影响的行数。返回结
  果为受影响的行数。
- ExecuteReader()方法：将 CommandText 发送到 Connection 并生成一个 DataReader。返
  回结果为一个 DataReader 对象。

⊙ ExecuteScalar()方法：执行查询，并返回查询所返回的结果集中第一行的第一列。忽略其他列或行。返回结果为结果集中第一行的第一列或空引用(如果结果集为空)。

⊙ ExecuteXmlReader()方法：将 CommandText 发送到 Connection 并生成一个 System.Xml. XmlReader 对象。返回结果为一个 System.Xml.XmlReader 对象。

⊙ ResetCommandTimeout()方法：将 CommandTimeout 属性重置为其默认值。

3. Command 对象的创建

下面是通过编程的方法创建一个 Command 对象：

SqlCommand command = new SqlCommand ();

或：

OleDbCommand command = new OleDbCommand();

使用数据命令访问数据库的基本步骤如下。

⊙ 建立数据命令对象。
⊙ 设置数据命令对象的属性。
⊙ 执行命令。
⊙ 关闭有关对象，释放资源。

为了演示 ADO.NET 有关类的使用。先使用 ACCESS 建立一个通讯录数据库(test.mdb)，其中包含一个通讯表(txb)，txb 表的结构和内容如图 6-12 所示。

	编号	姓名	电话	手机	邮编
	1	杨梅	67691402	13623838032	450007
	2	李莉	67775532	24576898900	450008
	3	李红	67758843	13456789000	450001
	4	杨柳	67785900	13678903456	450002
	5	杨阳	67758896	13623838094	445006
∅	6	杨丽			
∗	(自动编号)				

图 6-12 txb 的结构和内容

【例 6-2】使用 Connection 对象建立与数据库 test.mdb 的连接，并使用 Open 方法和 Close 方法实现连接的打开和关闭。并在网页中显示数据库 test.mdb 中 txb 表的内容。

(1) 新建一个 Web 站点 Ex6_2。

(2) 在 Default.aspx 中的<Title>标记中输入如下内容：

<title>使用 ADO.NET 访问 Access 数据库示例</title>

(3) 在【解决方案资源管理器】中双击 Default.aspx.cs，在文档窗口中打开其内容。在其中添加如下内容：

```
…;//之前的名称空间是 VWD 2008 自动导入的
//添加引用数据库访问名称空间
using System.Data;
```

```csharp
using System.Data.OleDb;

public partial class _Default : System.Web.UI.Page
{
    protected void Page_Load(object sender, EventArgs e)
    {
string connectionString = "Provider=Microsoft.Jet.OLEDB.4.0;Data
Source=E:\\ASP 动态网站实用教程\\Test.mdb";
        OleDbConnection connection = new OleDbConnection(connectionString);
        connection.Open();
        string commandStr = "SELECT * FROM txb";
        OleDbCommand command = new OleDbCommand(commandStr, connection);
        OleDbDataReader reader = command.ExecuteReader();
        while (reader.Read())
        {
            String id = reader["编号"].ToString();
            String name = reader["姓名"].ToString();
            String phone = reader["电话"].ToString();
            String movePhone = reader["手机"].ToString();
            String zone = reader["邮编"].ToString();
        Response.Write(id + ", " + name + ", " + phone + ", " + movePhone +
", " + zone+"<br />");
        }
        reader.Close();
        connection.Close();
    }
}
```

(4) 切换到 Default.aspx Web 窗体，选择菜单【调试】|【开始执行(不调试)】命令或按 Ctrl+F5 键，在浏览器中执行程序。

⑥.2.3　DataAdapter 对象

　　数据适配器是 DataSet 和数据源之间的一个桥梁。DataAdapter 对象用于从数据源中检索数据并填充 DataSet 中的表。DataAdapter 还会将对 DataSet 作出的更改解析回数据源。DataAdapter 使用 .NET Framework 数据提供程序的 Connection 对象连接到数据源，使用 Command 对象从数据源中检索数据并将更改解析回数据源。

1. DataAdapter 对象的属性设置

在建立 SqlDataAdapter 对象时，可以直接指定与 SqlConnection 和 SqlCommand。如果过后指定属性，主要有 SelectCommand、InsertCommand、DeleteCommand 和 Update Command 属性。例如：

sqlDataAdapter.SelectCommand=sqlCommand;// sqlDataAdapter 为 DataAdapter 对象，sqlCommand 为执行 Select 语句的命令对象。

2. DataAdapter 对象常用方法

DataAdapter 对象常用方法如下。

- ◉ Fill(数据集名.数据集表名)方法：该方法用来执行 SelectCommand，用数据源的数据填充 DataSet 对象。
- ◉ GetData(数据集名.数据集表名)方法：新建一个数据集中 DataTable 并填充它。
- ◉ Update(数据集名.数据集表名)方法：更新数据集中的某 DataTable。

3. DataAdapter 对象创建方法

为方便创建 DataAdapter 对象，在介绍 DataAdapter 对象创建方法之前，先来看看 DataAdapter 的构造方法。

OleDbDataAdapter 对象的构造方法如下：

```
 public OleDbDataAdapter();
 public OleDbDataAdapter(OleDbCommand selectCommand);
 public OleDbDataAdapter(string selectCommandText, OleDbConnection
selectConnection);
public OleDbDataAdapter(string selectCommandText, string selectConnectionString);
```

SqlDataAdapter 的构造方法和 OleDbDataAdapter 的构造方法相似。

下面是通过编程的方法创建一个 DataAdapter 对象：

SqlDataAdapter　　dataAdapter = new SqlDataAdapter ();

或：

OleDbDataAdapter dataAdapter = new OleDbDataAdapter ();

⑥.2.4　DataReader 对象

DataReader 对象用于对数据库的操作。在 ADO.NET DataReader 类中经常使用的有两个子类，一个是 SqlDataReader 类；另一个是 OleDbDataReader 类。

1. DataReader 对象常用属性

⊙ FieldCount 属性：获取当前行中的列数。

⊙ RecordsAffected 属性：被更改、插入或删除的行数。

⊙ IsClosed 属性：指示是否可关闭数据读取器。

2. DataReader 对象常用方法

⊙ public override void Close();关闭 DataReader 对象。

⊙ public override string GetName(int index);获取指定列的名称。

⊙ public override bool Read();使 DataReader 前进到下一条记录。返回结果：如果存在多个行，则为 true；否则为 false。

⊙ public override bool NextResult();当读取批处理 SQL 语句的结果时，使数据读取器前进到下一个结果。返回结果：如果存在多个结果集，则为 true；否则为 false。

⊙ public override bool IsDBNull(int ordinal);获取一个值，该值指示列中是否包含不存在的或已丢失的值。参数 ordinal：从零开始的列序号。返回结果：如果指定的列值与 System.DBNull 等效，则为 true；否则为 false。

⊙ public override object GetValue(int ordinal);获取以本机格式表示的指定序号处的列的值。返回结果：要返回的值。

⊙ public override int GetInt32(int ordinal);获取指定列的 32 位有符号整数形式的值。返回结果：要返回的值。

⊙ public override int GetOrdinal(string clomnName);在给定列名称的情况下获取列序号。参数为列名。

3. DataReader 对象的创建

下面是通过编程的方法创建一个 DataReader 对象：

SqlDataReader reader = command.ExecuteReader();

或：

OleDbDataReader reader = command.ExecuteReader();

⑥.2.5　DataSet 对象

DataSet 对象用于实现通过 DataAdapter 数据提供程序控件和数据库相连接，然后通过相关控件和数据库应用程序连接。DataSet 的结构与关系数据库的结构相似，它包括表集合(Tables)和描述表之间关系的关系集合。

ADO.NET 中与数据集有关的对象包括 DataSet、DataTable、DataRow、DataColumn、

计算机 基础与实训教材系列

Constraint(约束)和 DataRelation 等。

1. DataSet 对象常用方法

- public void AcceptChanges()方法：提交自加载此 System.Data.DataSet 或上次调用 System.Data.DataSet.AcceptChanges() 以来对其进行的所有更改。
- public void BeginInit()：开始初始化在窗体上使用或由另一个组件使用的 System.Data.DataSet。初始化发生在运行时。
- public void EndInit()：结束在窗体上使用或由另一个组件使用的 System.Data.DataSet 的初始化。初始化发生在运行时。
- Clear()：通过移除所有表中的所有行来清除任何数据的 System.Data.DataSet。
- public virtual DataSet Clone()：复制 System.Data.DataSet 的结构，包括所有 System.Data.DataTable 架构、关系和约束。不要复制任何数据。返回结果为新 System.Data.DataSet，其架构与当前 System.Data.DataSet 的架构相同，但是不包含任何数据。
- public DataSet Copy()：复制该 System.Data.DataSet 的结构和数据。返回结果为新的 System.Data.DataSet，具有与该 System.Data.DataSet 相同的结构(表架构、关系和约束)和数据。如果已创建这些类的子类，则副本也将属于相同的子类。
- public void Merge(DataSet dataSet)：将指定的 System.Data.DataSet 及其架构合并到当前 DataSet 中。参数: dataSet 是被合并的 DataSet。
- public DataSet GetChanges()：获取 System.Data.DataSet 的副本，该副本包含自加载以来或自上次调用 System.Data.DataSet.AcceptChanges()。返回结果为此 System.Data.DataSet 中的更改的副本，可以对该副本执行操作，然后使用 System.Data.DataSet.Merge (System.Data.DataSet) 将其合并回数据集；或者如果未找到任何更改，则为 null。

2. DataSet 对象的创建

以通过调用 DataSet 构造函数来创建 DataSet 的实例。请指定一个可选名称参数。如果没有为 DataSet 指定名称，则该名称会设置为 NewDataSet。

```
DataSet custDS = new DataSet("CustomerOrders");
```

3. 填充 DataSet 对象

数据集是容器，因此需要用数据填充它。填充数据集时，将引发各种事件，应用约束检查等等。可以用多种方法填充数据集，如下所示。

- 调用数据适配器(DataAdapter)对象的 Fill 方法。这导致适配器执行 SQL 语句或存储过程，然后将结果填充到数据集中的表中。如果数据集包含多个表，每个表可能有单独的数据适配器，因此必须分别调用每个适配器的 Fill 方法。
- 通过创建 DataRow 对象并将它们添加到表的 Rows 集合，手动填充数据集中的表。
- 将 XML 文档或流读入数据集。

⊙ 合并(复制)另一个数据集的内容。

这里介绍使用 DataAdapter 的 Fill 方法填充 DataSet 对象，例如：

sqlDataAdaper.Fill(dsStudent, "student");//用 sqlDataAdaper 填充数据集

4. 访问数据

数据集是断开式的数据容器，没有当前记录的概念，也不存在记录导航的概念，数据集中的所有记录可以随机访问。

ADO.NET 使用对象访问数据集中的数据表、数据行和列。数据集包含数据表的集合，数据表包含数据行和列的集合，即 DataSet 对象包含数据表的集合 Tables，而 DataTable 对象包含数据行的集合 Rows、数据列的集合 Columns。因此可以直接使用这些对象访问数据集中的数据。例如，访问 student 数据表的第三行的 stud_name 列的值，可以使用以下语句：

myDS.Tables["student"].Rows[2]["studName"];

也可以使用以下语句：

myDs.Tables["student"].Rows[3].ItemArray[1];
myDs.Tables["student"].Rows[i][j]
myDs.Tables["student"].Rows.count
myDs.Tables["student"].Columns[K].ColumnName;

5. 数据表的操作

DataSet 类的 Tables 属性是一个包含数据表的集合，它所存储的是 DataTable 类对象 DataTable 类用于数据表的字段(列)和记录(行)的操作。

(1) 添加表

```
DataSet custDS=new DataSet("CustomersOrders");
DataTable ordersTable=custDS.Tables.Add("Orders");
DataColumn pkCol=ordersTable.Columns.Add("OrderID",typeof(Int32));
ordersTable.Columns.Add("OrderQuantity",typeof(Int32));
ordersTable.Columns.Add("CompanyName",typeof(string));
ordersTable.PrimaryKey=new DataColumn[]{pkCol};
```

(2) 字段操作

DataTable 类的 Columns 属性是一个包含数据表的列的集合，它所存储的是 DataColumn 对象。

```
DataSet ds=new DatasSet();
DataTable myTable=ds.Tables.Add("Product");
DataColumn myColumn = new DataColumn();
```

```
myColumn.DataType = System.Type.GetType("System.Decimal");
myColumn.AllowDBNull = false;
myColumn.Caption = "Price";
myColumn.ColumnName = "Price";
myColumn.DefaultValue = 25;
myTable.Columns.Add(myColumn);
DataRow myRow;
for(int i = 0; i < 10; i++){
myRow = myTable.NewRow();
myRow["Price"] = i + 1;
myTable.Rows.Add(myRow);
```

(3) 行操作

⊙ 添加记录行

向数据集中添加数据，实际上就是对某个数据表添加一个新行。具体步骤如下。

第一步：建立一个新的空数据行。

```
DataRow myDR=myDS.Tables["student"].NewRow();
```

第二步：向数据行中写入数据。

```
myDR["studID"]="20090201";
myDR["studName"]="潘菊芬";
myDR["studSex"]= "女";
myDR["studAddress "]= "英语";
myDR["enderScore"]=596;
```

第三步：把数据行添加到数据表中。

```
myDS.Tables["student"].Rows.Add(myDR);
```

⊙ 删除记录行

删除数据只调用数据行的 Delete 方法即可，例如：

```
myDS.Tables["student"].Rows[10].Delete();//删除 student 表中的第 11 行。
```

⊙ 修改记录行

将数据直接写入相应的位置，如：

```
myDS.Tables["student"].Rows[3]["studName"]="林娜";
```

⊙ 查找记录行

```
myDS.Tables["student"].Rows.find("林娜");//find 方法只能查找主键。
```

(4) 更新数据源

数据集的操作是在内存中完成的，更新后的数据集要写回到数据源中，才能永久保存。可以调用数据适配器的 Update 方法完成此工作。它检查数据表中的每一行，如果有更改的行，就将该行更新到数据源中。例如：

```
myDA.Update(myDS);
myDA.Update(myDS,"student");//指明更新 student 表。
```

【例 6-3】使用 DataAdapter 和 DataSet 来访问数据库 test.mdb 中 txb 表的数据。

(1) 新建一个 Web 站点 Ex6_3。

(2) 在 Default.aspx 中的<Title>标记中输入如下内容：

```
<title>使用 DataAdapter 和 DataSet 访问数据库示例</title>
```

在<div>标记中添加如下内容：

```
<div>
    <asp:Label ID="Label1" runat="server" Text=""></asp:Label>
</div>
```

(3) 在【解决方案资源管理器】中双击 Default.aspx.cs，在文档窗口中打开其内容。在其中添加如下内容：

```
…;//之前的名称空间是 VWD2008 自动导入的
//添加引用数据库访问名称空间
using System.Data;
using System.Data.OleDb;
public partial class _Default : System.Web.UI.Page
{
    protected void Page_Load(object sender, EventArgs e)
    {
        string connectionString = "Provider=Microsoft.Jet.OLEDB.4.0;Data
Source=E:\\ASP 动态网站实用教程\\Test.mdb";
        OleDbConnection oleconn = new OleDbConnection(connectionString);
        DataSet ds = new DataSet();//建立 DataSet 对象
        DataTable dtable; //建立 DataTable 对象
        DataRowCollection coldrow; //建立 DataRowCollection 对象
        DataRow drow; //建立 DataRow 对象
        oleconn.Open();//打开连接
OleDbCommand oledbm = new OleDbCommand();//建立 Command 对象
        oledbm.Connection = oleconn;
        oledbm.CommandText="select * from txb";
        OleDbDataAdapter oleda= new OleDbDataAdapter();
```

```
oleda.SelectCommand=oledbm;
//用 Fill 方法返回的数据，填充 DataSet，数据表取名为"txbtable"
        oleda.Fill(ds, "txbtable");
        //将数据表 txbtable 的数据复制到 DataTable 对象
        dtable = ds.Tables["txbtable"];
        //用 DataRowCollection 对象获取这个数据表的所有数据行
        coldrow = dtable.Rows;
        //逐行遍历，取出各行的数据
        for (int i = 0; i < coldrow.Count; i++)
        {
            drow = coldrow[i];
            Label1.Text += "编号："+ drow[0];
            Label1.Text += " 姓名："+ drow[1];
            Label1.Text += " 电话："+ drow[2];
            Label1.Text += " 手机："+ drow[3];
            Label1.Text += " 邮编："+ drow[4] + "<br />";
        }
        oleconn.Close();
    }
}
```

(4) 切换到 Default.aspx Web 窗体，选择菜单【调试】|【开始执行(不调试)】命令或按 Ctrl+F5 键，在浏览器中执行程序。

6.3 创建数据库

下面以 SQL Server 数据库为例来讲解数据库的使用。为了学习本节内容，必须安装 Microsoft SQL Server 2005 Express Edition 或 Microsoft SQL Server 2008 Express Edition。SQL Server 2008 Express™ Edition 是随同 VWD 2008 提供的。也可以从 Microsoft 网站免费下载，下载地址是 http://www.microsoft.com/sql/2008/defualt.asp。

6.3.1 使用命令行方式创建数据库

创建数据库可以使用 Sqlcmd 命令来完成。SDK 示例所使用的 SQL Server Express 实例的名称是 SQLExpress。要访问该数据库，请使用服务器名称：(local)\SQLExpress。

<SDK 提示符> sqlcmd -S (local)\SQLExpress -E -d <database>

为了知道自己计算机名称(local)，可以在运行 sqlcmd 命令之前先在命令提示窗口中运行一

下 hostname 命令。

1. Sqlcmd 命令的使用方法

Sqlcmd.exe 所在目录是 C:\Program Files\Microsoft SQL Server\90\Tools\Binn。Sqlcmd 命令的使用方法如图 6-13 所示。

2. 配置 SQL Server 2005/2008 Express Edition 方法

授予新用户账户访问数据库的权限方法如下：(请使用数据库名称替换 DATABASE NAME，使用用户账户名称替换 USER NAME)。

```
sqlcmd -E -S (local)\SQLExpress -Q "sp_grantlogin < USER NAME >"
sqlcmd -E -S (local)\SQLExpress -d DATABASE NAME -Q "sp_grantdbaccess < USER NAME >"
sqlcmd -E -S (local)\SQLExpress -d DATABASE NAME -Q "sp_addrolemember 'db_owner', < USER NAME >"
```

配置 SQL Server 2005 Express Edition 示例如图 6-14 所示：

图 6-13　Sqlcmd 命令参数含义　　　　图 6-14　配置 SQL Server 2005 Express Edition 示例

3. 安装数据库 Northwind

安装数据库 Northwind 的方法如图 6-15 所示。

图 6-15　安装数据库 Northwind 的方法

6.3.2　使用数据窗体向导完成数据库访问

使用数据窗体向导创建简单数据库 Web 应用程序是快捷简便的途径，用户仅需要按向导提示回答若干问题，即可生成一个具有基本数据库管理功能的应用程序。以创建一个处理数据库

Noethwind.dbo 的数据库应用程序了解数据库窗体向导的使用。

1. 创建数据源

数据源可以是一个数据库、一个对象或一个 Web 服务。VWD 2008 在【工具箱】的【数据】类别中提供了以下 7 种数据源控件。

- AccessDataSource 数据源控件：连接到使用 Microsoft Office 创建的 Access 数据库。
- EntityDataSource 数据源控件：连接到 ADO.NET Entity Data Model。
- LingDataSource 数据源控件：使用 LINQ 连接到 DataContext 或应用程序的 Bin 或 App_Code 目录中的对象。
- XmlDataSource 数据源控件：连接到 XML 文件。
- ObjectDataSource 数据源控件：连接到应用程序的 Bin 或 App_Code 目录中的中间层业务对象或数据集。
- SqlDataSource 数据源控件：连接到 ADO.NET 支持的任何 SQL 数据库，如 Microsoft SQL Server、Oracle 或 OLEDB。
- SitamapDataSource 数据源控件：连接到此应用程序的站点导航树(要求应用程序根目录处有一个有效的站点地图文件)。

下面举例说明利用 ObjectDataSource 数据源控件访问数据库的过程。

【例 6-4】创建一个 ObjectDataSource 数据源，它连接 Northwind.dbo 数据库并检索数据库中 Products 和 Suppliers 表的内容。

创建一个 ObjectDataSource 数据源的过程如下。

(1) 新建一个 Web 站点 Ex6_4。

(2) 在 Default.aspx 中的<Title>标记中输入如下内容：

```
<title>使用数据窗体向导访问数据库示例</title>
```

在<div>标记中添加如下内容：

```
<div>
    <asp:GridView ID="GridView1" runat="server"> </asp:GridView> <br />
    <asp:GridView ID="GridView2" runat="server"></asp:GridView>
</div>
```

(3) 选择菜单【网站】|【添加新项】命令，在弹出的【添加新项】对话框中的【模板】列表中选择【数据集】选项，确认数据集名称为 DataSet1.xsd，然后单击【添加】按钮。之后弹出【警告】信息窗口，如图 6-16 所示，在这里单击【是】按钮，VWD 2008 会自动在【解决方案资源管理器】窗口添加一个【App_Code】文件夹，数据集文件 DataSet1.xsd 放在了这个文件夹中。同时在文档窗口中打开了【App_Code/ DataSet1.xsd】文件的【数据集设计】窗口。如图 6-17 所示。

图 6-16 【警告】信息窗口   图 6-17 【数据集】设计窗口

(4) 单击【数据库资源管理器】选项卡，切换到【数据库资源管理器】窗口。该窗口中如果看不到要访问的数据库连接，请先建立数据库的连接。与 Microsoft SQL Server 2005 或 2008 建立连接的方法如【例 6-1】所示；如不是单击【更改...】按钮，在【更改数据源】对话框中，选择所使用的数据源及相应的数据提供程序。数据源指定了想使用的数据库类型，数据提供程序则指定了如何连接数据库。有的数据源可以使用多个数据提供程序来访问。这里的数据连接将命名为 local\SQLExpress.Northwind.dbo。如图 6-18 所示。

(5) 展开【数据库资源管理器】中的需要的连接的表节点。然后将其中 Products 表和 Supplies 表拖放到【数据集设计器】窗口。如图 6-19 所示。

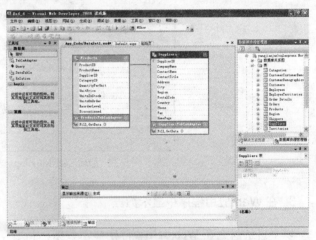

图 6-18 【数据库资源管理器】窗口   图 6-19 在【数据集设计器】窗口添加表

至此，完成了数据集 DataSet1.xsd 的创建。

2. 预览数据

预览数据。在给 Web 应用程序创建了数据集以后，就可以预览数据集中的数据，预览数据的方法是如下。

◉ 选择菜单【数据】|【预览数据(P)】可打开【预览数据】窗口，如图 6-20 所示。

提示

如果【数据】主菜单没有出现，是因为没有选定数据集窗口。

- 可以在【选择要预览的对象(O)】下拉列表框中单击朝下的箭头，选择要浏览的对象。如图 6-21 所示。

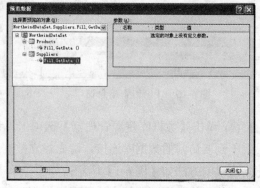

图 6-20　【预览数据(P)】窗口　　　　　图 6-21　选择预览的对象

- 单击【预览】按钮。就可以看到数据集中某表的内容。NorthwindDataSet.Suppliers 表的内容如图 6-22 所示。

图 6-22　DataSet1.Suppliers 表的内容

3. 在 Web 应用程序中显示数据

以下讲解怎么在 Web 应用程序中显示数据。利用 VWD 2008 提供的图形向导在 Web 应用程序中显示数据非常简单。

切换到 Default.aspx Web 窗体的【设计】视图，单击 GridView1 控件的智能标记，打开【GridView 任务】菜单，如图 6-23 所示。在这个菜单中，单击【选择数据源】下拉列表框右边朝下的黑三角，选择【<新建数据源>】命令，将弹出【数据源配置向导】对话框，如图 6-24 所示；在【应用程序从哪里获取数据】列表中，选择【对象】选项，【为数据源指定 ID】文本框中自动出现默认的 ID 名称。

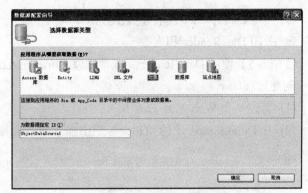

| 图 6-23　【GridView 任务】菜单 | 图 6-24　数据源配置向导 |

单击【确定】按钮，出现【选择业务对象】页面，如图 6-25 所示。在【选择业务对象】下拉列表框右边朝下的黑三角，选择 DataSet1TableAdapters.ProducersTableAdapter 选项。

单击【下一步】按钮，出现【定义数据方法】页面，如图 6-26 所示。确认选择的是 Select 选项卡，其余采用默认设置。

| 图 6-25　【选择业务对象】页面 | 图 6-26　【定义数据方法】页面 |

单击【完成】按钮，返回 Default.aspx Web 窗体的【设计】视图，这时将会看到窗体中自动创建了 ObjectDataSource1 数据源。

同样的方法为 GridView2 控件指定数据源。注意选择它的【业务对象】是【DataSet1Table Adapters.SuppliersTableAdapter】。这个过程将在 Default.aspx Web 窗体中自动创建 ObjectDataSource2 数据源。

选择菜单【调试】|【开始执行(不调试)】命令或按 Ctrl+F5 键，在浏览器中执行程序。

⑥.3.3　使用 DataReader 完成数据库访问

在这里，将通过编程的方法来访问数据库，而不是图形向导的方法。使用 DataReader 读取数据的过程如下。

- ◉ 连接数据源
- ◉ 打开连接
- ◉ 执行 SQL 查询命令

⊙ 使用 DataReader 读取并显示数据

⊙ 关闭 DataReader 和连接

【例 6-5】使用 DataReader 完成数据库 Northwind.dbo 中 Orders 表的访问。

创建过程如下。

(1) 新建一个 Web 站点 Ex6_5。

(2) 在 Default.aspx 中的<Title>标记中输入如下内容：

```
<title>使用 DataReader 对象访问 SQL Server 数据库示例</title>
```

在<div>标记中添加如下内容：

```
<div>
    请输入客户 ID：<asp:TextBox ID="TextBox1" runat="server"></asp:TextBox> 
    <asp:Button ID="Button1" runat="server" Text="查询" onclick="Button1_Click" /> <br />
        要执行的命令是：<asp:Label ID="Label1" runat="server" Text=""></asp:Label>   <br />
    <asp:Label ID="Label2" runat="server" Text=""></asp:Label> <br />
    <asp:Label ID="Label3" runat="server" Text=""></asp:Label> <br />
</div>
```

(3) 在【解决方案资源管理器】中双击 Default.aspx.cs，在文档窗口中打开其内容。在其中添加如下内容：

```
…//之前的名称空间是 VWD 2008 自动导入的
//添加引用数据库访问名称空间
using System.Data;
using System.Data.SqlClient;
```

"添加"按钮的默认事件处理程序如下：

```
protected void Button1_Click(object sender, EventArgs e)
    {
        //声明一个 SqlConnection 对象
        SqlConnection dataConnection = new SqlConnection();
        try
        {
            //设置 SqlConnection 对象的 ConnectionString 属性
            dataConnection.ConnectionString = "Integrated Security=true;" +
                                    "Initial Catalog=Northwind;" +
                                    "Data Source=.\\SQLExpress";
            dataConnection.Open();//打开连接
            //查询 Orders 表
            string customerId = TextBox1.Text;
            SqlCommand dataCommand = new SqlCommand();
```

```
dataCommand.Connection = dataConnection;
dataCommand.CommandText =
    "SELECT OrderID, OrderDate, " +
    "ShippedDate, ShipName, ShipAddress, ShipCity, " +
    "ShipCountry ";
dataCommand.CommandText +=
    "FROM Orders WHERE CustomerID='" +customerId + "'";
Label1.Text = dataCommand.CommandText;
//执行 SQL 查询命令
SqlDataReader dataReader = dataCommand.ExecuteReader();
//获取数据并显示订单
while (dataReader.Read())
{
    int orderId = dataReader.GetInt32(0);
    if (dataReader.IsDBNull(2))
    {
        Label2.Text = "Order " + orderId + "not yet shipped" + "<br/>";
    }
    else
    {
        DateTime orderDate = dataReader.GetDateTime(1);
        DateTime shipDate = dataReader.GetDateTime(2);
        string shipName = dataReader.GetString(3);
        string shipAddress = dataReader.GetString(4);
        string shipCity = dataReader.GetString(5);
        string shipCountry = dataReader.GetString(6);
        Label2.Text = "Order " + orderId.ToString() + "<br />";
        Label2.Text = Label2.Text +" Placed "+orderDate.ToLongDateString()+"<br />";
        Label2.Text = Label2.Text + " Shipped " + shipDate + "<br/>";
        Label2.Text = Label2.Text + " To Address " + shipName + "<br/>";
        Label2.Text = Label2.Text + shipAddress + "<br />";
        Label2.Text = Label2.Text + shipCity + "<br />";
        Label2.Text = Label2.Text + shipCountry + "<br />";
    }
}
dataReader.Close();//关闭 SqlDataReader 对象
}
catch (Exception ex)
{
    Label3.Text = "Error accessing the database " + ex.Message;
```

```
        }
        finally
        {
            dataConnection.Close();//关闭连接
        }
    }
```

(4) 切换到 Default.aspx Web 窗体，选择菜单【调试】|【开始执行(不调试)】命令或按 Ctrl+F5
键，在浏览器中执行程序。执行结果如图 6-27 和 6-28 所示。

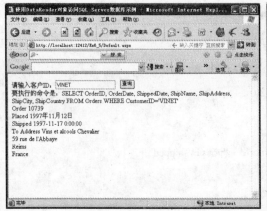

图 6-27　【例 6-5】执行结果 1

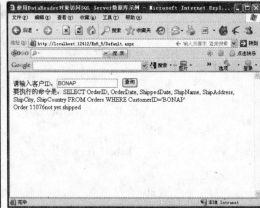

图 6-28　【例 6-5】执行结果 2

⑥.3.4　修改数据库

修改数据库可以使用 DataSet 来完成，也可以使用编程的方法去完成。

1. 使用 DataSet 修改数据库

使用 DataSet 对数据库的修改操作可以用相同的模式完成。

- 用数据库中要使用的数据填充数据集 DataSet。
- 修改存储在 DataSet 中的数据，如更新、插入和删除记录。
- 完成了所有的修改操作后，把 DataSet 中所作的修改更新到数据库中。

2. 结构化查询语言

　　SQL(Structured Query Language，结构化查询语言)是操作所有关系型数据库的标准语言。
其常用主要命令如下。

- 读取表格内容：SELECT * FROM tableName
- 向表格插入一条记录：INSERT INTO table1 VALUES(字段值 1，字段值 2，…)
- 查询满足特定条件的记录：SELECT * FROM tableName WHERE 条件表达式

◎ 从表格删除记录：DELETE FROM tableName WHERE 条件表达式

◎ 修改记录：UPDATE tableName SET 字段名=字段值 WHERE 条件表达式

3. 增加记录

增加数据记录可以通过 DataSet 控件实现，首先创建一个新行，使用 NewRow 方法或 Add 方法将新数据行添加到数据表的 DataRow 集合中，调用 DataAdapter 的 Update 方法实现数据库的更新，并调用 DataSet 的 AcceptChanges 接受更改。如：

```
DataTable mytable=dataSet11.Tables["txb "];
object[] o={2,"李信","67691567","13523644158","450008",};
mytable.Rows.Add(o);
oleDbDataAdapter1.Update(dataSet11);
dataSet11.AcceptChanges();
```

4. 删除记录

删除表中的元素可以从 DataTable 对象中删除 DataRow 对象，使用 Delete 方法。如：

```
DataTable mytable=dataSet11.Tables["txb"];
mytable.Rows[1].Delete();
oleDbDataAdapter1.Update(dataSet11);
dataSet11.AcceptChanges();
```

5. 更新记录

应用程序中的数据更新应及时反映在数据库的操作上，如通过 dataSet 修改了相应的数据，则要把该修改表现在数据库中，因为 dataSet 和 DataAdapter 相互传送数据，则对数据的更改通过 DataAdapter 的 Update()方法实现。

6.4 上机练习

使用 ADO.NET 创建 Web 应用程序。

【例 6-6】熟悉 ADO.NET 数据库访问技术，掌握 Command 和 DataAdapter 对象操作数据库数据的方法。

(1) 新建一个 Web 站点 Ex6_6。

(2) 使用 SQL Server 2005/2008 命令行方式的命令 sqlcmd 创建一个名称为 xsdb.dbo 的数据库。如图 6-29 所示。

(3) 使用 Windows 资源管理器查看 SQL Server 2005/2008 目录，会发现在其子文件夹 DATA 中增加了 2 个文件：xsdb.mdf 和 xsdb_log.LDF。如图 6-30 所示。.mdf 文件是实际的数据库，包含了实际的表和记录，而.ldf 文件用于跟踪对数据库作的改变。

图 6-29　创建数据库 xsdb.dbo　　　　　图 6-30　xsdb 数据库文件的位置

（4）在创建完新的站点后，确保账户有足够的写入其 App_Data 文件夹的权限。由于 Visual Web Developer 和内置 Web 服务器是用于登录 Windows 的账户下运行的，所以要确保该账户有正确的权限。

（5）把 SQL Server 2005/2008 子文件夹 DATA 中的 2 个文件：xsdb.mdf 和 xsdb_log.LDF。复制到所建站点的 App_Data 文件夹中。刷新【解决方案资源管理器】窗口，在网站的 App_Data 文件夹中可以看到这两个文件。

（6）切换到【数据库资源管理器】窗口。右击【数据连接】，在弹出的快捷菜单中选择【添加连接】命令，弹出【添加连接】对话框，如图 6-31 所示。在【服务器名】文本框中输入"hnyjj\sqlexpress"；确认【登录到服务器】选择的是【使用 Windows 身份验证】；【连接到一个数据库】选择的是【附加一个数据库文件】，单击【浏览】按钮，找到 xsdb.mdf 添加之；单击【测试连接】按钮，确认数据库连接成功；最后单击【确定】按钮，完成添加连接数据库 xsdb。如图 6-32 所示。

图 6-31　【添加连接】对话框　　　　　　图 6-32　建立 xsdb 数据连接

（7）下面建立一张学生表，并且添加一些模拟的学生记录。其关系模式如下：

Student(stuID，name，sex，birth，address，photo)。

使用 VWD 2008 的内置数据库工具创建一个 SQL Server 2005 数据库表非常容易。在图 6-32 中，右击数据库 xsdb 中的表文件夹，在弹出的快捷菜单中选择【添加新表】命令，打开【表设计器】窗口。如图 6-33 所示。

(8) 在打开的对话框中，可输入构成表定义的列名和数据类型。结果如图 6-33 所示。

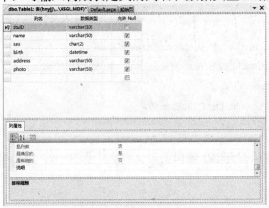

图 6-33　创建表的结构

(9) 接着，单击 stuId 单元格左侧的空白(在图 6-33 中用黑色箭头标识)选取整行，然后在表设计器工具栏上，单击左侧第 2 个按钮(其上有一个绿色钥匙图标)，将 Id 列作为主键。表设计器工具栏如图 6-34 所示。

(10) 单击【工具栏】中的保存按钮，在弹出的【选择名称】对话框中所输入表的名称，单击【确定】按钮。如图 6-35 所示。之后，可以看到【数据库资源管理器】窗口中 xsdb.mdf 下已经有了表 Student。

图 6-34　表设计器工具栏

图 6-35　【选择名称】对话框

(11) 在图 6-32 中，右击数据库表 Student，在弹出的快捷菜单中选择【显示表数据】命令，打开【查询】窗口。如图 6-36 所示。在其中输入表记录。

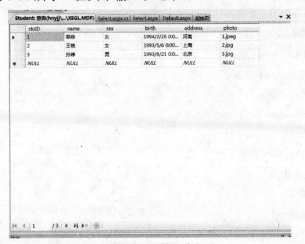

图 6-36　输入表记录

(12) 在 web.config 配置文件中，修改<connectionStrings>标记如下：

```
<connectionStrings>
    <add name="ConnectionString" connectionString="Data
Source=.\SQLEXPRESS;AttachDbFilename=|DataDirectory|\xsdb.mdf;Integrate
d Security=True;User Instance=False"
        providerName="System.Data.SqlClient"/>
    </connectionStrings>
```

(13) 在【解决方案资源管理器】窗口的根文件夹中添加一个 Web 页 select.aspx。在其<div>标记中添加如下代码：

```
<asp:Label ID="Label1" runat="server"></asp:Label>
```

(14) 在【解决方案资源管理器】窗口中双击 select.aspx.cs，在打开的文档窗口中添加如下代码：

```
…
//添加以下名称空间
using System.Configuration;
using System.Data;
using System.Data.SqlClient;
public partial class Select : System.Web.UI.Page
{
    protected void Page_Load(object sender, EventArgs e)
    {
        string sqlconnstr =
ConfigurationManager.ConnectionStrings["ConnectionString"].ConnectionString;
        SqlConnection sqlconn = new SqlConnection(sqlconnstr);
        //建立 DataSet 对象
        DataSet ds = new DataSet();
        //建立 DataTable 对象
        DataTable dtable;
        //建立 DataRowCollection 对象
        DataRowCollection coldrow;
        //建立 DataRow 对象
        DataRow drow;
        //打开连接
        sqlconn.Open();
        //建立 DataAdapter 对象
        SqlDataAdapter sqld = new SqlDataAdapter("select * from Student", sqlconn);
        //用 Fill 方法返回的数据，填充 DataSet，数据表取名为"tabstudent"
```

```
sqld.Fill(ds, "Student");
//将数据表 tabstudent 的数据复制到 DataTable 对象
dtable = ds.Tables["Student"];
//用 DataRowCollection 对象获取这个数据表的所有数据行
coldrow = dtable.Rows;
//逐行遍历，取出各行的数据
for (int inti = 0; inti < coldrow.Count; inti++)
{
    drow = coldrow[inti];
    Label1.Text += " 编号： " + drow[0]+"   ";
    Label1.Text += " 姓名： " + drow[1] + "   ";
    Label1.Text += " 性别： " + drow[2] + "   ";
    Label1.Text += " 出生日期： " + drow[3] + "   ";
    Label1.Text += " 家庭地址： " + drow[4] + "<br />";
}
sqlconn.Close();
sqlconn = null;
}
}
```

(15) 切换到 Select.aspx Web 窗体，选择菜单【调试】|【开始执行(不调试)】命令或按 Ctrl+F5 键，在浏览器中执行程序。执行结果如图 6-37 所示。

(16) 在【解决方案资源管理器】窗口的根文件夹中添加一个 Web 页 Delete.aspx。在其<div>标记中添加如下代码：

```
<div>
    <br />
    编号：<asp:TextBox ID="TextBox1" runat="server"></asp:TextBox>
    <asp:Button ID="Button1" runat="server" OnClick="Button1_Click" Text="删除" /><br /> <br />
    <asp:Label ID="Label1" runat="server" Text="Label"></asp:Label>
</div>
```

图 6-37　Select.aspx Web 窗体执行结果

(17) 在【解决方案资源管理器】窗口中双击 Delete.aspx.cs，在打开的文档窗口中添加如下代码：

```
…
//添加以下名称空间
using System.Configuration;
using System.Data;
using System.Data.SqlClient;
…
protected void Button1_Click(object sender, EventArgs e)
{
        int intDeleteCount;
        string sqlconnstr =
ConfigurationManager.ConnectionStrings["ConnectionString"].ConnectionString;
        SqlConnection sqlconn = new SqlConnection(sqlconnstr);
        //建立 Command 对象
        SqlCommand sqlcommand = new SqlCommand();
        //Command 对象的属性赋值
        sqlcommand.Connection = sqlconn;
        sqlcommand.CommandText = "delete from Student where stuID=@ID";
        sqlcommand.Parameters.AddWithValue("@ID", TextBox1.Text);
        try
        {
            sqlconn.Open();
            intDeleteCount = sqlcommand.ExecuteNonQuery();
            if (intDeleteCount > 0)
                Label1.Text = "成功删除记录";
            else
                Label1.Text = "该记录不存在";
        }
        catch (Exception ex)
        {
            Label1.Text = "错误原因：" + ex.Message;
        }
        finally
        {
            sqlcommand = null;
            sqlconn.Close();
            sqlconn = null;
        }
}
```

(18) 切换到 Delete.aspx Web 窗体，选择菜单【调试】|【开始执行(不调试)】命令或按 Ctrl+F5 键，在浏览器中执行程序。执行结果如图 6-38 所示。

图 6-38　输入表记录

(19) 在【解决方案资源管理器】窗口的根文件夹中添加一个 Web 页 Insert.aspx。在其中的 <title>标记下方添加如下代码：

```
<style type="text/css">
    .style1
    {
        width: 320px; height: 240px
    }
    .style2
    {
        width: 100px; text-align: right
    }
</style>
```

(20) 切换到 Insert.aspx 的【设计】视图。选择菜单【表】|【插入表】命令，在弹出的对话框中改变表的行数为 7 行 2 列。界面设计如图 6-39 所示。选择表格的最后一行，执行菜单【表】|【修改】|【合并单元格】命令。在属性窗口中选择其 Style 属性，在弹出的对话框中设置其局部样式如图 6-40 所示。在这一行添加一个 Button 控件，修改其 Text 属性为【提交】。

图 6-39　Insert.aspx Web 窗体执行结果

图 6-40　修改单元格局部样式

其中<div>标记中添加的代码如下：

```
<div>
    <table class="style1">
    <tr>
        <td align="right" class="style2">
            学生编号：</td>
        <td>
            <asp:TextBox ID="TextBox1" runat="server"></asp:TextBox>
        </td>
    </tr>
    <tr>
        <td class="style2">
            姓名：</td>
        <td>
            <asp:TextBox ID="TextBox2" runat="server"></asp:TextBox>
        </td>
    </tr>
    <tr>
        <td class="style2">
            性别：</td>
        <td>
            <asp:DropDownList ID="DropDownList1" runat="server">
                <asp:ListItem Selected="True">男</asp:ListItem>
                <asp:ListItem>女</asp:ListItem>
            </asp:DropDownList>
        </td>
    </tr>
    <tr>
        <td class="style2">
            出生日期：</td>
        <td>
            <asp:TextBox ID="TextBox3" runat="server"></asp:TextBox>
        </td>
    </tr>
    <tr>
        <td class="style2">
            家庭住址：</td>
        <td>
            <asp:TextBox ID="TextBox4" runat="server"></asp:TextBox>
        </td>
```

```
            </tr>
            <tr>
                <td class="style2">
                    照片：</td>
                <td>
                    <asp:FileUpload ID="FileUpload1" runat="server" />
                </td>
            </tr>
            <tr>
                <td colspan="2" style="text-align: center" >
                    <asp:Button ID="Button1" runat="server" Text="提交"
onclick="Button1_Click" />
                </td>
            </tr>
        </table>
        <asp:Label ID="Label1" runat="server" Text="Label"></asp:Label>
    </div>
```

(21) 在【解决方案资源管理器】窗口中双击 Insert.aspx.cs，在打开的文档窗口中添加如下
代码：

```
…
//添加以下名称空间
using System.Configuration;
using System.Data;
using System.Data.SqlClient;
…
protected void Button1_Click(object sender, EventArgs e)
    {
        string sqlconnstr =
ConfigurationManager.ConnectionStrings["ConnectionString"].ConnectionString;
        SqlConnection sqlconn = new SqlConnection(sqlconnstr);
        SqlCommand sqlcommand = new SqlCommand(); //建立 Command 对象
        sqlcommand.Connection = sqlconn;
        //把 SQL 语句赋给 Command 对象
        sqlcommand.CommandText = "insert into
Student(stuID,NAME,SEX,birth,address,Photo) values
(@ID,@NAME,@SEX,@BIRTH,@ADDRESS,@photo)";
        sqlcommand.Parameters.AddWithValue("@ID", TextBox1.Text);
        sqlcommand.Parameters.AddWithValue("@NAME", TextBox2.Text);
        sqlcommand.Parameters.AddWithValue("@SEX", DropDownList1.Text);
```

計算機 基础与实训教材系列

```
sqlcommand.Parameters.AddWithValue("@BIRTH", TextBox3.Text);
sqlcommand.Parameters.AddWithValue("@ADDRESS", TextBox4.Text);
sqlcommand.Parameters.AddWithValue("@photo", FileUpload1.FileName);
try
{
    sqlconn.Open();
    sqlcommand.ExecuteNonQuery();
    //把学生的照片上传到网站的"images"文件夹中
    if (FileUpload1.HasFile == true)
    {
        FileUpload1.SaveAs(Server.MapPath(("~/images/") +
FileUpload1.FileName));
    }
    Label1.Text = "成功增加记录";
}
catch (Exception ex)
{
    Label1.Text = "错误原因： " + ex.Message;
}
finally
{
    sqlcommand = null;
    sqlconn.Close();
    sqlconn = null;
}
}
```

(22) 切换到 insert.aspx Web 窗体，选择菜单【调试】|【开始执行(不调试)】命令或按 Ctrl+F5
键，在浏览器中执行程序。执行结果如图 6-39 所示。

(23) 在【解决方案资源管理器】窗口的根文件夹中添加一个 Web 页 Update.aspx。界面设
计同 Insert.aspx。

(24) 在【解决方案资源管理器】窗口中双击 Update.aspx.cs，在打开的文档窗口中添加如
下代码：

```
…
//添加以下名称空间
using System.Configuration;
using System.Data;
using System.Data.SqlClient;
….
```

```
protected void Button1_Click(object sender, EventArgs e)
{
    string sqlconnstr =
ConfigurationManager.ConnectionStrings["ConnectionString"].ConnectionString;
    SqlConnection sqlconn = new SqlConnection(sqlconnstr);
    SqlCommand sqlcommand = new SqlCommand();//建立 Command 对象
    sqlcommand.Connection = sqlconn;
    //把 SQL 语句赋给 Command 对象
    sqlcommand.CommandText = "update Student set name=@NAME,sex=@SEX,
birth=@AGE,address=@Dateofwork,photo=@photo where stuID=@ID";
    sqlcommand.Parameters.AddWithValue("@ID", TextBox1.Text);
    sqlcommand.Parameters.AddWithValue("@NAME", TextBox2.Text);
    sqlcommand.Parameters.AddWithValue("@SEX", DropDownList1.Text);
    sqlcommand.Parameters.AddWithValue("@AGE", TextBox3.Text);
    sqlcommand.Parameters.AddWithValue("@ADDRESS", TextBox4.Text);
    sqlcommand.Parameters.AddWithValue("@photo", FileUpload1.FileName);
    try
    {
        sqlconn.Open();
        sqlcommand.ExecuteNonQuery();
        Label1.Text = "成功修改记录";
    }
    catch (Exception ex)
    {
        Label1.Text = "错误原因：" + ex.Message;
    }
    finally
    {
        sqlcommand = null;
        sqlconn.Close();
        sqlconn = null;
    }
}
```

（25）切换到 Update.aspx Web 窗体，选择菜单【调试】|【开始执行(不调试)】命令或按 Ctrl+F5 键，在浏览器中执行程序。执行结果如图 6-41 所示。

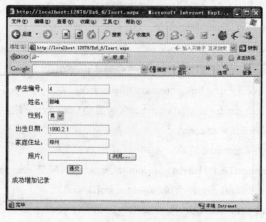

图 6-41　Update.aspx Web 窗体的执行结果

6.5　习题

1. 简述 ADO.NET 访问数据库的基本步骤。

2. 创建 xsgl.dbo 数据库，并在其中建立 student 表、Course 表和 major 表，在每个表中输入一些模拟记录，最后创建表关系图。

页面切换与网站导航技术

学习目标

本章主要介绍了页面切换技术、网站导航技术的使用。通过本章学习，熟悉页面切换、数据传递和导航的基本知识，掌握页面间的切换方法、页面间数据传递的方法和网站的导航方法。

本章重点

- 页面切换技术的使用
- 页面间数据传递的方法
- 网站导航技术的使用

7.1 页面切换技术

设计一个网站时，用一个网页完成所有功能是不可能的，通常会按照不同的功能将其划分成各自独立的模块进行处理，所以一个网站通常是由很多网页组成的。这样就需要在不同的网页间进行切换，还可能用到网页间的数据传递或数据共享。

在 ASP.NET Web 应用程序中，有多种页面切换的方法，常用的有以下几种。

- 利用超链接切换到其他页面，例如使用<a>标记或者 HyperLink 控件直接链接到其他页面。
- 利用 Button、ImageButton 和 LinkButton 控件的 PostBackUrl 属性切换到其他页面。
- 使用 Response.Redirect 方法或 Server.Transfer 方法切换到其他页面。

7.1.1 使用超链接实现页面切换

从一个页面切换到另一个页面最简单的方法就是使用超链接。使用超链接的方法有两种：一种是使用 XHTML 的<a>标记链接到其他页面；另一种是使用 HyperLink Web Server 控件链接到其他页面。

1. 使用 XHTML 的<a>标记链接到其他页面

让用户从一个页面转移到另一个页面最常见的方式是使用<a>元素。这个元素有一个 herf 属性，允许定义要链接到的页面或其他资源的地址。可以在标记之间放置要链接的内容，如文本、图像或者其他 HTML。下面的代码片段显示了<a>元素的一个简单示例：

```
<a href="Login.aspx">进入 Login 页面</a>
```

在 Web 页面中使用了这段代码后，用户只要单击文本【进入 Login 页面】，就会被带到页面 Login.aspx，这个页面应当与包含这一链接的页面在同一个文件夹中。

2. 使用 HyperLink Web Server 控件链接到其他页面

与<a>元素对应的服务器端控件为 HyperLink，可以用<asp:HyperLink>在标记中创建。它最终会以<a>元素出现在页面中。这个控件的 NavigateUrl 属性直接映射为<a>元素的 herf 属性。例如，下面的服务器端 HyperLink：

```
<asp:HyperLink ID="HyperLink1" runat="server"
        NavigateUrl="~/Management/Default.aspx">进入默认的管理页面</asp:HyperLink>
```

这里的 href 属性或 NavigateUrl 属性的值是 URL。URL 分为绝对 URL 与相对 URL。

⑦.1.2 绝对 URL 与相对 URL

URL(Uniform Resource Locator)称为统一资源定位符，是用来表示 Web 站点内外资源的地址的一种形式。URL 用来唯一地标识你的或另一个 Web 站点中的资源。使用 URL 的地方包括：超链接的 href 属性；指向外部 CSS 文件的<link>元素；SRC 属性指向一个图像或者一个 JavaScript 资源文件和 CSS 特性的 url()值。URL 可以表达为相对 URL 或者绝对 URL。两种方法各有优缺点。

1. 相对 URL

相对 URL 也就是相对于当前 aspx 或 html 文件的 URL。Web 网站的文件夹结构如图 7-1 所示。

图 7-1 Web 网站的文件夹结构

要将根文件夹中的 Login.aspx 页面链接到 Management 文件夹中，可以使用这个 URL：

<a href="Management/Default.aspx">进入默认的管理页面</a>

它指向 Management 文件夹中的 Default.aspx，而它本身位于根文件夹中，紧邻 Login.aspx 页面。

要从 Management 文件夹中的 Default 页面中返回 Login.aspx 页面，可以使用下面的 URL：

<a href="../Login.aspx">进入 Login 页面</a>

开头的两个句点将一个文件夹导航到根文件夹。

对于较深的文件夹层次结构，可以用多个双句点。

相对 URL 的一个好处是，可以将一组文件夹移到同级的另一个目录，而不会中断它们的内部链接。然而，同时它们也使得将文件移到站点层次结构中不同级别变得更困难。例如，如果将页面 Login.aspx 移到一个单独的文件夹中，如 Members，那么对 Management 文件夹的链接就会中断。新的 Members 文件夹就没有 Management 这一子文件夹，因此 Management/Default.aspx 就不再是有效链接。

要克服这个问题，可以使用基于根文件夹的相对 URL。

◉ 基于根文件夹的相对 URL

基于根文件夹的相对 URL 总是以表示站点根文件夹的正斜杠开头。如果仍以对 Management 文件夹的链接为例，它的基于根文件夹的版本就会有如下表示：

<a href="/Management/Default.aspx">进入默认的管理页面</a>

注意 Management 文件夹前面的打头正斜杠。它总是指向根文件夹的 Management 文件夹中的文件 Default.aspx。用了这个链接，将 Login.aspx 页面移到子文件夹就不会中断它；它仍然会指向同一个文件。

◉ 服务器端控件中的相对 URL

使用了 ASP.NET Server Control，可以采用另一种引用 Web 站点中资源的办法：可以用符号(~)指向站点的当前根文件夹。用~语法表示站点的根文件夹通常是引用资源(如图像)的最可靠的方式。

要了解~符号解决了什么问题，需要知道 VWD 2008 创建新站点并将它们与内置 Web 服务器建立关系的方式。当创建一个新的 Web 站点时，VWD 2008 默认会在内置 Web 服务器下的独立应用程序文件夹中创建一个站点。因此，假设创建了一个新站点，并按 Ctrl+F5 键来打开浏览器中的默认页面，最后就得到类似这样的地址 http://localhost:1360/ WebSite1/Default.aspx。通常，当将站点放在远程服务器上时，就不会有这个应用程序文件夹。取而代之的是，用户会浏览到一个绝对 URL，如 http://www. webdomain.com，并预期能看到这个站点。阻止 VWD2008 创建这样的独立文件夹的方法是重新设置 Web 站点的虚拟路径：首先在【解决方案资源管理器】中选择 Web 站点根文件夹，然后在【属性】窗口中将 Web 站点的【虚拟路径】设置为正斜杠(/)。

如果想使用不带~语法的 URL 引用文件，可以通过上面的方法设置 Web 站点的虚拟路径特性来完成。

2. 绝对 URL

与从文档或者站点根文件夹的角度引用资源的相对 URL 相反，也可以使用根据完整路径引用资源的绝对 URL。因此，它不是直接引用图像并可选地指定一个文件夹，而是包括了域和协议信息的完整名称(http://前缀)。类似于如下格式：

```
<img src="http:// www.webdomain.com/images/header/wrox_logo.gif" />
```

如果要引用自己的 Web 站点之外的资源，就必须用绝对 URL。用这样的 URL 时，http:// 前缀很重要。如果省略了它，浏览器会在 Web 站点内寻找名为 www. webdomain.com 的文件夹。

绝对 URL 没有歧义，它们总是引用固定位置的资源。但并不是在任何地方用绝对 URL 都是理想的。额外的协议与域信息会增加浏览器中页面的大小，使页面的下载不必要地变慢。更重要的是，它增加了修改域名或者在不同的 Web 站点中重用某些功能的难度。例如，如果以前在 www.mydomain.com 上运行了站点，但是现在转移到了 www.someotherdomain，就需要更新整个 Web 站点中的所有绝对 URL。

总之，谨慎使用绝对 URL。当创建引用 Web 站点之外的资源时总是需要它们，不过在可能的情况下应首先选择自己的项目中的相对 URL。

【例 7-1】虚拟路径特性的研究。

(1) 新建一个 Web 站点 Ex7_1。

(2) 注意到 VWD 2008 提供了末尾为 Ex7_1 的路径。

(3) 向站点的根文件夹中添加一个图像，并命名为 Pictrue.jpg。

(4) 在 Default.aspx 中，切换到【设计】视图，向其中添加 3 个 ASP.NET Image 控件，选择第一个 Image 控件，在其【属性】窗口中找到 ImageUrl 属性，单击其右边的【浏览】按钮，弹出【选择图像】窗口，如图 7-2 所示，选中 pictrue.jpg 文件，单击【确定】按钮。用同样的方法设置另外 2 个 Image 控件 ImageUrl 属性。然后切换到【源】视图中窗口，修改前 2 个 Image 控件 ImageUrl 属性如下所示(用 3 种不同的方式表达图像的地址)：

```
<asp:Image ID="Image1" runat="server" ImageUrl="pictrue.jpg" /> <br />
<asp:Image ID="Image2" runat="server" ImageUrl="/pictrue.jpg" /> <br />
<asp:Image ID="Image3" runat="server" ImageUrl="~/pictrue.jpg" /> <br />
```

(5) 按 Ctrl+F5 键在浏览器中打开页面。注意浏览器地址栏的地址类似这样 http://localhost:1723/Ex7_1/Default.aspx。读者的端口号和应用程序名可能与这里略有不同，但是重要的是注意 Web 站点位于名为 localhost 的 Web 服务器下的 Ex7_1 文件夹中。还可以发现显示的第二个图像被中断了。这是因为开头的斜杠引用了 Web 服务器的根文件夹，因此在 http://localhost:1723/ Pictrue.jpg 这个不存在的位置寻找不到图像，因为图像位于 Ex7_1 子文件夹中。

在浏览器中打开页面的源代码，看一下 3 个<img>元素：

```
<img id="Image1" src="pictrue.jpg" style="border-width:0px;" /> <br />
```

```
<img id="Image2" src="/pictrue.jpg" style="border-width:0px;" /> <br />
<img id="Image3" src="pictrue.jpg" style="border-width:0px;" /> <br />
```

前两个 URL 与添加到 ASPX 页面的 URL 相同。然而第三个 URL 已经被改为引用该图像的页面所在的文档中的图像。

(6) 在【解决方案资源管理器】中单击该 Web 项目的根文件夹，然后【属性】窗口将其【虚拟路径】的属性值由/ Ex7_1 改为/，如图7-3 所示。

图 7-2 【选择图像】窗口　　　　　图 7-3 Web 项目的虚拟路径

(7) 再次按 Ctrl+F5 键在浏览器中重新打开 Default.aspx。地址栏现在会显示类似这样的地址 http://localhost:1723/Default.aspx。从中可以看出，页面 Default.aspx 现在位于服务器的根文件夹中。因此，3 个图像现在都会正确地显示。

(8) 返回 VWD 2008 中，在【解决方案资源管理器】窗口中创建一个名为 Test 的文件夹。从站点的根文件夹中将 Default.aspx 拖到这个新文件夹中，然后在浏览器中请求页面。这次第一个图像会被打断。如果打开 HTML 源代码，将看到这样的代码：

```
<img id="Image1" src="pictrue.jpg" style="border-width:0px;" /> <br />
<img id="Image2" src="/pictrue.jpg" style="border-width:0px;" /> <br />
<img id="Image3" src="../pictrue.jpg" style="border-width:0px;" /> <br />
```

第一个<img>元素试图找到一个相对于当前文档的图像。由于当前文档位于 Test 文件夹中，而图像位于站点的根文件夹中，因而导致了被中断的图像。另外两个 src 属性指向站点根文件夹中的正确图像。

【例 7-1】演示了用~语法表示站点的根文件夹通常是引用资源(如图像)的最可靠的方式。在【例 7-1】中看到的 3 种情况下，只有第 3 个图像每次都会正确显示。当一个<asp:Image>这样的控件需要一个路径时，它会发现当前应用程序根文件是什么，并相应地调整路径。

3. 默认文档

每个 Web 服务器都有所谓的默认文档，即当没有提供显式的文档名时浏览器可以请求的一个文档。因此，当浏览 http://www.domainname.com 时，Web 服务器会扫描请求的目录并处理它找到的默认文档列表中的第一个文件。在大多数 ASP.NET 的情况下，Web 服务器被配置为使用 Default.aspx 作为默认文档。因此，当浏览 ASP.NET Web 服务器上的 http://www.domainname.

com 时，实际上打开了页面 http://www.domainname.com/Default.aspx。

⑦.1.3 使用按钮属性实现页面切换

在 Web Server 控件 Button、LinkButton 和 ImageButton 中，有一个 PostBackUrl 属性，可以利用该属性切换到其他页面，这种切换方式称为跨页发送。

【例 7-2】演示如何利用 Button、LinkButton 和 ImageButton 控件的 PostBackUrl 属性链接到其他页面。

(1) 新建一个 Web 站点 Ex7_2。

(2) 在【解决方案资源管理器】中，添加 3 个 Web 窗体页 Page1~Page3；分别在页面中输入一些想要显示的内容。

(3) 在 Default.aspx 中，切换到【设计】视图，向其中添加一个 Button 控件、一个 LinkButton 控件和一个 ImageButton 控件；在【属性】窗口中按表 7-1 所示，修改它们相应的属性。

表 7-1　Ex7_2 中各控件的属性设置

控　件	属　性	说　明
Button1	Text	单击转到 Page1.aspx
	PostBackUrl	~/Page1.aspx
LinkButton1	Text	单击转到 Page2.aspx
	PostBackUrl	~/Page2.aspx
ImageButton1	ImageUrl	~/pictrue.jpg
	PostBackUrl	~/Page3.aspx
	AlternateText	单击转到 Page3.aspx

(4) 按 Ctrl+F5 键，在浏览器中打开页面。单击按钮看运行情况。

⑦.1.4 使用 ASP.NET 内建对象实现页面切换

利用 Response 对象的 Redirect 方法与利用 Server 对象的 Transfer 方法也可以实现页面的切换，但在使用时，要注意两者的区别。

利用 Response 对象的 Redirect 方法与利用 Server 对象的 Transfer 方法的一些区别如下。

◉ Response.Redirect 方法不限于当前应用程序，也不限于.aspx 网页，利用它可以重定向到任何页面；Server.Transfer 方法则不同，该方法只能切换到同一个应用程序的.aspx 网页。

◉ 对 Response.Redirect 方法来说，切换到另一个页面之后，浏览器的地址栏将显示新页面的 URL，对于传递不希望用户看到的字符串信息，这种方法就不适合了。

Server.Transfer 方法则可以传递不希望用户看到的字符串信息，当用户切换到新的页面后，浏览器的地址栏仍然显示原来的地址。

7.2　页面间的数据传递的方法

对于多步骤的 Web 窗体来说，需要从前一步骤传递内容至下一个步骤，ASP.NET 3.5 可以使用多种方法在网页间传递 Web 窗体内容。

7.2.1　使用 Request 对象

ASP 网页间数据传递除了使用窗体外，还可以使用 Request 对象来传递数据。当页面中的表单以 POST 方法提交数据时，可以用 Request.Form 集合获取提交的数据。当用户以 FileName.aspx?ParamName=ParamValue 形式传递数据，或表单以 GET 方法提交数据，可以使用 Request.QueryString 集合获取数据。使用 QueryString 集合对象获取传递值，其优点是简单，但问题是浏览程序网址栏会显示传递值。

下面举例说明使用 Request 对象实现页面间的数据传递的方法。

【例 7-3】演示如何直接在页面名称后附带参数传递数据。下面将建立包含两个步骤的 Web 窗体，在输入用户名称和密码后，单击【提交】按钮在第 2 页 ASP.NET 程序中显示用户数据。

(1) 新建一个 Web 站点 Ex7_3。

(2) 在【解决方案资源管理器】中，添加一个 Web 窗体页 Second.aspx。

(3) 在 Default.aspx 中，切换到【设计】视图，向其中添加 2 个 Label 控件并设置其 Text 属性值；添加 2 个 TextBox 控件；添加一个 Button 控件并设置其 Text 属性值。如图 7-4 所示。

(4) 双击 Button 控件，在 Default.aspx.cs 源程序窗体中添加如下代码：

```
protected void Button1_Click(object sender, EventArgs e)
{
    string url=string.Format("Second.aspx?username={0}&password={1}",
        Server.UrlEncode(TextBox1.Text),
Server.UrlDecode(TextBox2.Text));
    Response.Redirect(url);
    //Server.Transfer(url);
}
```

 提示

把 Response.Redirect(url);换成 Server.Transfer(url);时看地址栏的显示有何区别？

(5) 在 Second.aspx 中，切换到【设计】视图，向其中添加 2 个 Label 控件。在【解决方案资源管理器】双击 Second.aspx.cs，在源程序窗体中添加如下代码：

```
protected void Page_Load(object sender, EventArgs e)
{
        Label1.Text = "用户名称： " +
Server.UrlDecode(Request.QueryString["username"]);
        Label2.Text = "用户密码： " +
Server.UrlDecode(Request.QueryString["password"]);
}
```

（6）切换到 Default.aspx 中，按 Ctrl+F5 键在浏览器中打开页面，可以看到运行结果如图 7-4 所示。在输入用户名称和密码后，单击【提交】按钮，可以显示窗体输入的用户数据，运行结果如图 7-5 所示。

7.2.2 利用 Session 对象传递数据

Session 变量是用户的专用数据，虽然每位用户的 Session 变量名称相同，但是值可能不同。而且只有该位用户才能存取自己的 Session 变量。Web 窗体也可以使用 Session 变量来传递 Web 窗体内容。

【例 7-4】演示如何利用 Session 对象传递数据

（1）复制 Web 站点 Ex7_3，修改其名称为 Ex7_4。

（2）在 VWD 2008 中打开 Ex7_4。

（3）在【解决方案资源管理器】双击 Default.aspx.cs，在源程序窗体中修改 Button1_Click 事件处理程序代码如下：

```
protected void Button1_Click(object sender, EventArgs e)
{
    Session["username"] = TextBox1.Text;
    Session["password"] = TextBox2.Text;
    Server.Transfer("Second.aspx");
}
```

（4）在【解决方案资源管理器】双击 Second.aspx.cs，在源程序窗体中修改 Page_Load 事件处理程序代码如下：

```
protected void Page_Load(object sender, EventArgs e)
{
    if (Session["username"] != null)
    {
        Label1.Text = "用户名称： " + Session["username"].ToString();
```

```
        }
        if (Session["password"] != null)
        {
                Label2.Text = "用户密码：" + Session["password"].ToString();
        }
        Session.Remove("username");
        Session.Remove("password");
    }
```

(5) 切换到 Default.aspx 中，按 Ctrl+F5 键，在浏览器中打开页面，可以看到运行结果如图 7-4 所示。在输入用户名称和密码后，单击【提交】按钮，可以显示窗体输入的用户数据，运行结果如图 7-5 所示。

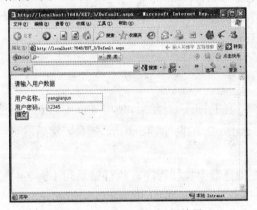

图 7-4　Default.aspx 运行结果

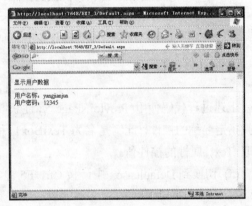

图 7-5　Second.aspx 运行结果

⑦.2.3　利用 PreviousPage 属性获取数据

ASP.NET 3.5 可以使用 PreviusPage 对象执行跨 ASP.NET 程序的 Web 窗体回发。

【例 7-5】演示如何利用 PreviousPage 属性获取源页面的控件值。

(1) 复制 Web 站点 Ex7_4，修改其名称为 Ex7_5。

(2) 在 VWD 2008 中打开 Ex7_5。

(3) 在【解决方案资源管理器】双击 Default.aspx.cs，在源程序窗体中修改 Button1_Click 事件处理程序代码如下：

```
    protected void Button1_Click(object sender, EventArgs e)
    {
        Server.Transfer("Second.aspx");
    }
```

也可以设置 Button 控件使用 PostBackUrl 属性为 Second.aspx 得到同样的目的。

(4) 在【解决方案资源管理器】双击 Second.aspx.cs，在源程序窗体中修改 Page_Load 事件处理程序代码如下：

```
protected void Page_Load(object sender, EventArgs e)
{
    if (PreviousPage != null)
    {
        TextBox textbox1 = (TextBox)PreviousPage.FindControl("TextBox1");
        TextBox textbox2 = (TextBox)PreviousPage.FindControl("TextBox2");
        Label1.Text = "用户名称：" + textbox1.Text;
        Label2.Text = "用户密码：" + textbox2.Text;
    }
}
```

上述过程代码使用 PreviousPage 属性获取前一页的 Page 对象后，使用 FindControl()方法寻找指定名称的控件，此例是名为 TextBox1 和 TextBox2 的两个 TextBox 控件，然后就可以获取 Text 属性的控件值。

(5) 切换到 Default.aspx 中，按 Ctrl+F5 键，在浏览器中执行程序，执行结果同【例 7-4】。

7.3 网站导航技术

为了使登录网站的用户顺利地访问到目的网页，还需为网站添加网站导航。用网站导航作为向导，用户可以随时查看到自己所处的位置，各网页之间的关系，为用户进一步地浏览网页提供参考。

7.3.1 导航控件的体系结构

当站点包含的页面比较多时，有一个稳固而清晰的导航结构就很重要，这样才能让用户顺畅地浏览站点中的页面。使用良好的导航系统，项目中所有松散耦合的 Web 页面就会形成一个完整而连贯的 Web 站点。

网站导航主要提供了如下功能。

- 使用站点地图描述网站的逻辑结构。添加或移除页面时，开发人员可以简单地通过修改站点地图来管理页面导航。
- 提供导航控件，在页面上显示导航菜单。导航菜单以站点地图为基础。

⊙ 可以以代码方式使用 ASP.NET 网站导航，以创建自定义导航控件或修改在导航菜单中显示的信息的位置。

ASP.NET 3.5 的站点地图功能，默认使用 XML 文件定义网站地图，并且提供站点地图控件 Menu、TreeView 和 SiteMapPath，可以显示菜单、树状菜单和网站路径等站点地图功能。下面就来介绍这些控件的使用。

(7).3.2　利用站点地图和 SiteMapPath 控件实现网站导航

默认情况下，应将站点地图文件命名为 Web.sitemap。这样控件就可以自动找到正确的文件。对于更高级的情况，可以有多个不同名称的站点地图，在向系统提供这些附加文件的 web.config 中有一个配置设置。在大多数情况下，一个站点地图文件就够了。站点地图文件的框架结构如下所示：

```xml
<?xml version="1.0" encoding="utf-8" ?>
<siteMap xmlns="http://schemas.microsoft.com/AspNet/SiteMap-File-1.0" >
    <siteMapNode url="" title=""  description="">
        <siteMapNode url="" title=""  description="" />
        <siteMapNode url="" title=""  description="" />
    </siteMapNode>
</siteMap>
```

上述代码的根节点是 siteMap，其下使用 siteMapNode 节点建立层次结构，每个 siteMapNode 可以有多个子节点，可以用来创建一个既有广度又有深度的站点结构。注意站点地图仅包含一个根节点。每个 siteMapNode 元素有 3 个属性集：url、title 和 description。其含义如表 7-2 所示。

表 7-2　siteMapNode 标记的属性及说明

属　　性	属　性　描　述
Title	显示页面的名称
url	选项连接的 URL 网址，此网址在网站地图中是唯一的
description	作为出现在浏览器中的元素的工具提示，可有可无

url 属性应指向 Web 站点中的有效页面。可以用~语法来引用基于应用程序根文件夹的 URL。虽然 ASP.NET 运行库不允许指定同一个 URL 超过一次，但是可以通过添加一个查询字符串使 URL 唯一来绕过这一问题。例如，~/Login.aspx 和~/Login.aspx?type=Admin 会被看作两个不同的页面。

为了能够使用 Web.sitemap 文件，ASP.NET 利用了 SiteMapDataSource 控件，它在 Toolbox 的 Data 类别下面。当使用 SiteMapPath 控件显示网站路径图时，ASP.NET 会找到 Web.sitemap 文件本身。使用 Menu、TreeView 导航控件时，需要显式地指定一个 SiteMapDataSource 作为

Web.sitemap 文件的中间层。

要创建一个有用的 Web.sitemap 文件，需要向站点中添加一个文件，然后手工向它添加必需的 siteMapNode 元素。目前，Visual Web Developer 2008 没有自动基于当前站点的结构创建站点地图文件的方式。

SiteMapPath 网站路径控件可以显示目前执行 ASP.NET 程序文件所在的网站路径。例如，首页 > 网页设计 > ASP .NET 3.5。SiteMapPath 控件有 50 个公有属性，可以通过【属性】窗口来设置这些属性。SiteMapPath 控件的常用属性如表 7-3 所示。

表 7-3　SiteMapPath 控件的常用属性

属　　性	属　性　描　述
PathSeparatorStyle	路径分隔字符串的样式
NodeStyle	路径节点的样式
CurrentNodeStyle	目前路径节点的样式
ParentLevelsDisplayed	父路径显示几层的节点
RenderCurrentNodeAsLink	目前节点是否成为超级链接，默认值 False 为不是，True 为是
SiteMapProvider	使用的网站地图提供者
PathDirection	支持两个值：RootToCurrent 和 CurrentToRoot。第一个设置显示左边的根元素、正中的中间级，以及路径右边的当前页面。CurrentToRoot 设置则完全相反，当前页面显示在面包屑路径左边
PathSeparator	定义路径的不同元素之间要显示的符号或文本。默认是大于号(>)，不过可以将它改为别的符号，如竖线(|)
RenderCurrentNodeAsLink	确定将路径的最后一个元素(当前页面)呈现为文本链接还是纯文本。默认为 False，这通常没有问题，因为已经在元素代表的页面上，所以并不真正需要链接
ShowToolTips	确定当用户将鼠标悬停在路径中的元素上时是否显示工具提示(从 Web.sitemap 文件中的 siteMapNode 元素的描述属性中检索)

计算机 基础与实训教材系列

【例 7-6】演示在 VWD 2008 中创建站点地图的方法，然后利用 SiteMapPath 控件实现自动导航。

(1) 新建一个 Web 站点 Ex7_6。

(2) 执行【文件】|【新建文件】命令，打开【新建文件】对话框。选择【站点地图】，选择默认文件名，单击【添加】按钮即可创建一个网站地图文件 web.sitemap。创建的 web.sitemap 文件的内容如下：

```
<?xml version="1.0" encoding="utf-8" ?>
<siteMap xmlns="http://schemas.microsoft.com/AspNet/SiteMap-File-1.0" >
    <siteMapNode url="~/Default.aspx" title="主页"  description="默认文档">
        <siteMapNode url="~/Computer.aspx" title="计算机类"  description="
```

单击此链接转到子计算机类图书页面">

        `<siteMapNode url="~/Hard.aspx" title="硬件类"　description="单击`

此链接转到子硬件类图书页面" />

        `<siteMapNode url="~/Soft.aspx" title="编程类"　description="单击`

此链接转到子编程类图书页面" />

    `</siteMapNode>`

    `<siteMapNode url="~/Wenxue.aspx" title="文学类"　description="单击此`

链接转到文学类图书页面">

    `</siteMapNode>`

  `</siteMapNode>`

`</siteMap>`

(3) 在【解决方案资源管理器】中，分别添加 Web 窗体页 Computer.aspx 、Hard.aspx、Soft.aspx、Wenxue.aspx。并分别在它们的【源】视图中添加一个 SiteMapPath 控件。注意观察设计窗口的变化。

(4) 在 Hard.aspx 中，切换到【源】视图，修改 SiteMapPath 控件的属性如下所示：

```
<asp:SiteMapPath ID="SiteMapPath1" runat="server"
    PathSeparator="/"
    PathSeparatorStyle-Font-Size="10pt"
    NodeStyle-Font-Size="10pt"
    NodeStyle-ForeColor="maroon"
    CurrentNodeStyle-Font-Underline="False"
    CurrentNodeStyle-ForeColor="red">
</asp:SiteMapPath>
```

提示

注意观察设计窗口的变化。对于网站地图不包含的程序文件，就不会显示其网站路径。

(5) 切换到 Default.aspx 中，按 Ctrl+F5 键，在浏览器中执行程序，查看执行结果。

⑦.3.3 利用 Menu 控件实现自定义导航

Menu 菜单控件可以建立水平或垂直方向的菜单。<asp:Menu>控件非常容易使用与调整。可以使用 MenuItem 控件来建立静态菜单，或是从 SiteMapDataSource 数据源控件建立动态菜单。Menu 菜单控件有 80 个公有属性(包括所有控件都拥有的共同属性)。Menu 控件的常用属性如表 7-4 所示。

表 7-4　Menu 控件的常用属性

属　　性	属 性 描 述
CssClass	允许设置一个应用到整个控件的 CSS 类属性
StaticDisplayLevels	显示几层静态菜单，超过就成为动态菜单
Orientation	菜单方向是默认垂直 Vertical，或水平 Horizontal
StaticMenuStyle	静态菜单的样式
StaticHoverStyle	当鼠标移至静态菜单的选项上时，显示的样式
StaticMenuItemStyle	静态菜单的选项样式
DynamicMenuStyle	动态菜单的样式
DynamicMenuItemStyle	动态菜单的选项样式
DynamicHoverStyle	当鼠标移至动态菜单的选项上时，显示的样式
MaximumDynamicDisplayLevels	确定控件能显示的子菜单项的级数。有助于非常大的站点地图限制发送给浏览器的项数

Menu 控件包含几个以 Static 或 Dynamic 开头的特性。Static 特性用来控制加载页面时出现的主菜单项。因为把鼠标悬停在它们上面时它们不会改变或隐藏，所以认为它们是静态的。子菜单是动态的，因为只有当激活相关主菜单项时它们才会出现。

1. 静态菜单

Menu 控件可以使用 MenuItem 控件定义菜单数据来建立静态菜单。下面举例说明在 VWD2008 中创建静态菜单的方法。

【例 7-7】利用 Menu 控件在网页中添加一个菜单，实现自定义导航功能。

(1) 新建一个 Web 站点 Ex7_7。

(2) 在【解决方案资源管理器】中，添加 Web 窗体页 Program.aspx、Csharp.aspx、JAVA.aspx、VB.aspx。

(3) 在 Default.aspx 中，切换到【设计】视图，向其中添加一个 Menu 控件。并设置其 Orientation 属性为 Horizontal。

(4) 在 Default.aspx 中选择 Menu1 控件，在【属性】窗体中找到 Items 选项，单击其右边的【…】按钮打开【菜单项编辑器】对话框，在其中菜单项并设置其相应属性。如图 7-6 所示。

图 7-6　【菜单项编辑器】对话框

（5）菜单项设置完毕，单击【确定】按钮。这时在【源】窗口中可以看到 VWD 2008 自动生成如下代码：

```
<asp:Menu ID="Menu1" runat="server" Font-Italic="False" ForeColor="Fuchsia"
            Orientation="Horizontal" StaticDisplayLevels="1">
  <Items>
    <asp:MenuItem NavigateUrl="~/Default.aspx" Text="首页" Value="首页"></asp:MenuItem>
    <asp:MenuItem NavigateUrl="~/Program.aspx" Text="程序设计语言" Value="程序设计语言"/>
    <asp:MenuItem NavigateUrl="~/Csharp.aspx" Text="Visual C#" Value="Visual C#" />
    <asp:MenuItem NavigateUrl="~/VB.aspx" Text="VB.NET" Value="VB.NET"> </asp:MenuItem>
    <asp:MenuItem NavigateUrl="~/JAVA.aspx" Text="JAVA" Value="JAVA"></asp:MenuItem>
    <asp:MenuItem Text="新闻" Value="新闻"></asp:MenuItem>
  </Items>
</asp:Menu>
```

上述 MenuItem 控件标记是定义在 <Items> 区段，可以定义菜单的选项，Text 属性是菜单项名称，或是使用 ImageUrl 属性指定菜单项图片，NavigateUrl 属性是菜单连接的 URL 网址。

（6）切换到 Default.aspx 中，按 Ctrl+F5 键，在浏览器中执行程序，查看执行结果。

2. 从 SiteMapDataSource 控件获取菜单数据

Menu 控件的菜单数据源如果是 SiteMapDataSource 数据源控件，在 ASP.NET 程序中需要创建此控件，如下所示：

```
<asp:SiteMapDataSource Id="sitemap" Runat="server"/>
```

上述标记建立名为 sitemap 的 SiteMapDataSource 数据源控件，在 Menu 控件中是使用 DataSourceID 属性来指定数据源，如下所示。

```
<asp:Menu id="Menu1" Runat="Server"
    StaticDisplayLevels="2" DataSourceID="sitemap"
    StaticMenuItemStyle-VerticalPadding="3"
    …
    DynamicHoverStyle-ForeColor="black"/>
```

【例 7-8】演示从 SiteMapDataSource 控件获取菜单数据方法。

（1）复制 Web 站点 Ex7_6，修改其名称为 Ex7_8。

（2）在 VWD 2008 中打开 Ex7_8。

（3）在【解决方案资源管理器】双击 Default.aspx，从【工具箱】的【导航】类别中，拖动一个 Menu 控件放到 DIV 标记之间。生成的代码如下所示：

```
<asp:Menu ID="Menu1" runat="server"> </asp:Menu>
```

(4) 切换到【设计】视图。单击 Menu 控件的智能标记(灰色右箭头)打开【Menu 任务】快捷菜单。在【选择数据源】下拉列表中选择【<新建数据源>】。在出现的【数据源配置向导】对话框中单击【站点地图】图标。如图 7-7 所示。

(5) 单击【确定】按钮关闭对话框。

(6) 当返回页面时，Menu 控件现在显示了顶级元素【主页】(如图 7-8 所示)。这时，可以看到 VWD 2008 在【源】视图窗口中自动添加了 SiteMapDataSource 控件，同时给 Menu 控件添加了 DataSourceID="SiteMapDataSource1"的属性值。生成的代码如下所示：

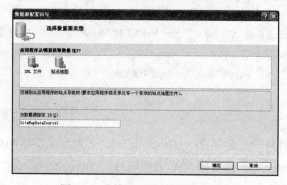

图 7-7 【数据源配置向导】对话框

图 7-8 添加了 SiteMapDataSource 控件后显示的结果

```
<asp:Menu ID="Menu1" runat="server" DataSourceID="SiteMapDataSource1">
        </asp:Menu>
 <asp:SiteMapDataSource ID="SiteMapDataSource1" runat="server" />
```

(7) 再单击一次 SiteMapDataSource，然后按 F4 键打开或激活【属性】窗口。将 ShowStartingNote 属性的值由 True 改为 False。注意，一旦这样做后，设计器中的 Menu 控件就会更新，并显示根元素下的所有直接子菜单。

(8) 再次单击 Menu 控件，然后用【属性】窗口对控件的属性作下列修改，如表 7-5 所示。

表 7-5 Menu 控件属性的设置

特 性	值
StaticEnableDefaultPopOutImage	False
Orientation	Horizontal
ItemSpacing(需要展开的 StaticMenuItemStyle 的子特性)	10px

(9) 按 Ctrl+F5 键，在浏览器中打开页面。当把鼠标放在【计算机类】主菜单时，会自动显示其下拉菜单，选择【硬件】命令，执行结果如图 7-9 所示。

图 7-9　【例 7-8】执行结果

⑦.3.4　利用 TreeView 控件实现导航

TreeView 控件能够建立可展开且垂直显示的树状结构。TreeView 树视图控件并不局限于 Web.sitemap 文件，也可以将它绑定到常规 XML 文件，甚至通过程序来创建一个 TreeView。TreeView 控件的常用属性如表 7-6 所示。

表 7-6　TreeViewMenu 控件的常用属性

属　　性	属 性 描 述
CssClass	允许设置应用到整个控件的 CSS 类属性
CollapseImageUrl	隐藏树状结构的图片
ExpandImageUrl	展开树状结构的图片
ImageSet	隐藏与展开树状结构使用的图片集，常用值有 Arrows、Contacts、Events、Inbox、Faq 和 News 等 16 种
ExpandDepth	显示几层树状结构
ShowLines	是否显示连接父节点与子节点的连接线，True 为显示，False 为隐藏
RootNodeStyle	根节点的样式
HoverNodeStyle	当鼠标移至该节点时显示的样式
SelectedNodeStyle	选取节点的样式
ParentNodeStyle	父节点的样式
LeafNodeStype	最后一个子节点的样式

【例 7-9】利用 TreeView 控件构建一个导航系统，当单击"节点"时，导航到对应的网页。

(1) 复制 Web 站点 Ex7_7，修改其名称为 Ex7_9。

(2) 在 VWD 2008 中打开 Ex7_9。

计算机 基础与实训教材系列

（3）在【解决方案资源管理器】双击 Default.aspx，插入一个 DIV 标记，从【工具箱】的【导航】类别中，拖动一个 TreeView 控件放到 DIV 标记之间。生成的代码如下所示：

```
<asp:TreeView ID="TreeView1" runat="server"> </asp:TreeView>
```

（4）切换到【设计】视图。单击 TreeView 控件的智能标记(灰色右箭头)打开【TreeView 任务】快捷菜单。在【选择数据源】下拉列表中选择 SiteMapDataSource1。如图 7-10 所示。这是为 Menu 控件创建的数据源控件。一旦选择了数据源，【设计】视图中的 TreeView 控件就会被更新；它现在会显示站点地图文件中的正确菜单项。

（5）打开 TreeView 控件中的 Properties 面板，并将 ShowExpandCollapse 属性设置为 False。这将隐藏要展开和折叠的图像。

（6）保存所有修改并在浏览器中打开 Default.aspx。执行结果如图 7-11 所示。

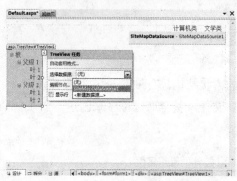

图 7-10　为 TreeView 控件选择数据源　　　　图 7-11　【例 7-9】执行结果

7.4　上机练习

MultiView 控件可以建立多视图页面，以便快速切换显示网页的不同部分。Wizard 控件可以在网页中建立多步骤的向导页面。

MultiView 控件可以有多个 View 控件，在每一个 View 控件中显示部分网页内容。ActiveViewIndex 属性是默认显示的 View 控件索引，其值是从 0 开始。

【例 7-10】演示 MultiView 控件使用。

（1）新建一个 Web 站点 Ex7_10。

（2）在 Default.aspx 中，切换到【设计】视图，向其中添加一个 Button 控件。设置它们的 Text 属性分别为【显示视图 1】、【显示视图 2】和【显示视图 3】。

（3）在 Default.aspx 中，切换到【设计】视图，向其中添加一个 MultiView 控件。切换到【源】视图，向 MultiView 标记中添加 3 个 View 控件。VWD 2008 自动生成如下代码：

```
<div>
    <asp:MultiView ID="MultiView1" runat="server">
```

```
<asp:View ID="View1" runat="server">
</asp:View>
<asp:View ID="View2" runat="server">
</asp:View>
<asp:View ID="View3" runat="server">
</asp:View>
</asp:MultiView>
```

`</div>`

(4) 选择 MultiView 控件，在【属性】窗口中修改其 ActiveViewIndex 属性值为 0。

(5) 双击 Button 1 控件，在其默认事件处理程序中添加如下代码：

```
protected void Button1_Click1(object sender, EventArgs e)
{
    MultiView1.SetActiveView(View1);
}
```

同样的方法添加其余 Button 控件的代码如下：

```
protected void Button2_Click1(object sender, EventArgs e)
{
    MultiView1.SetActiveView(View2);
}
protected void Button3_Click(object sender, EventArgs e)
{
    MultiView1.SetActiveView(View3);
}
```

(6) 保存所有修改并在浏览器中打开 Default.aspx。执行结果如图 7-12 所示。

图 7-12　【例 7-10】执行结果

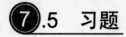

7.5 习题

1. 有哪些方法可以通过程序将用户重定向到另一个页面？两种方法的区别何在？

2. Menu 控件提供了大量样式属性，可以用来修改菜单中的项目。如果要影响主菜单项和子菜单项在屏幕上的显示方式，需要修改哪些属性呢？

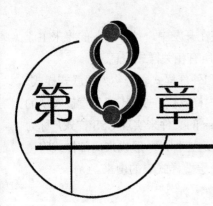

第 8 章

页面布局

学习目标

本章主要介绍了 CSS 样式控制、页面布局、母版页、创建和使用主题。通过本章学习，熟练掌握 CSS 和 Div 布局的方法；熟练掌握创建母版页和内容页的方法；熟练掌握主题创建和使用的方法。

本章重点

- ⊙ CSS 的概念和使用
- ⊙ 页面布局的方法
- ⊙ 母版页和内容页
- ⊙ 创建和使用主题

8.1 CSS 样式控制

CSS(Cascading Style Sheets，中文译为层叠样式表)是用于控制(增强)网页样式并允许将样式信息与网页内容分离的一种标记性语言，现在已经为大多数的浏览器所支持。它在字体、样式、风格等方面的突出表现使其迅速在网页制作中流行起来，成为网页设计必不可少的工具之一。利用 CSS 样式，不仅可以控制一个网页文档中的文本格式，而且通过引用外部样式表的方式还可以控制多个网页文档中的文本格式。

8.1.1 CSS 简介

CSS 是一种容易学习的语言。CSS 标准是由提出 HTML 标准的同一个组织 W3C(World Wide Web Consortium)提出的，它出现过 3 个版本：1.0、2.1 和 3.0。在这 3 个版本中，2.1 版是现在人们最普遍接受的，它包含了版本 1.0 中的一切内容，但是在其基础上又增加了大量功能。

这个版本也是 VWD 默认使用和生成的版本。版本 3.0 目前正在开发中，预计不久的将来主流浏览器就会大力支持它。样式表中含有应当应用到页面元素的所有相关样式信息。

应用样式表有 3 种方法：局部、内部和外部。内部样式表和外部样式表合称为级联式样式。直接将样式控制放在单个 HTML 元素内，称为局部样式或行内样式；在 head 部分直接实现的 CSS 样式，称为内部样式；在 head 部分通过导入以扩展名为.css 的文件来实现 CSS 样式，称为外部样式。在这些方法中，可以只使用一种，也可以同时使用这三种，一般说来局部样式将覆盖任何内部样式，内部样式将覆盖外部样式，实际上，这就是层叠样式表的由来。

1. CSS 的基本结构格式

局部样式使用 style 样式化一个简单页面，格式如下：

```
<body style="text-align:center">
    <form id="form1" runat="server">
        <div style="text-align:center; width:400px; border:   2px solid #FF00FF;
font-style: italic; font-weight: bold; font-size: medium;">
            <h1 style="font-size:x-large; color:red ">欢迎光临天狼国际软件公司</h1>
            <h2 style="font-size:large; color:blue ">这是一个采用局部样式化的标题</h2>
        </div>
    </form>
</body>
```

 提示

> 局部样式表声明是在某个元素的开始标记内。

对于内部样式表和外部样式表来说，样式表的声明分为选择符和块{ }，块{ }里包含属性和属性值。

⊙ CSS 的基本格式

选择符 {属性 1:属性值 1; 属性 2:属性值 2; …; 属性 n:属性值 n }

⊙ 并列选择符的 CSS 格式

选择符 1, 选择符 2,…, 选择符 m{属性 1:属性值 1; 属性 2 …; 属性 n:属性值 n}

如果有多个不同的元素定义的样式相同，则可以使用并列选择符简化定义。例如：

h1,h2,h3{ color:blue}

⊙ 上下文关联选择符的 CSS 格式

上下文关联选择符是一个用空格隔开的两个或更多的单一标记选择符组成的字符串，格式为：

选择符 1 选择符 2 {属性 1:属性值 1; 属性 2:属性值 2; …; 属性 n:属性值 n }

2. 选择符

选择符用来在页面内选择或指向一个特定元素。有若干不同的选择符可用，通过它们可以对想样式化的元素进行很细化的控制。下面将介绍 4 种最重要的选择符类型。

⊙ Type 选择符

Type 选择符允许指向一个特定的 HTML 元素。有了 Type 选择符，那种类型的所有 HTML 元素就会被相应地样式化。例如：

```
h1
    {
              font-size: 20px;color: Red;
    }
```

这个 Type 选择符现在应用到代码中的所有\<h1\>标记，并把它们标为红色。Type 选择符是不区分大小写的，因此既可以用 h1 也可以用 H1 来表示同样的标题。

⊙ CLASS 选择符

CLASS 选择符(即【类】选择符)的定义方法是以一个圆点号(.)开头，紧接着是 CLASS(即"类")的名称，再把标准的属性和值定义写在大括号中。通用类定义样式的基本格式如下：

```
.class_name {属性:属性值 1; 属性 2:属性值 2; …; 属性 n:属性值 n }
```

CLASS 选择符的定义如下：

```
.RightAligned
    {
        text-align: right; font-weight: bold;
    }
```

CLASS 选择符的使用如下：

```
<p class="RightAligned">CSS 使用非常少的代码，就可以改变网页的显示效果</p>
```

⊙ ID 选择符

ID 选择符的定义方法及用法与 CLASS 选择符差不多，只不过它是以#号开头而不是以圆点号(.)开头。

ID 选择符的定义方法是以一个#开头，紧接着是 ID 的名称，再把标准的属性和值定义写在大括号中。其定义的基本格式如下：

```
#id_name {属性:属性值 1; 属性 2:属性值 2; …; 属性 n:属性值 n }
```

在 HTML 或 ASPX 页面内，可以用 id 属性给每个元素赋予一个独一无二的 ID。使用 ID 选择符，就能修改那个元素的行为，例如：

```
# ItalicText
    {
```

```
font-style: italic;
}
```

由于可以在站点的多个页面上重用此 ID(仅须在一个页面内独一无二)，因此可以用这个规则来快速地修改使用了多次的元素的外观，如下面的 HTML 代码：

```
<p id=" ItalicText">使用 ID 选择符修改这个段的字体为斜体</p>
```

在这个示例中，# ItalicText 选择符修改该段的字体，但其他段落保持不变。

◉ Universal 选择符

Universal 选择符由星号(*)表示，它适用于页面中的所有元素。Universal 选择符可以用来进行一些全局设置，如字体。下面的规则将页面中的所有元素的字体改为 Arial：

```
*
{
font-family: Arial;
}
```

3. 伪类和伪元素

伪类是 CSS 中非常特殊的类，能自动地被支持 CSS 的浏览器所识别。伪类可以指定 XHTML 中的 A 元素以不同的方式显示连接(links)、已访问连接(visited links)和可激活连接(active links)。

伪类或伪元素定义的格式的基本形式如下>。

选择符:伪类{属性:属性值}

选择符:伪元素{属性:属性值}

 提示

> 伪类和伪元素前一定要有冒号(:)。伪类和伪元素不用应用 HTML 的 class 属性指定。一般的类可以和伪类和伪元素一起使用，例如，选择符.伪类:伪类{属性:属性值}。

常见的伪类或伪元素如下：

◉ 锚伪类(Anchor pseudo-classes)，如 a:link 或 a:visited 或 a:active 等。

◉ "首行"伪元素，如 p:fistr-line{color:red}。

◉ "首字"伪元素，如 p:fist-letter{font-size:200%; float:left}。

⑧.1.2　CSS 属性简介

属性元素是要用样式表修改的部分。CSS 规范定义了一个长属性列表(VWD 的 IntelliSense 列表显示了 100 多项)，但在大多数 Web 站点中不会用到所有项目。常见的 CSS 属性如表 8-1 所示。不过没有必要全部记住这些属性，VWD 2008 会用它的许多 CSS 工具帮助找到恰当的属性。

表 8-1 常见的 CSS 属性

CSS 属性	描 述	应 用 示 例
background-color background-image	指定元素的背景色或图像	background-color: White;background-image: url(Image.jpg);
border	指定元素的边框	Border: 3px solid black;
color	修改字体颜色	Color: Green;
display	修改元素的显示方式，允许隐藏或显示它们	Display: none; 它使元素被隐藏，不占用任何屏幕空间
float	允许用左浮动或右浮动将元素浮动在页面上	float: left; 该设定使跟着一个浮动的其他内容被放在元素的右上角。
font-family font-size font-style font-weight	修改页面上使用的字体外观	font-family: Arial; font-size: 18px; font-style: italic; font-weight: bold;
height width	设置页面中元素的高度或宽度	Height: 100px; Width: 200px;
margin padding	设置元素内部(填料)或外部(边空)的自由空间数量	Padding: 0; margin:20px;
visibility	控制页面中的元素是否可见。不可见的元素仍然会占用屏幕空间；只是看不到它们而已	visibility: hidden; 这会使元素不可见。

1. 字体属性

字体属性应用举例：

 天高云淡

在中文 VWD2008 中通过【修改样式】|【字体】对话框，可以设置【字体】的属性值，如图 8-1 所示。

2. 文本属性

文本属性应用举例：

天高云淡

在中文 VWD2008 中，可以通过【修改样式】|【块】对话框设置【文本】的属性值，如图 8-2 所示。

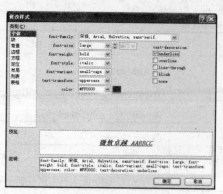

图 8-1　【字体】属性设置对话框　　　　　图 8-2　【块】属性设置对话框

3. 颜色和背景属性

在 CSS 属性中，通常 color 特指前景的颜色。而 background 可以是背景颜色或者是背景图案。

- **color 格式**

color: <颜色名> | <颜色值> | rgb(r 百分比,g 百分比,b 百分比)

- **background-color 格式**

background-color: <颜色名>　|　<颜色值> | transparent

transparent 初始值，背景颜色是透明的。

- **background-image 格式**

background-image: <image-URL>　|　none

应用举例：

天高云淡

在中文 VWD 2008 中，可以通过【修改样式】|【背景】对话框设置【背景】的属性值，如图 8-3 所示。

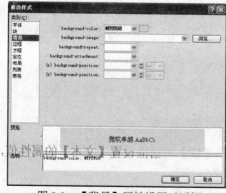

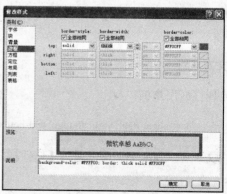

图 8-3　【背景】属性设置对话框　　　　图 8-4　【边框】属性设置对话框

4. 边界边距大小属性

边界属性应用举例:

```
<div style="border: thick solid #FF00FF" >天高云淡</div>
```

 提示

> 这里为 border 属性的缩略版本。

CSS 的很多属性允许写一个缩略版本以及一个扩展的版本。例如,可以将 border 属性设置为这样:

```
border: 1px solid Black;
```

这个 border 属性应用到 HTML 元素的 4 条边框。边框大小将为 1px,样式将为 solid(部分其他选项包括 dashed、dotted 和 double),边框颜色将被设置为 Black。

这是一种容易的方式,可以快速地将 HTML 的 4 条边框设置为相同的值。然而,如果希望对各条边框和它们的属性有更多的控制,可以使用扩展版本,如下面所示:

```
border-top-width: 1px;
border-top-style: solid;
border-top-color: Black;
border-right-width: 1px;
border-right-style: solid;
border-right-color: Black;
border-bottom-width: 1px;
border-bottom-style: solid;
border-bottom-color: Black;
border-left-width: 1px;
border-left-style: solid;
border-left-color: Black;
```

这个长版本将使各边应用完全相同的样式:4 条边都是 1 像素宽的黑色实心边框。

支持缩略版本的其他 CSS 属性包括 font、background、list-style、margin 和 padding。如果不确定某个属性是否支持缩略版本,就使用 IntelliSense 弹出列表。当在 CSS 文件或 VWD 中的 <style> 块中输入一个值时,按下空格键,就会弹出这个列表。

在中文 VWD 2008 中通过【修改样式】|【边框】对话框,可以设置【边框】的属性值,如图 8-4 所示。

⑧.1.3 在 VWD 2008 中使用 CSS

在 VWD 2008 使用 CSS 非常方便,既可以利用 VWD 2008 提供的【智能感知】功能,在

【源】视图方式设置各种样式，也可以利用【菜单】或【属性】窗口可视化设置对话框等工具快速完成各种样式的设置。

1. 创建局部样式

在【源】视图下设置局部样式的步骤如下。

(1) 在想要设置格式的 HTML 的某个标记内，输入 style=""。

(2) 定义任意数量的属性("属性:属性值"对)，两个属性之间用分号(;)分隔开。

【例 8-1】演示在【源】视图下设置样式的方法。

(1) 新建一个 Web 站点 Ex8_1。

(2) 在 Default.aspx 源文件的 body 部分输入如下代码：

```
<body style="text-align:center">
    <form id="form1" runat="server">
    <h1>欢迎光临我的网站</h1>
    <div align="right" style="width:400px; border:solid 1px blue" >
        河南郑州中原路 195 号<br />
        河南工业大学<br />
        邮政编码：450007
    </div>
    <br />
    <div style="text-align:left; width:400px; border:    2px solid #FF00FF">
        <h1 style="font-size:x-large; color:red ">欢迎光临天狼国际软件公司</h1>
        <h2 style="font-size:large; color:blue ">这是一个采用局部样式化的标题</h2>
    </div>
    </form>
</body>
```

在【源】视图中设置样式时注意利用 VWD2008 的智能感知功能，如果智能感知窗口没有出现，可以通过按空格键即可弹出。智能感知窗口如图 8-5 所示。

图 8-5　输入代码时的智能感知窗口　　　　图 8-6　【例 8-1】执行结果

(3) 按 Ctrl+F5 键，执行程序。执行结果如图 8-6 所示。

可视化设置局部样式方法非常简单，在【源】或【设计】视图中选中某元素，然后在【属性】窗口中单击其 style 属性，再单击【…】按钮，如图 8-7 和图 8-8 所示。在【修改样式】对话框中即可完成各种样式属性的设置。设置完毕，单击【确定】按钮，相应的代码会自动添加到【源】视图窗口中。

图 8-7　【属性】窗口

图 8-8　【修改样式】对话框

2. 创建内部样式

内部样式是把样式直接定义在 HTML 或 ASPX 页面中。

在【源】视图下创建内部样式的步骤如下。

(1) 在 HTML 文档头部(即 <head> 与 </head> 标记之间)，输入：

```
<style type="text/css">
```

(2) 输入想要定义的属性的选择符(如 h1、p 或其他)。

(3) 输入左花括号{，标志这个选择符的属性开始。

(4) 为这个选择符定义任意数量的属性("属性:属性值" 对)，两个属性之间用分号(;)分隔开。

(5) 输入右花括号}，标志这个选择符的属性结束。

(6) 对想要定义属性的其他选择符重复步骤(2)~步骤(5)。

(7) 输入</style>。

在可视化方式下，创建内部样式可以使用菜单【格式】|【新建样式】命令完成。

【例 8-2】演示在 VWD 2008 中创建内部样式。

(1) 新建一个 Web 站点 Ex8_2。

(2) 在 Default.aspx 源文件的</head>标记前输入如下代码：

```
<head runat="server">
    <title>内部样式示例</title>
<style type="text/css">
 h1
 {
    font-family: 幼圆; font-size:large; font-style:italic;    background-color:Fuchsia
 }
p
 {
    color: Blue; font-style : italic; text-align:center;
 }

 .RightAligned
{
    text-align : right;
}
</style>
</head>
```

(3) 在<div>标记之后输入如下代码：

```
<div>
    <h1>唐诗</h1>
    <p>李商隐</p>
    <p class="RightAligned">
    春蚕到死丝方尽<br />
    蜡炬成灰泪始干<br />
    </p>
</div>
```

如果不直接输入这段代码，也可以在【设计】视图中，使用【格式工具条】来创建像<h>和<p>这样的元素。

> **提示**
>
> 在输入 class="RightAligned"时；可以将光标定位到<p>标记，然后在【属性】窗口中选择 class 属性，单击在其右边的的黑三角，在弹出的下拉列表中选择 RightAligned 即可。

(4) 按 Ctrl+F5 键，执行程序。执行结果如图 8-9 所示。

3．创建外部样式文件

外部样式表文件适用于让站点上的若干网页具有相同的外观。

在 VWD 2008 中的【源】视图下创建外部样式表的步骤如下。

(1) 创建一个新的样式表文件或文本文件(扩展名为.CSS)。

(2) 输入想要定义的属性的选择符(如 H1、p 或其他)。

(3) 输入左花括号{,标志这个选择符的属性开始。

(4) 为这个选择符定义任意数量的属性("属性:属性值"对),两个属性之间用分号(;)分隔开。

(5) 输入右花括号},标志这个选择符的属性结束。

(6) 对想要定义属性的其他各个选择符重复步骤(2)~步骤(5)。

(7) 保存文件。

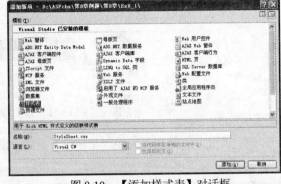

图 8-9 【例 8-2】执行结果   图 8-10 【添加样式表】对话框

外部样式表可以用菜单方式设置样式属性,方法是:在 VWD 2008 中依次单击【样式】|【生成样式】菜单;之后出现【修改样式】对话框。

4. 使用外部样式表

链接引用外部样式表方法如下:在想要使用样式表的每一个 HTML 文档头部(即<head>与</head>标记之间),输入 LINK 元素的标记。

LINK 元素格式如下:

```
<link rel="stylesheet"  type="text/css"  href="filename.css">
```

【例 8-3】演示在 VWD 2008 中创建外部样式。

(1) 新建一个 Web 站点 Ex8_3。

(2) 在【解决方案资源管理器】中,右击网站名,在弹出的快捷菜单中选择【新建文件夹】,修改文件夹的名称为 Styles,然后向该文件夹中添加了一个样式表。选中文件夹 Styles,选择菜单【文件】|【新建文件】命令,随后弹出【添加新项】对话框,如图 8-10 所示。在【模板】选项组中选择【样式表】选项,修改样式表的主文件名或使用默认文件名,然后单击【添加】按钮。这就创建了 StyleSheet.css 文件。

(3) 在 StyleSheet.css 源文件中可以定义各种选择符。如 ID 选择符:

```
#Header
{

}
```

(4) 把鼠标放在花括号之间，然后依次单击【样式】|【生成样式】菜单；之后出现【修改样式】对话框。在左边的【类别】列表中，单击【背景】项目，然后打开背景色的下拉列表。从出现的颜色选择器中，单击【银白色】颜色，如图8-11所示。当然，也可以直接在背景色义本框中输入颜色值，如#C0C0C0。

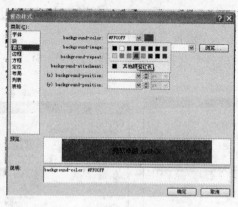

图8-11　【背景】颜色设置对话框

(5) 通过左边的列表切换到【定位】类别。出现的面板用来设置与位置相关的信息，包括高度与宽度。在宽度下面，输入844，一定要选中右边下拉列表中的px(像素)。高度输入86px。单击【确定】按钮关闭对话框，并向代码中插入声明，它现在应该如下所示：

```
#Header
{
        background-color: #FF00FF;
        width: 844px;
        height: 83px;
}
```

(6) 重复步骤(3)~步骤(5)，创建下面的规则：

```
body
{
        text-align :center;
}
*
{
    font-family: 华文隶书;
}

h1
{
font-size: 20px;
```

```
}

#PageWrapper
{
width: 844px;
}

#MenuWrapper
{
width: 844px;
text-align:right;
}

#MainContent
{
width: 644px;
float: left;
}

#Sidebar
{
background-color: Gray;
width: 200px;
float: left;
}

#Footer
{
background-color: #C0C0C0;
width: 844px;
clear: both;
}
```

注意，Header、PageWrapper、MenuWrapper 和 Footer 的准确宽度是 844 像素。这样，站点就可以很好地适合于 1024×768 像素的屏幕宽度；用 CSS 的 float 属性处理 MainContent 区域和 Sidebar 彼此相邻；要结束浮动并让 Footer 元素直接放在 MainContent 和 Sidebar 元素下，可用 clear 属性清除可能有效的任何浮动(左或右)。

(7) 完成规则创建后，保存并关闭文件 StyleSheet.css。

(8) 打开文件 Default.aspx，并切换到【设计】视图。从【解决方案资源管理器】中，把 Styles 文件夹中的 StyleSheet.css 拖到页面上。VWD2008 会在【源】视图中页面的 head 部分自动添加

使用外部样式表文件的代码。如下所示:

<link href="Styles/StyleSheet.css" rel="stylesheet" type="text/css" />

提示

这一步也可以使用菜单【格式】|【附加样式表】命令完成;还可以在【管理样式表】窗口中,单击【附加样式表】命令完成。

(9) 在【源】视图的<form>标记中,添加如下代码:

```
<form id="form1" runat="server">
<div id="PageWrapper">
<div id="Header">这里是标题栏</div>
<div id="MenuWrapper">这里是菜单栏</div>
<div id="MainContent">
  <h1 style="color: #FF00FF" >欢迎来到我的网上书店</h1><br /><br />
    <asp:Button ID="Button1" runat="server" Text="单击进入系统" /><br/><br /><br />
</div>
<div id="Sidebar">Sidebar Goes Here</div>
<div id="Footer">版权所有  2009.12.30</div>
</div>
</form>
<form id="form1" runat="server">
```

这段代码用<div>元素标识页面的重要区域,如标题、菜单和主内容区域。

(10) 按 Ctrl+F5 键,执行程序。从执行结果可以看到外部样式表的作用。

如果在 ASP 网页中同时有内部样式表和外部样式表,一般应在<head>部分的上方应用外部样式文件,后面跟上内部样式表。用这种方式,外部文件可以定义元素的全局外观,然后用内部样式来否决外部设置。

⑧.1.4 在 VWD 2008 中使用 CSS

在 VWD 2008 支持 CSS 的工具有如下。

- ◉ 样式表工具栏,用来快速创建新规则与样式。
- ◉ CSS 属性面板,用来修改属性值。
- ◉ 管理样式窗口,用来组织站点中的样式,将它们从嵌套样式表改为外部样式表,反之亦然;对它们重新排序,将现有样式表链接到一个文档,并创建新的内联、嵌套或外部样式表。
- ◉ 应用样式窗口,用来从站点中选择所有可用样式,并将它们快速应用到页面中的不同元素上。

◉ 生成样式：可以用来可视化地创建声明。

◉ 添加样式规则窗口：帮助构建较复杂的选择符。

利用这些工具可以创建新样式、修改现有样式，以及将样式应用到现有元素上。

1. 在外部样式表中创建新样式

在【例8-3】中，向CSS文件中手工添加了选择符，然后用【生成样式】添加了属性值。然而，也可以用VWD工具来写选择符。下面的举例说明。

【例8-4】对【例8-3】中的外部样式表进行修改，将创建一个影响MainContent区域中所有链接的新样式。

(1) 复制Ex8-3，重命名为Ex8-4,，然后从Styles文件夹中打开文件StyleSheet.css。

(2) 向下滚动文件，把光标放在末尾刚好在#Footer规则下面的位置。

(3) 确保【样式表】工具栏可见，然后单击第一个按钮【添加样式规则】，或者从主菜单中选择【样式】|【添加样式规则】命令。这时将出现如图8-12所示的对话框。用这个对话框，就能可视化地创建一个组合选择符。在该对话框的左边，可以输入Type、Class和ID选择符。选择最后一个选项【元素ID】，然后在它的文本框中输入MainContent。单击屏幕中间带右箭头的按钮，就可以将选择符层次化地添加到样式规则中。

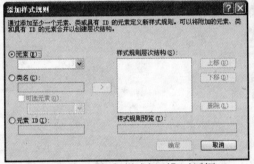

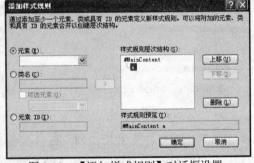

图8-12 【添加样式规则】对话框 　　图8-13 【添加样式规则】对话框设置

(4) 接着，选择对话框上方的【元素】单选按钮，然后从它的下拉列表中选择a(为了链接)并再次单击右箭头按钮。屏幕现在应在【样式规则预览】框中显示选择符的一个预览，如图8-13所示。

(5) 单击【确定】按钮向样式表文件中添加选择符。最后应当看到一个空规则：

```
#MainContent a
{
}
```

(6) 在刚刚插入的规则的花括号之间右击，并选择【生成样式】命令。打开【修改样式】对话框。在【字体】类别中，单击下拉列表框的箭头按钮将颜色属性改为【绿色】。在对话框右边的text-decoration部分，选中underline选项前的复选标记。

(7) 单击【确定】按钮关闭对话框。回到CSS文件中，选择刚刚创建的整个规则(包括#MainContent a和两个花括号)，将其复制到剪贴板中，然后再往原始规则集下方粘贴两次。

(8) 将刚刚从#MainContent a 中粘贴来的第一个选择符重命名为#MainContent a:visited。这个样式用于用户已经访问过的链接。

(9) 右击刚刚创建的新规则，并选择【生成样式】命令。在 Font 类别中，单击下拉列表框的箭头按钮将颜色属性改为红色，然后单击【确定】按钮关闭【修改样式】对话框。

(10) 将文件中的第三个选择符从#MainContent a 改为#MainContent a:hover。当用户将鼠标悬停在它们上面时会应用这个样式。直接修改颜色属性值为 blue。

最后应在 CSS 文件中已存在的样式下面看到以下 3 个规则：

```
#MainContent a
{
    color: #008000;
    text-decoration: underline;
}
#MainContent a:visited
{
    color: #FF0000;
    text-decoration: underline;
}
#MainContent a:hover
{
    color:blue;
    text-decoration: underline;
}
```

(11) 然后，保存并关闭 StyleSheet.css 文件。

(12) 将页面 Default.aspx 切换到【源】视图中，删除<head>部分中<link />元素，然后打开【管理样式】窗口(如果没有打开，选择菜单【视图】|【管理样式】命令，即可将其打开)这时就会出现如图 8-14 所示的窗口。

【管理样式】窗口提供了一个总体视图，可以看到应用到当前文档的所有外部和内部样式表。

(13) 单击【管理样式】窗口中的【添加样式表】链接，定位到根站点中的 Styles 文件夹，然后选择 StyleSheet.css 文件。单击【确定】按钮。在【源】视图的<head>部分中就会自动插入下面的代码：

```
<link href="Styles/StyleSheet.css" rel="stylesheet" type="text/css" />
```

(14) 当附加样式表后，【管理样式】窗口就会自动更新，如图 8-15 所示。

(15) 切换到【设计】视图，在主内容输入文本"单击进入系统"，并选择这个文本。在【格式】工具栏上，单击【转换为超链接】按钮，在出现的对话框中单击【浏览】按钮，并在根站点中选择 Default.aspx。单击【确定】按钮两次，关闭对话框。

(16) 保存对所有打开的文档的修改，然后按 Ctrl+F5 键，在浏览器中请求 Default.aspx。这时应看到出现一个页面，页面上有【单击进入系统】加了下划线的链接。

(17) 把鼠标悬停在【单击进入系统】链接上；可以注意到它变成了蓝色。

(18) 单击【单击进入系统】链接，就会重新加载页面。该链接现在变成红色的了。如果第一次访问时链接已经是红色的，不要担心，这可能是因为在浏览器中以前打开过这个页面，导致浏览器将它标记为已访问过的链接。浏览器会记录访问过的页面，然后把正确的样式应用到新的和访问过的链接。

2. 应用样式窗口

从主菜单中选择【视图】|【应用样式】命令，即可打开应用样式面板，就可以轻松地向页面中的元素应用样式规则。如图 8-16 所示。

图 8-14 【管理样式】窗口 1　图 8-15 【管理样式】窗口 2　图 8-16 【应用样式】窗口

【应用样式】窗口用红、绿和黄色点分别代表 ID 选择符、类选择符和内联样式。页面中当前使用的样式由附加的圆圈着，图 8-16 中的所有选择符就是那样。

使用【清除样式】按钮，就可以快速地从标记中删除现有类和内联样式。

VWD 2008 能保持所有相关窗口同步：【设计】视图、【源】视图和各种 CSS 工具。当从【应用样式】窗口中应用一个类时，VWD 会将请求的类添加到源视图中选中的 HTML 元素中，然后它也会更新【设计】视图窗口。类似地，当从【设计】视图中的嵌套样式里删除一个选择符或声明时，【源】视图和 CSS 工具窗口都会更新。

⑧.2 页面布局

这一节将介绍 ASP.NET Web 页的基本布局方式、页面元素定位、表格布局、DIV 和 CSS 布局等内容。Web 页的基本布局方式是左对齐、居中和满宽度显示。默认情况下，网页内容水平左对齐。

⑧.2.1 页面元素定位

页面元素的定位分为流布局和坐标定位布局两种，其中，坐标定位布局又分为绝对定位和相对定位。

◉ 流布局 static

如果采用该布局，则页面中的元素将按照从左到右、从上到下的顺序显示，各元素之间不能重叠。如果不设置元素的定位方式，则默认是流式布局。

◉ 坐标绝对定位 absolute

在使用坐标绝对定位之前，必须先将 style 元素的 position 属性的值设置为 absolute，然后就可以由 style 元素的 left、top、right、bottom 和 z-index 属性来决定元素在页面中的绝对显示位置。

⑧.2.2 表格布局方式

利用表格可以将网页中的内容合理地放置在相应的区域，每个区域之间互不干扰。

常见表格布局如图 8-17 所示。

图 8-17 表格布局

实现方法：新建一个.aspx 页面，设置 body 元素的 style 属性为"text-align:center"，div 元素的 style 属性为"width: 780px; text-align:center"。

切换到【设计】视图，将鼠标光标停在 div 标记内。选择菜单【表】|【插入表】命令，打开【插入表】对话框，定义表格大小为 4 行 3 列，指定宽度为 100%，边框值为 2，边框颜色为红色。

表格的常用属性如表 8-2 所示。

表 8-2　表格的常用属性

属　性　名	属　性　描　述
Border	表示边框宽度，如果设置为 0，表示无边框，此时默认 frame=void, rules=none;可以设置为大于 0 的值来显示边框，此时默认 frame=border, rules=all
Cellspacing	表示单元格间距(表格和 tr 之间的间隔)
Cellpadding	表示单元格衬距(td 和单元格内容之间的间隔)

(续表)

属 性 名	属 性 描 述
Frames	表示如何显示表格边框，void:无边框(默认)；above:仅有顶部边框；below:仅有底部边框；hsides:仅有顶部和底部边框；vsides:仅有左右边框；lhs:仅有左边框；rhs:仅有右边框；box和border:包含全部四个边框
Rules	表示如何显示表格内的分割线，all:显示所有分隔线；cols:仅显示列线；rows:仅显示行线；groups:仅显示组与组之间的分隔线

8.2.3 DIV 和 CSS 布局

在 XHTML 中，每一个标签都可以称作是容器，能够放置内容。DIV 是 XHTML 中专门用于布局设计的容器对象。以 DIV 对象为核心的页面布局中，通过层来定位，通过 CSS 定义外观，最大程度地实现了结构和外观彻底分离的布局效果。

◎ 定义层

可以从【工具箱】面板中的 HTML 选项卡中托拽一个 Div 项到设计视图中。

一个简单的定义 DIV 的例子如图 8-18 所示。

图 8-18 DIV 定义示例

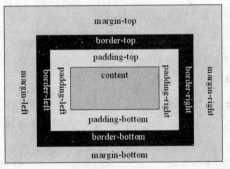

图 8-19 盒子模型

◎ 盒子模型

盒子模型主要定义 4 个区域：内容(content)、边框距(padding)、边界(border)和边距(margin)。如图 8-19 所示。

◎ 层的定位

float 浮动属性是 DIV 和 CSS 布局中的一个非常重要的属性，具体参数如下。

float:none 用于设置是否浮动。

float:left 用于表示对象向左浮动。

float:right 用于表示对象向右浮动。

◎ 利用 DIV 和 CSS 实现页面布局

页面结构包含以下几块：标题区(header)，用来显示网站的标志和站点名称等；导航区(navigation)，用来表示网页的结构关系，如站点导航，通常放置主菜单；主功能区(content)，用来显示网站的主题内容，如商品展示、公司介绍等；页脚(footer)，用来显示网站的版权和有关法律声明等。

通常采用 DIV 元素来将这些结构先定义出来，类似这样：

```
<div id="header"></div>
<div id="navigation"></div>
<div id="content"></div>
<div id="footer"></div>
```

8.3 母版页

对于大部分站点来说，当从一个页面转向另一个页面时，只有页面的一部分会发生变化。有些部分通常不会改变，包括页眉、菜单和页脚等公共区域。为了创建布局一致的 Web 页面，需要用某种方式在单个模板文件中定义这些相对静态的区域。ASP.NET 在 2.0 之前的版本没有模板解决方案，因此不得不在站点的每个页面上重复进行页面布局，或者求助于复杂的编程技巧。母版页(master page)的最大好处是它们可以在一个地方定义站点中所有页面的外观。这意味着如果要修改站点的布局(比如要把菜单从左边移到右边)，只需修改母版页，基于母版页的所有页面就会自动进行相应的修改。

母版页是用于设置页面外观的模板，是一种特殊的 ASP.NET 网页文件，扩展名是.master。引用母版页的.aspx 页面称为内容页。 母版页的优点如下。

- 使用母版页可以集中处理网页的通用功能，以便可以只在一个位置进行更新。
- 使用母版页可以方便地创建一组控件和代码，并将结果应用一组新的页面。
- 通过允许控制占位符控件的呈现方式，母版页可以在细节上控制最终页的布局。
- 母版页提供一个对象模型，使用该对象模型可以从各个内容页自定义母版页。

8.3.1 创建母版页

母版页看起来就像正常的 ASPX 页面。它包含静态 HTML，如<html>、<head>和<body>标记；也可能包含其他 HTML 和 ASP.NET Server Control。在母版页内，建立将在所有页面上重复的标记(markup)，如页面和菜单的总体布局。然而，母版页并不是真正的 ASPX 页面，不能直接在浏览器中请求；它只能作为实际 Web 页面(称为内容页)所基于的模板。

母版页使用@ Master 指令将文件标识为母版页。母版页可以有一个 Code Behind 文件，用它的 CodeFile 和 Inherits 属性标识。例如：

```
<%@ Master Language="C#" AutoEventWireup="true"
CodeFile="MasterPage.master.cs" Inherits="MasterPage" %>
```

在母版页中至少包含一个内容占位符，这是母版页中的一个可变区域，可以使用内容页中的信息来替换此区域。为了创建内容页可以填充的区域，需要在页面中定义 0 到多个 ContentPlaceHolder 控件，代码类似下面所示：

```
<asp:ContentPlaceHolder ID="main" runat="server">

</asp:ContentPlaceHolder>
```

上述标记建立名为 main 的 ContentPlaceHolder 控件，ID 属性是用来对应内容页面的 Content 控件。

在 ContentPlaceHolder 控件中可以有默认内容(Default Content)，如下所示。

```
<asp:ContentPlaceHolder Id="menuContent" Runat="server">
        <a href="Defualt.aspx">返回首页</a> 
        <a href="Dirictery.aspx">图书目录</a> 
<a href="About.aspx"> 关于</a>
    ………
</asp:ContentPlaceHolder>
```

上述标记是名为 menuContent 的 ContentPlaceHolder 控件,有默认内容的超级链接标记<a>,如果内容页面没有对应的 Content 控件，就显示其默认内容。

母版页可以位于站点中的任何位置，包括根文件夹中，但是从组织性的观点来看，通常比较容易存储在单独的文件夹中。和 ASPX 页面一样,它们支持内联代码模型,也支持 Code Behind 模型。下面举例说明母版页的创建过程。

【例 8-5】创建一个简单的母版页，并向其中添加一些 HTML 来定义 Web 站点中页面的总体结构。

(1) 新建一个 ASP.NET 网站 Ex8_5。

(2) 在【资源管理器】中，右击网站名，在弹出的快捷菜单中选择【新建文件夹】命令，新建文件夹并修改文件夹的名称为 MasterPages，然后向该文件夹中添加了一个母版页。右击文件夹 MasterPages，选择【添加新项】命令，随后弹出【添加新项】对话框，在【模板】选项中选择【母版页】，修改母版页的主文件名或使用默认文件名，确认选中了【将代码放在单独的文件中】复选框，而且选择了编程语言 Visual C#，然后单击【添加】按钮。这就创建了 MasterPage.master 母版页文件。

(3) 在母版页中使用 DIV 标记建立版面配置，内含两个 ContnetPlaceHolder 控件，修改<form>内容如下：

```
<form id="form1" runat="server">
<div align="center"
    style="font-family: 方正舒体; font-size: x-large; font-weight: bold;
background-color: #FF00FF;">
    欢迎光临网上图书商店
```

计算机 基础与实训教材系列

```
        </div>
        <div align="right">
            <asp:ContentPlaceHolder ID="menuContent" runat="server">
                <a href="Defualt.aspx">返回首页</a> 
                <a href="Dirictery.aspx">图书目录</a> 
                <a href="About.aspx"> 关于</a>
            </asp:ContentPlaceHolder></div>
        <div>
            <asp:ContentPlaceHolder id="mainContent" runat="server">

            </asp:ContentPlaceHolder>
        </div>
        <div align="center">版权信息 2009.12.28</div>
    </form>
```

确保 mainContent <div>标记内有 ContentPlaceHolder。可以从 Toolbox 中拖一个到页面上，或者用 IntelliSense 的帮助提示直接输入代码。在这两种情况下都应设置控件的 ID 为 mainContent。

现在该页面在【设计】视图中看起来应如图 8-20 所示。

图 8-20　【例 8-5】界面设计

在 VWD 2008 中，母版页的行为很像正常页面。可以向它们添加 HTML 和服务器控件，可以在【设计】视图和【源】视图中管理它们。当然，最大的区别在于，母版页本身并不是真正的页面；它仅起站点中所有其他页面的模板的作用。

(4) 现在已创建了母版页，可以先保存并关闭这个页面。

8.3.2　创建内容页

在建立好母版页后，就可以建立套用母版页的内容页面。母版页如果没内容页来使用它，就没有用处。通常，仅有少量几个母版页，却可以有很多内容页。

内容文件(本质上是正常的 ASPX 文件，不过没有像<html>、<head>、<body>和<form>标记这样的常见代码)用 Page 指令的 MasterPageFile 属性连接到母版页。如下所示：

```
<%@ Page Language="C#"  MasterPageFile="~/Masterpages/MasterPage.master"
AutoEventWireup="true" CodeFile="Default.aspx.cs" Inherits="_Default">
```

然后，页面特有的内容将被放到指向相关 CotentPlaceHolder 的<asp:Content>控件内。如下所示：

```
<asp:Content ID="Content1" ContentPlaceHolderID="ContentPlaceHolder1"
Runat="Server">
</asp:Content>
```

 提示

指向 ContentPlaceHolder 的 Content 控件的 ContentPlaceHolderID 属性是在母版页中定义的。

当请求页面时，母版页和内容页的标记在运行时会合并起来，经过处理后发送给浏览器。下面举例说明添加基于一个母版页的内容页方法。

【例 8-6】添加一个内容页。

(1) 打开【例 8-5】的网站，在【解决方案资源管理器】中右击 Web 站点并选择【添加选项】命令。在随后弹出的【添加新项】对话框的【模板】选项组中选择【Web 窗体】选项，命名 Web 窗体 Default.aspx，确认选中了【将代码放在单独的文件中】和【选择母版页】复选框，而且选择了编程语言 Visual C#，单击【添加】按钮。之后弹出【选择母版页】对话框。

(2) 在【选择母版页】对话框中，如图 8-21 所示。单击左边窗格中的文件夹 Master Pages，然后单击右边区域中的 MasterPage.master。单击【确定】按钮向 Web 站点中添加页面。

图 8-21　【选择母版页】对话框

现在不会得到像标准 ASPX 页面那样带 HTML 的完整页面，只会看到 3 个<asp:Content>占位符，内容页的内容如下所示：

```
<%@ Page Title="主页" Language="C#"
MasterPageFile="~/MasterPages/MasterPage.master" AutoEventWireup="true"
CodeFile="Default.aspx.cs" Inherits="_Default" %>
<asp:Content ID="Content1" ContentPlaceHolderID="head" Runat="Server">
</asp:Content>
<asp:Content ID="Content2" ContentPlaceHolderID="menuContent"
```

Runat="Server">

</asp:Content>

<asp:Content ID="Content3" ContentPlaceHolderID="mainContentPlaceHolder"

Runat="Server">

</asp:Content>

(3) 切换到 Web 窗体 Default.aspx 的【设计】视图，选择 menuContent 母版页，单击其右上角的【>】，在弹出的【Content 任务】窗口中选择【默认为母版页的内容】。

(4) 设置其他<asp:Content>占位符的内容。

(5) 选择【调试】|【开始执行(不调试)】命令，查看执行结果。

8.4 创建和使用主题

主题是指页面和控件外观属性设置的集合。主题由一个文件组构成，包括皮肤文件(扩展名为.skin)、级联样式表文件(扩展名为.css)、图片和其他资源等的组合，但一个主题至少包含一个皮肤文件。

皮肤文件是主题的核心文件，也称为外观文件，专门用于定义服务器控件的外观。在主题中可以包含一个或多个皮肤文件，后缀名为.skin。

主题中可以包含一个或多个 CSS 文件，一旦 CSS 文件被放在主题中，则应用时无需再在页面中指定 CSS 文件链接，而是通过设置页面或网站所使用的主题就可以了。当主题得到应用时，主题中的 CSS 文件会自动应用到页面中。

主题在 Web 站点的根文件夹中的特殊 App_Themes 文件中定义。在这个文件夹中需要创建定义实际主题的一个或多个子文件夹。在每个子文件夹中，可以有若干组成主题的文件。

8.4.1 主题的类型

ASP.NET 页面(DOCUMENT)有两个不同的设置主题的属性：Theme(页主题)属性和StyleSheetTheme(页的样式表主题)属性。这两个属性都使用在 App_Themes 文件夹中定义的主题。虽然一开始它们看起来非常相似，但是在运行时它们的行为就不同了。

StyleSheetThemes 在页面的生命周期中应用得非常早，在创建页面实例后不久就应用了。这意味着单个页面能通过在控件上应用局部属性来重写主题的设置。举例来说，带有将按钮的BackColor 设置为绿色的皮肤文件的主题可以被页面的标记中下面的控件声明重写：

<asp:Button ID="Button1" runat="server" Text="Button" BackColor="red" />

而 Theme 属性在页面的生命周期中生效的时间较晚，能有效地重写为单个控件自定义的任何属性。

由于 StyleSheetTheme 的属性能被页面重写，而 Theme 又能再次重写这些属性，两者用于不同的目的。如果想为控件提供默认设置则应设置 StyleSheetTheme，即 StyleSheetTheme 能为控件提供默认值，然后又可以在页面级别重写。如果想强制应用控件的外观则应使用 Theme 属性。因为 Theme 中的设置不再能被重写，而且它有效地重写了任何自定义设置，因此能确保控件的外观就是在主题中定义的样子。

应用了主题，除非控件将 EnableTheming 设置为 False 来禁用主题，否则可以确保所作的所有修改都能传播给 Web 页面中的控件。

8.4.2　应用主题

为一个主题创建好一系列的外观文件之后，可以采用3种方法将一个主题应用于 Web 窗体：可以设置每个页的@Page 属性；可以使用 Web 配置文件，将主题全局性的应用于所有网页；可以通过程序来动态设置主题。

1. 在页面级设置主题

在页面级设置 Theme 或 StyleSheetTheme 属性很容易，只要设置页面的 Page 指令中的相关属性即可。

```
<%@ Page Language="C#" AutoEventWireup="true"    CodeFile="Default.aspx.cs"
Inherits="_Default" Theme="主题 1" %>
```

用 StyleSheetTheme 替换 Theme 来应用一个主题，它的设置可以由单个页面重写。

设置页面的 Theme 或 StyleSheetTheme 属性的方法也可以在设计视图中完成。单击<div>标记以外的区域，属性窗口中显示的是 DOCUMENT 的相关属性，选择其 Theme 或 StyleSheetTheme 属性，在其右边的文本框中出现朝下的箭头，单击它，选择相关主题即可。

2. 在站点级设置主题

为了在整个 Web 站点中强制应用一个主题，可以在 web.config 文件中设置主题。要做到这一点，需要打开 web.config 文件，定位<page>元素，并向它添加一个 theme 属性。

```
<configuration>
    <system.web>
        <pages theme="主题 1"/>
    </system.web>
</configuration>
```

上述标记的 theme 属性指定套用整个 Web 应用程序的主题。确保全部用小写字母输入 theme，因为 web.config 文件中的 XML 是区分大小写的。

3. 通过程序来设置主题

设置主题的第三种也是最后一种方式是通过代码来设置。由于主题的工作方式，需要在页面的生命周期早期完成这一工作。

在 ASP.NET 程序中可以动态加载主题，可以使用 Page 对象的 Theme 属性来更改主题，不过，套用主题是在 Page_PreInit()事件处理程序中指定。

下面举例说明其工作过程。

【例 8-7】创建一个主题并应用。

(1) 新建一个 ASP.NET 网站 Ex8_7。

(2) 在【解决方案资源管理器】中，选择网站项目名称右键单击，然后在弹出的菜单中选择【添加 ASP.NET 文件夹】选项，再选择【主题】。

随后，项目中会增加一个名称为 App_Themes 文件夹，并创建一个名称为【主题 1】的子文件夹。

(3) 将【主题 1】文件夹名称更改为 skinFile。

(4) 在皮肤文件夹 skinFile 添加皮肤文件，一个是 Label.skin 文件，另一个是 Calendar.skin 文件。方法是右键单击 skinFile 文件夹，然后选择【添加新项】，在随后打开的【添加新项】对话框中，选择【外观文件】，输入外观文件名。单击【添加】按钮。

(5) 文件内容。

Label.skin 文件内容为：

```
<asp:label runat="server"
    font-bold="true"
    forecolor="orange" />
<asp:label runat="server" SkinID="Blue"
    font-bold="true"
    forecolor="blue" />
```

Calendar.skin 文件内容为：

```
<asp:Calendar runat="server"
BackColor="#FFFFCC"
BorderColor="#FFCC66"
BorderWidth="1px"
DayNameFormat="FirstLetter"
Font-Names="Verdana"
Font-Size="8pt"
ForeColor="#663399"
Height="200px"
ShowGridLines="True"
Width="220px">

<SelectedDayStyle BackColor="#CCCCFF" Font-Bold="True" />
<SelectorStyle BackColor="#FFCC66" />
<OtherMonthDayStyle ForeColor="#CC9966" />
```

```
        <TodayDayStyle BackColor="#FFCC66" ForeColor="White" />
        <NextPrevStyle Font-Size="9pt" ForeColor="#FFFFCC" />
        <DayHeaderStyle BackColor="#FFCC66" Font-Bold="True" Height="1px" />
        <TitleStyle BackColor="#990000" Font-Bold="True" Font-Size="9pt"
ForeColor="#FFFFCC" />
</asp:Calendar>

<asp:Calendar SkinID="Simple" runat="server"
        BackColor="White"
        BorderColor="#999999"
        CellPadding="4"
        DayNameFormat="FirstLetter"
        Font-Names="Verdana"
        Font-Size="8pt"
        ForeColor="Black"
        Height="180px"
        Width="200px">

        <SelectedDayStyle BackColor="#666666" Font-Bold="True" ForeColor="White" />
        <SelectorStyle BackColor="#CCCCCC" />
        <WeekendDayStyle BackColor="#FFFFCC" />
        <OtherMonthDayStyle ForeColor="#808080" />
        <TodayDayStyle BackColor="#CCCCCC" ForeColor="Black" />
        <NextPrevStyle VerticalAlign="Bottom" />
        <DayHeaderStyle BackColor="#CCCCCC" Font-Bold="True" Font-Size="7pt"/>
        <TitleStyle BackColor="#999999" BorderColor="Black" Font-Bold="True"/>
</asp:Calendar>
```

(6) 应用主题。

在 Default.aspx 页面中添加一个 2 行 2 列的表格，在表的单元格中依次添加 2 个 lable 控件和 2 个 calender 控件。设置 Label2 的 SkinID 属性为 Blue，设置 Calendar2 的 SkinID 属性为 Simple。方法是分别选择 Label2 和 Calendar2 控件，然后在属性窗口中设置其 SkinID 属性值即可。

在【源】视图中，向 @ Page 指令添加下面的 Theme 属性：

```
<%@ Page Language="C#" AutoEventWireup="true"    Theme="SkinFile"
CodeFile="Default.aspx.cs" Inherits="_Default" %>
```

(7) 选择【调试】|【开始执行(不调试)】命令运行程序。注意 2 个 lable 控件和 2 个 calender 控件的显示格式的区别。

知识点

如果 Internet Explore 显示的不是 Web 窗体,而是一系列文件或没有显示任何东西。请关闭 Internet Explore 窗口,返回 VWD 2008,在【解决方案资源管理器】中,右键单击.aspx 文件名,然后在弹出的菜单中选择【设为起始页】选项,再次运行 Web 应用程序。

⑧.4.3　在主题中使用 CSS 和图片

主题除了使用 Skin 外观文件来格式化控件外,也可以使用 CSS 层级式样式表和图片来格式化。

1. 在主题中使用 CSS 样式表文件

CSS 层级式样式表可以和外观文件搭配使用,用户只需将 CSS 文件置于主题目录即可。如 MyStyleSheet.css 的样式表文件,内容如下所示:

```
a:link      {color:blue   ; text-decoration:none}
a:active    {color:green ; text-decoration:none}
a:visited {color:yellow; text-decoration:none}
a:hover     {color:red    ; text-decoration:underline}
```

上述样式指定<a> 标记样式。

2. 在主题使用图片

除了.css 文件与皮肤外,主题还可以包含图像。主题图像最普遍的用法是从 CSS 中引用它们。要充分利用图像,就要了解 CSS 如何引用图像。

在设计时,除非给出一个以指示站点根文件夹的正斜杠(/)开头的路径,否则 CSS 选择符引用的图像会相对于 CSS 文件的当前位置,如 App_Themes 文件夹。

为了引用 skinFile 主题的 Images 文件夹中的 028.jpg 文件,可以向 MyStyleSheet.css 中添加下面的 CSS:

```
.background
{
    background-image : url(Images/028.jpg);
}
```

如果要引用站点根文件夹的 Images 文件夹中的图像,请使用这个 CSS:

```
background-image: url(/Images/026.jpg);
```

注意,图像路径开头的正斜杠指代站点的根文件夹。如果要在不同的主题之间共享相同的图像,后一种语法更有用。只要将它们放在特定主题外面的文件夹中(如根文件夹的 Images 文件夹中），然后用这种基于根文件夹的语法引用它们即可。

8.4.4 动态切换

动态切换时指在运行时切换主题。例如，通过允许用户用喜欢的颜色和布局选择主题来愉悦用户。

由于使用的是在运行时向页面应用主题的方式，因此需要在页面的生命周期较早的时候设置主题，更确切地说是在 PreInit 事件中设置。

为允许让用户修改主题，可以提供给他们一个下拉菜单，当用户修改列表中的活动选项时，自动向服务器发一个回送。在服务器上，就会得到从列表中选择的主题，将它应用到页面上，然后将选项存储在一个 cookie 中，以便在接下来访问 Web 站点时检索它。

一般而言，cookie 是安全的，因为它们只存储服务器设置的它已经拥有的数据。如果自己没有把数据给服务器，是没法用它们来从计算机中窃取敏感数据的。在大多数情况下，cookie 改善了用户的浏览体验，因为它记住了小块数据，而不用每次访问页面时都要重新输入。遗憾的是，有些大公司(如广告代理商)会使用独特的 cookie 来跟踪用户在 Web 上的轨迹，从而大体知道用户都浏览了哪些网站。为了确保站点访问者明白该站点拥有和保存了哪些信息，开发人员最好向站点中添加一个隐私语句，说明 cookie 的意图和用法，以及该站点可能会保存哪些个人数据。

8.5 上机练习

本上机练习举例说明怎么在主题中添加图像。

【例 8-8】向主题中添加图像。

(1) 打开网站 Ex8_7。在网站根目录下创建文件夹 Images 文件夹，在主题目录 skinFile 下创建文件夹 Images，分别复制两个图像文件到这两个 Images 文件夹下，图像文件名分别为 026.jpg 和 028.jpg。

(2) 右击 skinFile 文件夹，在弹出的快捷菜单中选择【添加项目】命令，在【Visual Studio 已安装的模板】列表中选择【样式表】，样式表文件名命名为 MyStyleSheet.css，单击【添加】按钮。

(3) 在 MyStyleSheet.css 文件中添加如下内容：

```
.background
{
    background-image : url('../skinFile/Images/028.jpg');
}
```

(4) 切换到 Default.aspx 页面，在其<Form>的开始标记中添加如下内容：

<form …   class="background">

(5) 选择【调试】｜【开始执行(不调试)】命令运行程序。现在应看到含有 skinFile 主题中的图像的 Web 页面，如图 8-23 所示。

图 8-23   【例 8-8】运行结果

尽管用主题使页面开发人员能快速改变页面外观甚至是站点的布局，但如果让用户在运行时切换主题将更有用。通过这种方式，用户就能将站点定制为他们喜欢的样子。

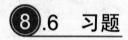.6   习题

1. 使用外部样式表优于使用嵌套样式表的地方主要是什么？
2. VWD 允许以若干不同的方式向页面中附加外部样式表。请指出其中 3 种不同方式。

第9章　使用 Web 窗体访问数据

学习目标

本章介绍数据绑定概念、GridView 控件使用、DataList 控件使用、Repeater 控件使用和 FormView 控件使用。通过本章的学习，读者应掌握数据绑定含义；熟练掌握使用 GridView 控件、DataList 控件、Repeater 控件和 FormView 控件访问数据库的方法。

本章重点

- ◉ 数据绑定概述
- ◉ GridView 控件使用
- ◉ DataList 控件使用
- ◉ Repeater 控件使用
- ◉ FormView 控件使用

9.1　数据绑定概述

数据绑定(Data Binding)观念最早出现在 Internet Explorer 4.0，主要是使用客户端的 Dynamic HTML(DHTML)技术，ASP.NET 也支持数据绑定，能够将外部数据整合到 ASP.NET 服务器端控件。

一种将数据呈现的最直接的方式是将需要显示的数据和 HTML 标记拼接成字符串并输出，但这种方案的缺点也是显而易见的，不但复杂而且难以重用，尤其是有大宗数据需要处理时。因此为了简化开发过程，ASP.NET 环境中提供了多种不同的服务器端控件来帮助程序员更快速高效地完成数据的呈现。

在 ASP.NET 中提供了以下数据绑定的控件。

- ◉ 单值绑定控件(如 TextBox、Label 控件等)。
- ◉ 列表控件(如 ListBox、DropDownList、CheckBoxList、RadioButtonList 等)。

⊙ 复杂数据绑定控件(如 GridView，FormView 等)。

单值绑定控件不具有 DataSource 属性，只能通过编程的方法来实现数据绑定。

其余控件都具有 DataSource 属性，使用更加灵活。如 List 控件的数据绑定其连接数据可以视为是一维数组，也就是连接到 List 控件的选项；Repeater、DataList 和 GridView 等控件是二维数组的表格，可以显示整个数据表的记录数据。

9.1.1 单值数据绑定控件使用

数据绑定实际上是在 HTML 标记中或服务器控件中设置要显示数据的过程。对于页面中的 HTML 标记，可以直接嵌入数据或绑定表达式来设置要显示的数据，而对于服务器控件来说，通常通过设置控件属性或指定数据源来完成数据的绑定，并控制其呈现的样式。常用的绑定表达式具有如下形式：<%# XXX%>，绑定表达式可以直接嵌入到前台页面代码中去，通常用于 HTML 标记中的数据显示或单值控件数据设置。

【例 9-1】举例说明单值数据绑定控件使用。

(1) 新建一个 Web 站点 Ex9_1。

(2) 在 Default.aspx 中的<Title>和<div>标记中输入如下内容：

```
<title>单值数据绑定控件使用</title>
```

在 Default.aspx 中的<div>标记中添加如下内容：

```
<div>
        <%#   getstr()%>
        <asp:TextBox ID="TextBox1" runat="server" Text="<%# numStudents+3%>">
        </asp:TextBox> <br />
        <asp:Label ID="Label1" runat="server" Text="Label"></asp:Label>
    </div>
```

(3) 在【解决方案资源管理器】中双击 Default.aspx.cs，在文档窗口中打开其内容。在其中添加如下内容：

```
public partial class _Default : System.Web.UI.Page
{
    //定义页面类数据成员 numStudents，在页面前台代码中将通过绑定表达式直接引用该成员
    public int numStudents = 0;
    protected void Page_Load(object sender, EventArgs e)
    {
        //页面的数据绑定方法，对于绑定表达式来说是关键的一步
        Page.DataBind();
        //通过在后台设置服务器控件属性来绑定数据
```

```
        this.Label1.Text = this.numStudents.ToString();
    }
    public String getstr()
    {
        return numStudents.ToString();
    }
}
```

知识点

注意页面类数据成员 numStudents 定义的位置。

(4) 切换到 Default.aspx Web 窗体，选择菜单【调试】|【开始执行(不调试)】命令或按 Ctrl+F5
键，在浏览器中执行程序。

在【例 9-1】中，通过绑定表达式和后台设置控件属性两种方式绑定了 TextBox 控件和 Label
控件的显示数据。

⑨.1.2 列表数据绑定控件的使用

列表控件可以通过编程的方式为控件对象增加多个数据项，也可以直接在 VWD2008 环境
提供的图形界面中编辑要显示的数据项列表。

【例 9-2】举例说明列表数据绑定控件使用。

(1) 新建一个 Web 站点 Ex9_2。

(2) 在 Default.aspx 中的<Title>和<div>标记中输入如下内容：

```
<title>列表数据绑定控件使用</title>
```

(3) 切换到 Default.aspx 页面的【设计】视图。

(4) 从【工具箱】的【标准】类别中拖放一个 DropDownList 控件到该页面。在其【智能任
务】列表中，选择【启用 AutoPostBack】，然后单击【选择数据源】，打开【数据源配置向导】
对话框的【选择数据源】页面，在其顶部的下拉列表中选择【<新建数据源...>】选项。将出现
如图 9-1 所示的【选择数据源】页面。

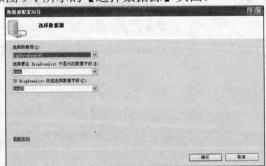

图 9-1 【选择数据源】页面

图 9-2 【配置 Select 语句】页面

(5) 单击【数据库】项，使 ID 设置为 SqlDataSource1，并单击【确定】按钮。

(6) 在随后的对话框中，从下拉列表中选择名为 xsglConnectionString 的连接字符串并单击【下一步】按钮。

(7) 确定选中【指定来自表或视图的列】单选按钮。同时要确保从表名下拉列表中选择 Student，然后选中【列】列表中的【*】复选框。单击 ORDER BY 按钮，从【排序方式】下拉列表中选择 name 并单击【确定】按钮。完成设置后，【数据源配置向导】如图 9-2 所示。

(8) 单击【下一步】按钮，然后是【完成】按钮，使 VWD 创建正确的 SqlDataSource。返回到【数据源配置向导】选择数据源页面，在其中可以指定一个显示在下拉列表中的字段和一个作为列表中底层值的字段。从第一个用于设置显示在其中的数据字段的下拉列表中选择 name。将第二个下拉列表(用于列表项的底层值)设置为 stuId。结果如图 9-1 所示。

(9) 单击【确定】按钮关闭该对话框并完成下拉列表的数据源的建立。

(10) 切换至【源】视图，如果指示用户选择列表项的静态 ListItem 并没有 Value 特性，就手动添加并设置其为一个空字符串。最终代码如下所示：

```
<asp:DropDownList ID="DropDownList1" runat="server" AutoPostBack="True"
            DataSourceID="SqlDataSource1" DataTextField="name"
DataValueField="stuID"      AppendDataBoundItems="True">
      </asp:DropDownList>
      <asp:SqlDataSource ID="SqlDataSource1" runat="server"
      ConnectionString="<%$ ConnectionStrings:xsglConnectionString %>"
      SelectCommand="SELECT * FROM [Student] ORDER BY [name]">
</asp:SqlDataSource>
```

(11) 保存所有更改，然后按 Ctrl+F5 组合键，在浏览器中打开该页面。将看到一个带有数据库中所有姓名的下拉列表。一旦从列表中选择一个新的姓名，页面就回送给服务器。不会发生其他事情，因为没有给 DropDownList 控件连接任何逻辑。

⑨.1.3 复杂数据绑定控件

复杂数据绑定控件位于【工具箱】的【数据】类别中。使用它们在 Web 页面上显示和编辑数据。GridView、DataList、ListView 和 Repeater 都可以同时显示多条记录，而 DetailsView 和 FormView 设计为一次显示一条记录。DataPager 用于为 ListView 控件提供分页功能，和 ListView 控件一样，它也是 ASP.NET 3.5 中新出现的。

GridView 是一个非常多功能的控件，它支持自动分页、排序、编辑、删除和选择。它像一个带有行和列的电子表格那样呈现数据。尽管有许多种可以样式化这些行和控件的外观的方法，但不能根本上改变表现数据的方式。另外，GridView 并不允许直接在底层数据源中插入记录。GridView 控件通常用于复杂的数据列表，如网站管理部分中的评论列表、购物车中的商品项等。

DataList 控件使得不仅可以像 GridView 那样以行表现数据，也可以以列的形式表现，创建一种矩阵形式的数据表现方法。另外，它也允许通过一组模板定义数据的外观。不过，它不支持分页和排序，不允许插入新数据或更新、删除已有数据。DataList 控件通常用于在行和列中显示重复的数据(如相册中的图片或产品目录中的产品)。

Repeater 控件在输出到浏览器的 HTML 方面提供了最大的灵活性，因为该控件本身并不添加任何 HTML 到页面输出中。可以通过控件提供的大量模板定义整个客户端标记(markup)。不过这种灵活性的代价很高：该控件没有分页、排序和数据修改的内置功能。

如果需要精确控制控件生成的标记，那么 Repeater 会非常有用。同样，它常用于 HTML 有序列表或无序列表(<ol>和<ul>)，以及其他列表形式。

Details View 使用内置的表格式显示数据，而 FormView 使用模板来定义数据的外观。这两种控件都允许为不同的情形定义模板，如数据的只读显示、数据插入及更新。

DataPager 是在 ASP.NET 3.5 中新增的控件，这是个简单但有用的控件，可以在其他控件上分页。目前，它只能用于扩展 ListView 控件，但随着.NET Framework 未来版本的发布，这一情况会改观。

要使数据绑定控件显示有用的内容，需要为它们指派数据源(data source)。要将这一数据源绑定到控件，有两种主要的方法：可以将数据赋予控件的 DataSource 属性，或是使用一个单独的数据源控件。下面开始介绍主要复杂数据绑定控件的使用。

⑨.2 GridView 控件使用

GridView 是一个功能强大的数据绑定控件，主要用于以表格形式呈现、编辑关系数据集。对应于关系数据集的结构，GridView 控件以列为单位组织其所呈现的数据，除了普通的文本列，还提供多种不同的内置列样式，如按钮列、图像列、复选框形式的数据列等，可以通过设置 GridView 控件的绑定列属性以不同的样式呈现数据，或通过模板列自定义列的显示样式。

⑨2.1 利用编程的方法使用 GridView 控件

下面举例说明利用编程的方法完成数据库表的查询。

【例 9-3】利用编程的方法完成数据库表的查询。

(1) 新建一个 Web 站点 Ex9_3。

(2) 在 Default.aspx 中的<Title>和<div>标记中输入如下内容：

```
<title>GridView 控件使用示例</title>
```

在 Default.aspx 中的<div>标记中添加如下内容(注意：可以利用工具箱拖放添加)。

```
<div>
    <asp:GridView ID="GridView1" runat="server">
```

```
        </asp:GridView>
        <asp:Label ID="Label1" runat="server" Text="Label"></asp:Label>
    </div>
```

(3) 在【解决方案资源管理器】中双击 web.config 程序名，修改连接字符串标记的内容
如下：

```
<connectionStrings>
        <add name="xsglConnectionString" connectionString="Data
Source=hnyjj\sqlexpress;AttachDbFilename=E:\ASP 动态网站实用教程\ASP 源程序\
第 6 章\Ex6_6\App_Data\xsgl.mdf;Integrated Security=True"
                providerName="System.Data.SqlClient" />
    </connectionStrings>
```

或：

```
<connectionStrings>
    <add name="xsglConnectionString" connectionString="Data
Source=.\SQLEXPRESS;AttachDbFilename=|DataDirectory|\
xsgl.mdf;Integrated Security=True;User Instance=False"/>
/connectionStrings>
```

知识点

前者只适用于开发阶段；后者更适合部署。下面对后者做一简要介绍。

连接字符串由 4 部分构成。第一部分包含了数据源来标识所针对的 SQL Server，可再分为两个小部分。反斜杠前面的点号标识服务器(点号表示本地机器)。另外，可以在这儿输入服务器的名称来代替点号。点号后面的部分是可选的，表示实例名称(instance name)或仅仅是实例(instance)。由于可在同一机器上并行安装多个 SQL Server 实例，所以实例名称用于指一个唯一的 SQL Server 实例。在安装 SQL Server Express Edition 2005 或 2008 时，会获得默认实例名 SqlExpress。因此，要在本地机器上引用 SQL Server 2005 或 2008 时Express Edition 实例，其格式为.\SqlExpress 或(local)\SqlExpress。

AttachDbFileName 包含了到 SQL Server Express 数据库的路径。DataDirectory 占位符在运行时扩展为 App_Data 文件夹的完全路径。作为 AttachDbFileName 的另一选择，读者有时也会在其他连接字符串中看到 Initial Catalog。Initial Catalog 只是指向使用的 SQL Server 上可用的数据库，如 Northwind。

连接字符串的最后两个部分与安全性有关。通过 Integrated Security，Web 服务器使用的账户用于连接数据库。在 VWD 和内置 Web 服务器中，这一账户是用于登录机器的。如果使用的是 IIS，这一账户是一个特定的 ASP.NET 账户。

将连接字符串存储到 web.config 中总是一个非常好的实践。这样，可以将连接字符串集中于一个单独的位置，在数据库发生改变时(如从开发环境切换到产品服务器)可以更容易地修改它们。不要将连接字符串直接存储到 Code Behind 文件中或页面的标记部分。如果那样的话，开发人员将必须更改连接字符串，并费力地在站点的所有页面中寻找连接字符串。到目前为止所使用的 SQL Server Express Edition 支持在需要时即时运用与 SQL Server 相连的数据库。

(4) 在【解决方案资源管理器】中双击 Default.aspx.cs，在文档窗口中打开其内容。在其中添加如下内容：

```
…
using System.Data;
using System.Data.SqlClient;
using System.Configuration;
public partial class _Default : System.Web.UI.Page
{
    protected void Page_Load(object sender, EventArgs e)
    {
        //查询 student 数据库获取结果集 ds
        string sqlconnstr =
ConfigurationManager.ConnectionStrings["xsglConnectionString"].Connecti
onString;
        DataSet ds = new DataSet();

        using (SqlConnection sqlconn = new SqlConnection(sqlconnstr))
        {
         SqlDataAdapter sqld = new SqlDataAdapter("select * from student",
sqlconn);
             sqld.Fill(ds, "tabstudent");
        }

        //以数据集中名为 tabstudent 的 DataTable 作为数据源，为控件绑定数据
        GridView1.DataSource = ds.Tables["tabstudent"].DefaultView;
        GridView1.DataBind();
         //label 中显示运行状态
        Label1.Text = "查询数据库成功";
    }
}
```

(5) 切换到 Default.aspx Web 窗体，选择菜单【调试】|【开始执行(不调试)】命令或按 Ctrl+F5 键，在浏览器中执行程序。

⑨2.2 利用图形向导使用 GridView 控件

SqlDataSource 控件允许快速创建可操作的、数据库驱动的 Web 页面。不需要编写大量代码，就可以创建能执行 CRUD(Create、Read、Update 和 Delete，即创建、读取、更新和删除数据)这 4 种操作的 Web 页面。尽管其名称暗示了只可以访问 Microsoft 的 SQL Server，但事实并非如此。该控件还可以访问其他数据库，如 Oracle 或 MySQL。

下面将演示如何从【数据库资源管理器】中拖放一个表到页面上，用 VWD 创建一个 Web

用户界面，通过为 GridView 和 SqlDataSource 生成所需的代码来管理数据库中的项。

【例 9-4】检索 xsgl.dbo 数据库中的 Student 表中的所有行，并在一个 GridView 控件显示、编辑、修改和选择记录。

(1) 新建一个 Web 站点 Ex9_4。

(2) 切换到 VWD 中的 Default.aspx 页面的【设计】视图。并确保【数据库资源管理器】窗口打开。如果没有看到 xsgl.mdf 数据库列出，可以参阅第 6 章的相关内容去建立一个新的连接。

(3) 展开 xsgl.mdf 数据库的表节点，然后从【数据库资源管理器】中拖放 Student 表到 Default.aspx 页面的<div>区域。VWD2008 会自动创建一个 Grandview 和一个 SqlDataSource。

使该页面的 Title 为：

<title>GridView 和 SqlDataSource 控件使用示例</title>

(4) 在为 GridView 控件自动打开的【Grandview 任务】列表上(如果没有打开，可单击该控件右上角的灰色箭头)，选择所有可用选项，如图 9-3 所示。单击【自动套用格式】选项，在对话框中选择【彩色型】。

图 9-3　Grandview 控件设置

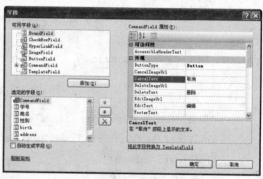

图 9-4　【字段】对话框

(5) 选定 GridView 控件。将 PageSize 属性设置为 8；展开 PagerSettings 属性，将 FirstPageText、LastPageText、NextPageText、PreviousPageText 的内容更改为"首页""末页""下一页""前一页"；设置其子属性 Mode 为 NextPreviousFirstLast 值，以便能显示"前一页"、"下一页"、"第一页"和"末页"。展开 PageStyle 属性，设置其子属性 HorizontalAlign 为 Left。

(6) 在【GridView 任务】菜单中选择【编辑列…】链接。随后，打开【字段】对话框。如图 9-4 所示。可以用这个对话框设置 GridView 控件显示的字段(或者说列)的属性。

在【选定的字段】列表中，选择 stuID 字段，在右边的【BoundField 属性】列表中，将 HeaderText 属性修改为【学号】，单击【确定】按钮。之后，GridView 控件中的链接按钮就变成了命令按钮。

在【选定的字段】列表中，选择 stuID 字段，在右边的【CommandField 属性】列表中，将 ButtonType 属性修改为 Button，单击【确定】按钮。之后，GridView 控件中的链接按钮就变成了命令按钮。其余字段做同样的修改。

(7) 运行程序，单击 Web 窗体上第一行开头的【编辑】按钮。之后，第一行将变成 TextBox

控件。【编辑】和【删除】按钮分别被替换成了【更新】和【取消】按钮。

(8) 随意修改某列的数据，然后单击【更新】按钮。数据库将被更新，第一行会变成以前的标签形式。【编辑】和【删除】按钮将会重新出现，行中将显示新的数据。

 提示

在删除某一行时，可能会出现错误信息(这是因为 Northwind.dbo 数据库"引用一致性"的规则在起作用)，这里显示的错误信息很不友好。可以利用 Web 窗体的 ErrorPage 属性，将用户重定向到另一个页面，进而显示更友好的错误提示信息。方法如下：

```
<%@ Page … ErrorPage= " ErrorPage.aspx " >
```

(9) 深入理解 SqlDataSource 控件。

使用一个 SqlDataSource 控件来连接数据库，并从数据库中获取数据。SqlDataSource 控件在幕后创建了一个 DataSet。当将一个 Web Server Data 控件(如 GridView、DataList、DataListView、FormView、Repeater 控件)绑定到数据源时，VS 2008 会自动生成代码来填充这个 DataSet，并在数据控件中显示它。

DataSet 包含它所获取数据的一个副本。DataSet 持有这些数据的时间越长，它说包含的信息就越过时。如何保证用户在 Web 窗体中看到的是数据库中的最新数据呢？SqlDataSource 控件提供了如下属性来完成。

- ⊙ EnableCaching 属性：这个属性指定了是否允许 DataSet 缓存。默认情况下，在含有 SqlDataSource 控件的分页显示的 Web 窗体中，每显示一个新页或刷新窗体时，都会执行一次该控件指定的 SQL Select 语句来填充 DataSet。如果没有数据被更改的话，反复连接和查询数据库就纯属浪费资源。如果将 SqlDataSource 控件的 EnableCaching 属性设为 True，DataSet 就会充当一个缓存，SQL Select 语句是否重新执行，就完全依赖 SqlDataSource 控件另外两个属性的设置：CacheDuration 和 CacheExpirationPolicy。
- ⊙ CacheDuration 属性：这个属性指定了重新执行 SQL Select 语句的周期以及刷新缓存的周期。Infinite 是默认设置，表示缓存永不过期，所以永远不会刷新。如果将其设置为一个数值，则表示缓存到期时间(单位是秒)。
- ⊙ CacheExpirationPolicy 属性：这个属性与 CacheDuration 属性配合使用，决定缓存的刷新频率。如果这个属性设置的是 Absolute，那么这个缓存总是在到了 CacheDuration 秒时刷新；如果这个属性设置的是 Sliding，那么只有当应用程序的不活动时间超过 CacheDuration 秒时刷新。

 提示

如果将 SqlDataSource 控件的 DataSourceMode 设为 DataSet，就只能将 EnableCaching 属性设置为 True。如果将 SqlDataSource 控件的 DataSourceMode 设为 DataReader，那么在显示页面时，应用程序就会抛出一个异常。

在本例中没有编写多少代码，但通过拖放数据库获得了大量功能。要想知道其工作原理，可看一下 VWD 生成的源代码。首先，看一下 SqlDataSource 控件的标记：

```
<asp:SqlDataSource ID="SqlDataSource1" runat="server"
            ConnectionString="<%$ ConnectionStrings:xsglConnectionString1%>"
            DeleteCommand="DELETE FROM [Student] WHERE [stuID] = @stuID"
            InsertCommand="INSERT INTO [Student] ([stuID], [name], [sex],
[birth], [address], [photo]) VALUES (@stuID, @name, @sex, @birth, @address,
@photo)"
ProviderName="<%$ConnectionStrings:xsglConnectionString1.ProviderName %>"
            SelectCommand="SELECT [stuID], [name], [sex], [birth],
[address], [photo] FROM [Student]"
            UpdateCommand="UPDATE [Student] SET [name] = @name, [sex] = @sex,
[birth] = @birth, [address] = @address, [photo] = @photo WHERE [stuID] =
@stuID">
            <DeleteParameters>
                <asp:Parameter Name="stuID" Type="String" />
            </DeleteParameters>
            <InsertParameters>
                <asp:Parameter Name="stuID" Type="String" />
                <asp:Parameter Name="name" Type="String" />
                <asp:Parameter Name="sex" Type="String" />
                <asp:Parameter Name="birth" Type="DateTime" />
                <asp:Parameter Name="address" Type="String" />
                <asp:Parameter Name="photo" Type="String" />
            </InsertParameters>
            <UpdateParameters>
                <asp:Parameter Name="name" Type="String" />
                <asp:Parameter Name="sex" Type="String" />
                <asp:Parameter Name="birth" Type="DateTime" />
                <asp:Parameter Name="address" Type="String" />
                <asp:Parameter Name="photo" Type="String" />
                <asp:Parameter Name="stuID" Type="String" />
            </UpdateParameters>
        </asp:SqlDataSource>
```

这里可以看到 ConnectionString 和 ProviderName 特性指向已在 web.config 文件中定义的连接字符串。这一代码使用表达式绑定语法(expression binding syntax)来引用 web.config 中的连接字符串。它有效地向 web.config 文件请求了侦听名称为 xsglConnectionString1 的连接字符串。

除了使用<%$ %>将控件值绑定到像来自连接字符串的资源的表达式绑定语法之外，还会遇到使用<%#   %>的类似语法。这被称为数据绑定表达式语法(data-binding expression syntax)，允许将控件值绑定到来自数据源(如数据库)的数据。

接着是 4 个命令，它们每个都包含一个 SQL 语句用于 CRUD 操作中的一种：INSERT、UPDATE、DELETE 命令包含参数(用@前缀符号进行标识)。在运行时，控件被要求执行相关的数据操作，这些参数被运行时值所取代。SqlDataSource 控件跟踪 Parameters 集合中的相关参数。例如，<DeleteParameters>元素包含了一个单独的参数表示学号的 stuID (主键)：

```
<DeleteParameters>
    <asp:Parameter Name="stuID" Type="String" />
</DeleteParameters>
```

注意在 SQL 语句中，参数的 Name 与参数相对应：

```
DeleteCommand="DELETE FROM [Student] WHERE [stuID] = @stuID"
```

而 SqlDataSource 控件自己在这一阶段并不做多少工作。它需要一个数据绑定控件来告诉它执行什么数据操作。

GridView 控件的主要属性如下。

- DataKeyNames 属性：告诉 GridView 数据库中记录的主键是什么。这一信息用来唯一标识网格中的记录。
- DataSourceID 属性：指向了其使用的 SqlDataSource 控件。
- AllowPaging 属性：是否允许分页。
- AllowSorting 属性：是否允许排序。

在 GridView 和 DetailsView 的<Columns>或<Fields>元素中，可以添加如表 9-1 所示的字段类型。

表 9-1   GridView 和 DetailsView 的<Columns>或<Fields>元素的字段类型

字 段 类 型	描　　述
BoundField	这是大部分基本数据类型的默认字段。它呈现为只读模式的简单文本和编辑模式的 TextBox
ButtonField	这一类型呈现为链接或按钮，允许在服务器执行一条命令
CheckBoxField	这一类型呈现为只读模式下的只读复选框和编辑模式下的可编辑复选框
CommandField	这一类型支持建立不同的命令，包括编辑、插入、更新和删除
HyperLinkField	这一类型呈现为链接(<a>元素)。可以设置 DataNavigateUrlFields、DataNavigateUrl FormatString 和 DataTextField 等属性来影响超链接的行为
ImageField	这一类型在浏览器中呈现为<img>元素
TemplateField	这一类型允许为不同的模板自定义外观，像 ItemTemplate、InsertItemTemplate 和 EditItemTemplate

GridView 和 SqlDataSource 控件联合起来检索和修改底层数据源中的数据。

⑨.3　DetailsView 控件使用

和用 GridView 控件显示、更新和删除数据一样，用 DetailsView 控件插入数据也是非常简单的。同样，DetailsView 支持大量可以自定义控件不同状态下外观的模板。例如，它有 <FooterTemplate>、<HeaderTemplate> 和 <PagerTemplate> 元素来定义控件上部和下部的外观。另外，还有一个 <Fields> 元素，可用来定义在控件中出现的行，与 GridView 的 <Columns> 元素很相似。

DetailsView 可以在一些不同的模式下显示数据。首先，它可以以只读模式显示已有的数据。另外，它可用于插入新数据和更新已有数据。通过将 DefaultMode 属性分别设置为 ReadOnly、Insert 和 Edit，可以控制 DetailsView 的模式。

【例 9-5】使用 DetailsView 控件向 xsgl.dbo 数据库中的 Student 表中插入、编辑、更新记录。

(1) 新建一个 Web 站点 Ex9_5。

(2) 切换到 VWD 中的 Default.aspx 页面的【设计】视图。从【工具箱】的【数据】类别中拖放一个 SqlDataSource 到页面。并建立与 hnyjj\sqlexpress.xsgl.dbo 数据库的连接。在【配置 Select 语句】页面，选择【高级】按钮，在弹出的对话框中选择【生成 INSERT、UPDATE 和 DELETE 语句】复选框。如图 9-5 和图 9-6 所示。

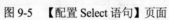

图 9-5　【配置 Select 语句】页面　　　　图 9-6　高级 SQL 生成选项对话框

 提示

注意修改数据库连接字符串与自己的计算机相符合。

(3) 切换到 VWD 中的 Default.aspx 页面的【设计】视图。从【工具箱】的【数据】类别中拖放一个 DetailsView 到页面。

(4) 打开 DetailsView 控件的智能标记(该面板应自动打开)。通过从【选择数据源】下拉列表中选择名称将它与 SqlDataSource1 关联。并选择其所有复选框。

(5) DetailsView 的代码现在如下所示：

```
<asp:DetailsView ID="DetailsView1" runat="server" AllowPaging="True"
```

```
                AutoGenerateRows="False" DataKeyNames="stuID"
DataSourceID="SqlDataSource1"
                Height="50px" Width="125px">
                <Fields>
                    <asp:BoundField DataField="stuID" HeaderText="stuID"
ReadOnly="True"
                        SortExpression="stuID" />
                    <asp:BoundField DataField="name" HeaderText="name"
SortExpression="name" />
                    <asp:BoundField DataField="sex" HeaderText="sex"
SortExpression="sex" />
                    <asp:BoundField DataField="birth" HeaderText="birth"
SortExpression="birth" />
                    <asp:BoundField DataField="address" HeaderText="address"
                        SortExpression="address" />
                    <asp:BoundField DataField="photo" HeaderText="photo"
SortExpression="photo" />
                    <asp:CommandField ShowDeleteButton="True"
ShowEditButton="True"
                        ShowInsertButton="True" />
                </Fields>
        </asp:DetailsView>
```

(6) 保存对页面的更改，然后按 Ctrl+F5 组合键，在浏览器中打开它。执行结果如图 9-7
所示。

(7) 单击【新建】按钮输入一个新记录。然后单击【插入】按钮，即可在 Student 表中添加
一个记录。

⑨.4 Repeater 控件使用

Repeater 控件使用列表方式来显示数据，能够让用户定义 Template 模板标记，自动用模
板标记的项目，像循环那样重复编排数据源的数据，其基本语法如下所示：

```
<asp:Repeater ID="Repeater1" runat="server"
DataSourceID="SqlDataSource1">
        <HeaderTemplate>        </HeaderTemplate>
        <ItemTemplate>        </ItemTemplate>
        <AlternatingItemTemplate>        </AlternatingItemTemplate>
        <FooterTemplate>        </FooterTemplate>
</asp:Repeater>
```

上述 Repeater 控件使用 Template 模板标记(标记内容可以使用 HTML 标记)编排数据。各种 Template 标记的说明如表 9-2 所示。

表 9-2 Template 标记的说明

Template 模板标记	描 述
ItemTemplate	定义列表项目，也就是重复显示部分，对数据表来说是每一条记录，此为必须标记
AlternatingItem Template	项目交叉使用不同样式的模板，例如，记录轮流使用不同色彩显示，可以定义此标记，奇数项目(以 0 开始)使用此模板显示，偶数项目使用 ItemTemplate 模板
SeparatorTemplate	项目分隔模板，可以定义分隔标记，通常使用 HTML 标记 或 <hr>，如果没有定义就不显示
HeaderTemplate	定义列表标题，对数据表来说，就是 <table> 和记录的标题列，如果没有定义就不显示
FooterTemplate	定义列表脚注，对数据表来说，就是结尾标记 </table>，如果没有定义就不显示

【例 9-6】利用 Repeater 控件以表格形式来显示 Student 表的内容。

(1) 新建一个 Web 站点 Ex9_6。

(2) 切换到 VWD 中的 Default.aspx 页面的【设计】视图。从【工具箱】的【数据】类别中拖放一个 SqlDataSource 到页面。并建立与 hnyjj\sqlexpress.xsgl.dbo 数据库的连接。

(3) 在 Default.aspx 中的<Title>和<div>标记中输入如下内容：

```
<title>Repeater 控件使用示例</title>
```

在 Default.aspx 中的<div>标记中添加如下内容：

```
<div>
<asp:Repeater ID="Repeater1" runat="server" DataSourceID="SqlDataSource1">
    <HeaderTemplate>
    <table border="1" cellspacing="0" cellpadding="5">
        <tr style="background-color: #FFCC99">
        <td>学号</td><td>姓名</td><td>性别</td><td>出生日期<td>家庭住址
</td><td>照片</td>
        </tr>
    </HeaderTemplate>
    <ItemTemplate>
        <tr>
            <td><%# Eval("stuID")%></td>
            <td><%# Eval("name")%></td>
            <td><%# Eval("sex")%></td>
            <td><%# Eval("birth")%></td>
            <td><%# Eval("address")%></td>
            <td><%# Eval("photo")%></td>
```

```
            </tr>
        </ItemTemplate>
        <AlternatingItemTemplate>
            <tr  style="background-color: #FF00FF">
            <td><%# Eval("stuID")%></td>
            <td><%# Eval("name")%></td>
            <td><%# Eval("sex")%></td>
            <td><%# Eval("birth")%></td>
            <td><%# Eval("address")%></td>
            <td><%# Eval("photo")%></td>
            </tr>
        </AlternatingItemTemplate>
        <FooterTemplate> </table>    </FooterTemplate>
    </asp:Repeater>
```

(4) 切换到 Default.aspx Web 窗体，选择菜单【调试】|【开始执行(不调试)】命令或按 Ctrl+F5 键，在浏览器中执行程序。执行结果如图 9-8 所示。

图 9-7　【例 9-5】的执行结果

图 9-8　【例 9-6】的执行结果

⑨.5　DataList 控件使用

DataList 控件以项为单位组织和呈现数据(GridView 以列为单位)，每一项对应于关系数据集的一条记录(行)，通过定义和设置不同的项模板定制每一项的显示样式，绑定数据后控件将按照项模板重复显示数据源的每条记录。

DataList 控件中通过自定义模板设置数据的显示样式，它支持如下模板类型。

⊙ ItemTemplate ：包含一些 HTML 元素和控件，将为数据源中的每一行呈现一次这些 HTML 元素和控件。

⊙ AlternatingItemTemplate：包含一些 HTML 元素和控件，将为数据源中的每两行呈现一次这些 HTML 元素和控件。通常，可以使用此模板来为交替行创建不同的外观，如指定一个与在 ItemTemplate 属性中指定的颜色不同的背景色。

⊙ SelectedItemTemplate: 包含一些元素，当用户选择 DataList 控件中的某一项时将呈现这些元素。通常，可以使用此模板来通过不同的背景色或字体颜色直观地区分选定的行。还可以通过显示数据源中的其他字段来展开该项。

⊙ EditItemTemplate: 指定当某项处于编辑模式中时的布局。此模板通常包含一些编辑控件，如 TextBox 控件。

⊙ HeaderTemplate 和 FooterTemplate：包含在列表的开始和结束处分别呈现的文本和控件。

⊙ SeparatorTemplate ：包含在每项之间呈现的元素。典型的示例可能是一条直线(使用 HR 元素)。

开发人员需要根据不同的需要定义不同类型的项模板，DataList 控件根据项的运行时状态自动加载相应的模板显示数据，例如当某一项被选定后将会以 SelectedItemTemplate 模板呈现数据，编辑功能被激活时将以 EditItemTemplate 模板呈现数据。

【例 9-7】利用 DataList 控件来显示 Student 表的内容。

(1) 新建一个 Web 站点 Ex9_7。

(2) 切换到 Default.aspx 页面的【设计】视图。从【工具箱】的【数据】类别中拖放一个 SqlDataSource 到页面。并建立与 hnyjj\sqlexpress.xsgl.dbo 数据库的连接。

(3) 切换到 Default.aspx 页面的【设计】视图。从【工具箱】的【数据】类别中拖放一个 DataList 到页面。

(4) 打开 DataList 控件的智能标记(该面板应自动打开)。通过从【选择数据源】下拉列表中选择名称将它与 SqlDataSource1 关联。在【属性】窗口中修改其 RepeatDirection 属性为 Horizontal；修改 HorizontalAlign 为 Center；修改 RepeatColumns 为【3】。

(5) 切换到 Default.aspx 页面的【源】视图。在【照片】后添加如下内容

```
<img alt="照片" src='./images/<%# Eval("photo") %>'
```

该语句实现照片的显示。

(6) 保存对页面的更改，然后按 Ctrl+F5 组合键，在浏览器中打开它。如图 9-9 所示。

图 9-9 【例 9-7】的执行结果

9.6 FormView 控件使用

FormView 控件以项为单位组织和呈现数据(GridView 以列为单位)，每一项对应于关系数据集的一条记录(行)，通过定义和设置不同的项模板定制每一项的显示样式，绑定数据后控件将按照项模板重复显示数据源的每条记录。

FormView 控件提供了内置的数据处理功能，只需绑定到支持这些功能的数据源控件，并进行配置，无需编写代码就可以实现对数据的分页和增删改功能。

要使用 FormView 内置的增删改功能需要为更新操作提供 EditItemTemplate 和 InsertItemTemplate 模板，FormView 控件显示指定的模板以提供允许用户修改记录内容的用户界面。

由于 FormView 控件的各个项通过自定义模板来呈现，因此控件并不提供内置的实现某一功能(如删除)的特殊按钮类型，而是通过按钮控件的 CommandName 属性与内置的命令相关联。FormView 提供如下命令类型(区分大小写)。

- Edit：引发此命令控件转换到编辑模式，并用已定义的 EditItemTemplate 呈现数据。
- New：引发此命令控件转换到插入模式，并用已定义的 InsertItemTemplate 呈现数据。
- Update：此命令将使用用户在 EditItemTemplate 界面中的输入值在数据源中更新当前所显示的记录。引发 ItemUpdating 和 ItemUpdated 事件。
- Insert：此命令用于将用户在 InsertItemTemplate 界面中的输入值在数据源中插入一条新的记录。引发 ItemInserting 和 ItemInserted 事件。
- Delete：此命令删除当前显示的记录。引发 ItemDeleting 和 ItemDeleted 事件。
- Cancel：在更新或插入操作中取消操作和放弃用户输入值，然后控件会自动转换到 DefaultMode 属性指定的模式。

在命令所引发的事件中，可以执行一些额外的操作，例如对于 Update 和 Insert 命令，因为 ItemUpdating 和 ItemInserting 事件是在更新或插入数据源之前触发的，可以在 ItemUpdating 和 ItemInserting 事件中先判断用户的输入值进行验证，满足要求后才访问数据库，否则取消操作。

【例 9-8】利用 DataList 控件来实现对 Student 表的内容的编辑、修改、删除和插入操作。

(1) 新建一个 Web 站点 Ex9_8。

(2) 切换到 Default.aspx 页面的【设计】视图。从【工具箱】的【数据】类别中拖放一个 SqlDataSource 到页面。并建立与 hnyjj\sqlexpress.xsgl.dbo 数据库的连接。

(3) 切换到 Default.aspx 页面的【设计】视图。从【工具箱】的【数据】类别中拖放一个 FormView 到页面。

(4) 打开 FormViewt 控件的智能标记(该面板应自动打开)。通过从【选择数据源】下拉列表中选择名称将它与 SqlDataSource1 关联，并选择【启用分页】复选框。

(5) 保存对页面的更改，然后按 Ctrl+F5 组合键，在浏览器中打开它。如图 9-10 所示。

图 9-10 【例 9-8】的执行结果

⑨.7 上机练习

上机练习完成数据筛选的操作。

数据筛选是用 WHERE 子句完成的。VWD 2008 和 ASP.NET 提供了很多使创建筛选变得非常容易的工具。为了筛选数据，SqlDataSource 控件(和其他数据源控件)有一个<SelectParame ters>元素，在运行时提供用于筛选的值。这些值可来自于不同的源，如表 9-3 所示。

表 9-3 <SelectParameters>元素的值

参 数	从何处检索值
ControlParameter	页面中的控件，如 DropDownList 或 TextBox
CookieParameter	存储在用户计算机上并随每条请求发送到服务器的 cookie
FormParameter	已提交给服务器的表单上的值
Parameter	多种源。通过这一参数，一般可通过代码设置值
ProfileParameter	用户配置文件上的属性
QueryStringParameter	查询字符串字段
SessionParameter	存储在会话(这是在用户访问站点时为特定用户存储的数据)中的值

由于这些参数的行为或多或少有些类似，因此可在自己的代码中轻松使用它们。一旦理解了如何使用它们中的一个，就可以快速使用其他参数。下面将将介绍如何使用 Control Parameter。

【例 9-9】利用 DropDownList 控件和 GridView 控件来实现数据筛选的操作。

(1) 新建一个 Web 站点 Ex9_9。

(2) 按照【例 9-2】的方法在页面中添加一个 DropDownList 控件并建立与数据源 hnyjj\ sqlex

press.Northwind.dbo 的 Suppliers 表的连接。如图 9-11 所示。

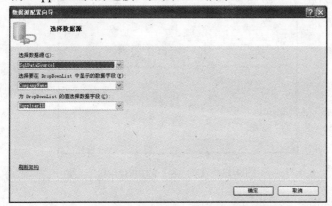

图 9-11　SqlDataSource1 数据源控件配置

(3) 切换到 Default.aspx 页面的【设计】视图。从【工具箱】的【数据】类别中拖放一个 SqlDataSource 到页面。并建立与 hnyjj\sqlexpress.Northwind.dbo 的 Products 表的连接。在【配置 Select 语句】页面选择 Where 按钮，在出现的对话框中按照图 9-12 所示选择有关内容，单击【添加】按钮，最后单击【确定】按钮返回【配置 Select】页面。继续完成数据源配置。

图 9-12　SqlDataSource2 数据源控件配置

(4) 切换到 Default.aspx 页面的【设计】视图。从【工具箱】的【数据】类别中拖放一个 GridView 控件到页面。

(5) 打开 GridView 控件的智能标记(该面板应自动打开)。通过从【选择数据源】下拉列表中选择名称将它与 SqlDataSource2 关联。

(6) 保存对页面的更改，然后按 Ctrl+F5 组合键，在浏览器中打开它。如图 9-13 所示。

(7) 从下拉列表中选择新项。页面进行刷新，显示该供货商提供的产品。如果页面不刷新，确保在 DropDownList 控件中将 AutoPostBack 设置为 true。

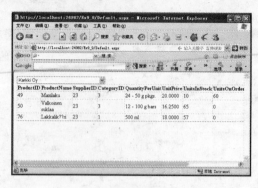

图 9-13　【例 9-9】的执行结果

看一下 SqlDataSource2 这一部分的代码：

```
<asp:SqlDataSource ID="SqlDataSource2" runat="server"
        ConnectionString="<%$ConnectionStrings:NorthwindConnectionString %>"
        SelectCommand="SELECT * FROM [Products] WHERE ([SupplierID] = @SupplierID)">
        <SelectParameters>
            <asp:ControlParameter ControlID="DropDownList1" Name="SupplierID"
                PropertyName="SelectedValue" Type="Int32" />
        </SelectParameters>
</asp:SqlDataSource>
```

SelectCommand 的 SQL 语句包含了 @SupplierID 的参数。这意味着 SQL 语句只返回 Products 表中特定的记录。在运行时，从 ControlParameter 元素中定义的控件中检索这一参数值，也就是从 DropDownList1 控件中获取值。VWD 2008 知道，为了从 DropDownList 中获取选择的值，应访问其 SelectedValue 属性，因此它添加其作为 ControlParameter 的 PropertyName。如果需要使用不同的属性，可以简单地在 ControlParameter 元素的声明中作修改。

在这一代码建立后，GridView 向 SqlDataSource 请求数据。然后这一数据源向 DropDown List 请求用户在列表中选择的项。该值插入到 SQL 语句中，随后者发送到数据库。从数据库返回的结果通过数据源再发送回 GridView，GridView 使用它们在浏览器中创建 HTML 表。

⑨.8　习题

1. 如果需要创建一个用户界面，使用户显示、筛选、编辑和删除某个数据库的数据，最好使用哪个控件？如何将该控件与数据库相关联？

2. 存储连接字符串的最佳位置是哪儿？如何从那里访问连接字符串？为什么不将连接字符串存储在页面中？

3. BoundField 和 TemplateField 之间的区别是什么？它们分别在何时使用？

ASP.NET AJAX

学习目标

本章内容有 ASP.NET AJAX 简介、在项目中使用 ASP.NET AJAX、ASP.NET AJAX Control Extenders 扩展控件。通过本章的学习，读者应了解 ASP.NET AJAX 的基本知识；熟练掌握 ASP.NET AJAX 主要控件的用法；了解 ASP.NET AJAX 控件工具包中部分控件的使用。

本章重点

- ⊙ ASP.NET AJAX 简介
- ⊙ ScriptManager 控件使用
- ⊙ UpdatePanel 控件使用
- ⊙ UpdateProgress 控件使用
- ⊙ ScriptManagerProxy 控件使用
- ⊙ Timer 控件使用
- ⊙ ASP.NET AJAX 控件工具包

10.1 ASP.NET AJAX 简介

Ajax(Asynchronous JavaScript and XML)技术是由 Jesse James Garrett 提出的，是综合异步通信、JavaScript 以及 XML 等多种网络技术新的编程方式。如果从用户看到的实际效果来看，也可以形象地称之为无页面刷新技术。Ajax 允许客户端 Web 页面通过异步调用与服务器交换数据。由 Ajax 驱动的最普遍的功能可能是无闪烁页面，它允许执行到服务器的回送，而无需刷新整个页面。

要使用 Ajax 功能增强 Web 站点，可以选择不同的 Ajax 架构。其中许多架构都能提供一组功能和工具，包括在浏览器中激活 Ajax 的客户端 JavaScript 架构、与服务器通信的 JavaScript 代码、与 ASP.NET 页面集成的服务器控件。虽然 ASP.NET 有许多不同的 Ajax 架构可用，但最明显的一个是 Microsoft ASP.NET AJAX，因为它可以与.NET 3.5 Framework 和 Visual Web Developer 一起使用。

2005 年，Microsoft 公司在专业开发人员大会上宣布将在 ASP.NET 上实现 Ajax 功能(开发代号为"Atlas")，主要是为了充分利用客户端 JavaScript、DHTML 和 XMLHttpRequest 对象。目的是帮助开发人员创建更具交互性的支持 Ajax 的 Web 应用程序。直到 2007 年 1 月，Microsoft 公司才真正推出了具有 Ajax 风格的方便的异步编程模型，这就是 ASP.NET AJAX 1.0。同时为了与其他的 Ajax 技术区分，Microsoft 公司用大写的 AJAX，并在其前面加上 ASP.NET。

ASP.NET AJAX 1.0 是以可以在 ASP.NET 2.0 之上安装的单独一个下载的形式发布的。从.NET Framework 3.5 开始，所有这些特性都成为 ASP.NET 所固有的，这意味着在构建或部署应用时，不再需要下载和安装单独的 ASP.NET AJAX 安装文件。

通过 ASP.NET AJAX 可以实现如下功能。

- 创建无闪烁页面，它们允许刷新部分页面，而不需要全部重载，也不会影响页面的其他部分。
- 在这些页面刷新过程中给用户提供反馈。
- 更新页面部分，按计划调用服务器端的代码。
- 访问服务器端 Web 服务，使用它们返回的数据。
- 使用富客户端编程架构来访问和修改页面中的元素，访问代码模型和典型系统。

Ajax 技术的最大优点就是能在不更新整个页面的前提下维护数据。这使得 Web 应用程序更为迅捷地回应用户动作，并避免了在网络上发送那些没有改变过的信息。

ASP.NET AJAX 的另一个优点是它很容易上手。创建无闪烁的页面就是将一些控件从工具箱的 AJAX Extensions 类别中拖到页面上。

10.2　创建无闪烁页面

在 VWD 2008 中，使用 ASP.NET AJAX 非常简单，当新建一个 Web 站点时，其 Ajax 功能已是激活的，不用做任何设置就可以在页面中使用它们。可以看到在【工具箱】中已经包含一个 AJAX Extensions 类别，在其中可以找到与 AJAX 相关的服务器控件，如图 10-1 所示。

图 10-1　AJAX 相关的服务器控件

为了避免 ASPX 页面中的完全回送并且只更新部分页面,可以使用 UpdatePanel 服务器控件。要让这个控件正确运行,还需要 ScriptManager 控件。如果打算在多个 ASPX 页面中使用 Ajax 功能,可以将 ScriptManager 放置在母版页中,因此它在基于这个母版页的所有页面中都可用。

10.2.1 ScriptManager 控件使用

ScriptManager 控件是客户页面和服务器之间的桥梁。它管理脚本资源(客户端使用的 JavaScript 文件),负责部分页面的更新,处理与 Web 站点的交互,例如 Web 服务和 ASP.NET 应用程序服务(如成员、角色和配置文件)。

如果只在一个页面上需要 Ajax 性能,可以将 ScriptManager 控件直接放置到内容页中。也可以将 ScriptManager 放置在母版页中,使整个站点都可使用。

ScriptManager 类有许多属性,其中大多数都用于高级场景。在很多情况下,是使用 UpdatePanel 更新部分页面,不需要改变 ScriptManager 类的任何属性。而在有些情况下,需要改变或设置其中某些属性。

ScriptManager 控件的主要属性如表 10-1 所示。

表 10-1 ScriptManager 控件的主要属性

属　　性	属 性 描 述
AllowCustomErrorsRedirect	这个属性确定 Ajax 运行过程中出现的错误是否会导致加载自定义的错误页面。默认是 True;设置为 False 时,错误在浏览器中显示为 JavaScript 警报窗口,或者禁止调试时对客户隐藏。注意,如果没有配置任何自定义错误页面,错误就总是显示为 JavaScript 警报,不管这个设置的值是什么
AsyncPostBackErrorMessage	异步回传发生错误时的自定义提示错误信息。如果没有使用自定义错误页面,这个属性允许自定义错误消息,当发生 Ajax 错误时,用户可以看到这条错误消息。它允许对用户隐藏脏细节,并给他们提供更友好的错误消息
AsyncPostBackTimeout	异步回传时超时限制,默认值为 90,单位为秒
EnablePartialRendering	是否支持页面的局部更新,默认值为 True,一般不需要修改
ScriptMode	指定 ScriptManager 发送到客户端的脚本的模式,有 4 种模式:Auto,Inherit,Debug,Release,默认值为 Auto
ScriptPath	设置所有的脚本块的根目录,作为全局属性,包括自定义的脚本块或者引用第三方的脚本块。如果在 Scripts 中的<asp:ScriptReference />标签中设置了 Path 属性,它将覆盖该属性
Scripts	ScriptManager 控件的<Scripts>子元素允许添加其他客户在运行时必须下载的 JavaScript 文件
Services	<Services>元素允许定义客户端页面能够访问的 Web 服务

ScriptManager 控件的主要方法如下所示。

- ◉ OnAsyncPostBackError 方法异步回传发生异常时的服务端处理函数,在这里可以捕获一场信息并作相应的处理。
- ◉ OnResolveScriptReference 方法指定 ResolveScriptReference 事件的服务器端处理函数,在该函数中可以修改某一条脚本的相关信息(如路径、版本等)。

10.2.2 UpdatePanel 控件

UpdatePanel 控件是创建无闪烁页面的关键组件。在它最基础的应用程序中,只需将要更新的内容包含在该控件内,并将 ScriptManager 添加到页面就行了。当 UpdatePanel 内的某个控件产生到服务器的回送时,只会刷新 UpdatePanel 里面的内容。

UpdatePanel 控件工作原理如图 10-2 所示。

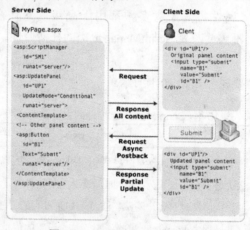

图 10-2　UpdatePanel 工作原理

UpdatePanel 控件的工作依赖于 ScriptManager 控件和客户端 PageRequestManager 类,当 ScriptManager 允许页面局部更新时,它会以异步的方式回传给服务器,与传统的整页回传方式不同的是只有包含在 UpdatePanel 中的页面部分会被更新,在从服务器返回 XHTML 之后,PageRequestManager 会通过操作 DOM 对象来替换需要更新的代码片段。

UpdatePanel 控件主要属性如表 10-2 所示。它们能够影响 UpdatePanel 的行为。

表 10-2　UpdatePanel 控件主要属性

属　　性	属　性　描　述
ContentTemplate	定义 UpdatePanel 的内容。尽管在 UpdatePanel 的 Properties 窗口中不可见,但 <ContentTemplate> 是 UpdatePanel 的一个重要属性。它是一个容器,可以将控件作为 UpdatePanel 的子控件放置在该容器里面。如果忘记了这个必需的 ContentTemplate,VWD 会发出一条警告信息

（续表）

属　　　性	属　性　描　述
ChildrenAsTriggers	这个属性确定位于 UpdatePanel 内的控件能否刷新 UpdatePanel。默认值是 True，如前面的练习所示。当将这个值设置为 False 时，必须将 UpdateMode 设置为 Conditional。 注意，当设置为 False 时，UpdatePanel 内定义的控件仍然会导致到服务器的回送；它们只是不再自动更新面板而已
Triggers	Triggers 集合包含 PostBackTrigger 和 AsyncPostBackTrigger 元素。如果要实现完整的页面刷新，那么就可以用第一个，而如果要使用在面板之外定义的控件更新 UpdatePanel，那么第二个就很有用
RenderMode	这个属性可以设置为 Block(默认)或 Inline 来表示 UpdatePanel 将它自己呈现为<div>元素还是<span>元素
UpdateMode	表示 UpdatePanel 的更新模式，有两个选项：Always 和 Conditional。Always 是不管有没有 Trigger，其他控件都将更新该 UpdatePanel，Conditional 表示只有当前 UpdatePanel 的 Trigger，或 ChildrenAsTriggers 属性为 true 时当前 UpdatePanel 中控件引发的异步回送或者整页回送，或是服务器端调用 Update()方法才会引发更新该 UpdatePanel

下面举例说明 UpdatePanel 控件的使用。

【例 10-1】创建一个无闪烁页面：将 Label 和 Button 控件添加到页面，当单击浏览器中的按钮时，Label 控件的 Text 属性会更新为服务器的当前日期和时间。

(1) 新建一个 Web 站点 Ex10_1。

(2) 在 Default.aspx 中的<Title>标记中输入如下内容：

<title>UpdatePanel 控件的使用示例</title>

(3) 切换到 Default.aspx 的【设计】视图窗口，从【工具箱】的 AJAX Extensions 类别中拖放一个 ScriptManager 控件到页面中；再拖放一个 UpdatePanel 控件到页面中；并将一个 Label 和一个 Button 控件从【工具箱】的【标准】类别中拖入 UpdatePanel 控件内。设置 Button 控件的 Text 属性为【无闪烁刷新时间】。之后，再在 UpdatePanel 控件外添加一个 Button 控件到页面，设置其 Text 属性为【闪烁刷新时间】。

(4) 清除 Label 控件的 Text 属性。要做到这一点，请右击其【属性】窗口中的 Text 属性，然后选择【重置】。

(5) 双击 Button 控件，为它们添加默认的事件处理程序如下：

```
protected void Button1_Click(object sender, EventArgs e)
{
    Label1.Text = DateTime.Now.ToString();
}
protected void Button2_Click(object sender, EventArgs e)
```

```
        {
            Label1.Text = DateTime.Now.ToString();
        }
```

(6) 切换到 Default.aspx 的【源】视图窗口，将看到 VWD 自动在<div>标记间生成了如下代码：

```
<div>
    <asp:ScriptManager ID="ScriptManager1" runat="server">
    </asp:ScriptManager>
    <asp:UpdatePanel ID="UpdatePanel1" runat="server">
        <ContentTemplate>
            当前的日期和时间是： <asp:Label ID="Label1"runat="server"></asp:Label>
            <br />
            <br />
            <asp:Button ID="Button1" runat="server" onclick="Button1_Click"
                Text="无闪烁刷新页面" />
        </ContentTemplate>
    </asp:UpdatePanel>
    <br />
    <asp:Button ID="Button2" runat="server" onclick="Button2_Click"
Text="闪烁刷新页面" />
    </div>
```

(7) 保存修改，然后在浏览器中请求页面。多次轮流单击 2 个按钮，将标签更新为当前日期和时间。注意现在单击 2 个按钮时的区别。当单击第一个按钮时页面没有闪烁。似乎只是更新了页面上的标签而已。但单击第二个按钮时页面会有闪烁，并且速度也似乎慢一点。

虽然使用 UpdatePanel 和 ScriptManager 已经足以创建无闪烁页面，但 ASP.NET AJAX 提供了更多控件来增强用户在 Ajax 激活的 Web 站点中的体验。改进用户体验的方法之一是使用 UpdateProgress 控件。另一种选择是使用 Timer 控件。

10.3 给用户提供反馈

尽管回送通常导致视觉问题，但它们也有一大优点：用户可以看到正在发生的事情。UpdatePanel 让这变得有点困难。在正在发生的情况已经发生之前，用户没有视觉线索。要告诉用户在处理他们的请求时再坚持几秒钟，可以使用 UpdateProgress 控件。

UpdateProgress 控件主要属性如表 10-3 所示。

表 10-3　UpdateProgress 控件主要属性

属　　性	属 性 描 述
AssociatedUpdatePanelID	设置哪个 UpdatePanel 控件产生的回送会显示 UpdateProgress 的内容
DisplayAfter	该属性确定控件在显示其内容之前等待的时间(以毫秒为单位)。当刷新时间非常短暂以至于通知消息过多时，这非常有用。默认值是 500 毫秒，也就是半秒钟
DynamicLayout	该属性确定控件隐藏时是否占用屏幕空间。它再直接映射到 CSS display: none;或者前面见过的 visibility: hidden;属性

可以使用 AssociatedUpdatePanelID 属性将 UpdateProgress 控件连接到 UpdatePanel。当相关 UpdatePanel 忙于刷新时，就会显示它在<ProgressTemplate>元素中定义的内容。通常要在模板中放入像"正在…请等待…"这样的文本或动画图像(当然也接受其他标记)来让用户知道正在发生的事情。

【例 10-2】使用 UpdateProgress 控件示例。本例将把 ScriptManager 控件放在母版页中。

(1) 新建一个 Web 站点 Ex10_2。

(2) 在【解决方案资源管理器】右击网站根目录，在弹出的快捷菜单中选择【添加新项】命令，再在弹出的对话框中选择【母版页】选项，添加一个 MasterPage.master 文件。在其<form>标记和<div>标记之间添加一个 ScriptManager 控件，方法就是将它从【工具箱】拖动到页面的源代码中。VWD 2008 自动生成以下代码：

```
<form id="form1" runat="server">
<asp:ScriptManager ID="ScriptManager1" runat="server">
</asp:ScriptManager>
<div>
    <asp:ContentPlaceHolder id="ContentPlaceHolder1" runat="server">
    </asp:ContentPlaceHolder>
</div>
</form>
```

(3) 在【解决方案资源管理器】右击网站根目录，在弹出的快捷菜单中选择【添加新项】命令，再在弹出的对话框中选择【Web 窗体】选项，添加一个 Default2.aspx 页面，注意要选中【选择母版页】复选框。在其【源】视图中添加如下内容：

```
<asp:Content ID="Content1" ContentPlaceHolderID="head" Runat="Server">
 UpdateProgress 控件的使用示例：
</asp:Content>
```

(4) 切换到 Default2.aspx 的【设计】视图窗口，从【工具箱】的 AJAX　Extensions 类别中拖放一个 UpdatePanel 控件到页面中；并将一个 Label 和一个 Button 控件从【工具箱】的【标准】类别中拖入 UpdatePanel 控件内。设置 Button 控件的 Text 属性为【获取时间】。之后，再在 UpdatePanel 控件外添加一个 UpdateProgress 控件到页面，在其中输入文本"正在获取服务器时间，请等待…"。在其【源】视图中，VWD 2008 自动添加如下内容：

```
<asp:Content ID="Content2" ContentPlaceHolderID="ContentPlaceHolder1"
Runat="Server">
    <asp:UpdatePanel ID="UpdatePanel1" runat="server">
        <ContentTemplate>
            <asp:Label ID="Label1" runat="server" Text="Label"></asp:Label>
            <br /><br />
            <asp:Button ID="Button1" runat="server" Text="Button"
onclick="Button1_Click" />
            <br />
        </ContentTemplate>
    </asp:UpdatePanel>
    <asp:UpdateProgress ID="UpdateProgress1" runat="server">
            <ProgressTemplate>
                正在获取服务器时间...
            </ProgressTemplate>
    </asp:UpdateProgress>
</asp:Content>
```

(5) 清除 Label 控件的 Text 属性。要做到这一点，请右击其【属性】窗口中的 Text 属性，然后选择【重置】。

(6) 要看见 UpdateProgress 控件的消息，需要一点时间。双击 Button 控件，为它们添加默认的事件处理程序如下：

```
protected void Button1_Click(object sender, EventArgs e)
{
    System.Threading.Thread.Sleep(5000);
    Label1.Text = DateTime.Now.ToString();
}
```

这个代码将页面的执行暂停 5 秒(传递给 Sleep 方法的数字以毫秒为单位)，因此可以仔细检查 UpdateProgress 控件中的消息。在生产代码中，应该删除这一行，因为它极大地减缓了页面执行速度，而又没有给页面添加任何值。

(7) 保存所有修改，然后在浏览器中请求 Default2.aspx 页面。单击按钮，UpdateProgress 控件里<ProgressTemplate>元素中的内容将显示在页面上，3 秒钟后标签显示新的时间，<ProgressTemplate>元素中的内容消失。执行结果如图 10-3 和图 10-4 所示。

图 10-3 【例 10-2】执行时   图 10-4 【例 10-2】执行后

10.4 Timer 控件使用

工具箱的 AJAX Extensions 类别里的 Timer 控件对于重复执行服务器端代码非常有用。例如,可以使用它每 5 秒钟更新一次 UpdatePanel 的内容。UpdatePanel 的内容的来源各不相同,例如显示添加到站点的新内容的数据库,显示当前联机用户数量的成员服务,甚至是外部 Web 服务。

10.4.1 Timer 控件属性和事件

除了大多数控件具有的标准属性(如 ID 和 EnableViewState)之外,Timer 控件其他主要属性如表 10-4 所示。

表 10-4 Timer 控件主要属性

属 性	描 述
Enabled	这个属性确定 Timer 控件当前是否激活。当 Enabled 为 True 时,该控件按 Interval 属性内指定的时间间隔激活 Tick 事件。当 Enabled 为 False 时,控件什么也不会做,也不会启动任何事件
Interval	这个属性确定控件激活的 Tick 事件之间的时间间隔(以毫秒为单位)。例如,如果要让控件每分钟激活一个事件,就可以将这个属性设置为 60,000

Timer 控件主要事件是一个 Tick 事件:指定间隔到期后触发该事件。

Timer 控件用法非常简单。控件按照指定的时间间隔激活其 Tick 事件。在这个事件的事件处理程序内,可以执行认为合适的任何代码。如果使用 Triggers 集合将 Timer 与 Update Panel 关联起来,当 Timer 控件运行——也就是它激活 Tick 事件时,就可以更新页面的单个区域。

使用 Timer 控件可以创建连续更新而不需要完全回送的页面。可以使用相同的原则来显示想要的任何类型的动态数据。

10.4.2 使用 Timer 控件定时更新 UpdatePanel

【例 10-3】在 UpdatePanel 内部使用 Timer 控件。Timer 每 5 秒钟运行一次，然后更新标签。除了 Timer 之外，页面还有常规的按钮，单击它就可以按要求刷新屏幕。这是具有自动更新数据的常见场景，因为它允许用户强制刷新，如果他们不想等待下一次自动更新的话。

(1) 新建一个 Web 站点 Ex10_3。

(2) 在 Default.aspx 中的<Title>标记中输入如下内容：

<title>Timer 控件使用示例 1</title>

(3) 切换到 Default.aspx 的【设计】视图窗口，从【工具箱】的 AJAX Extensions 类别中拖放一个 ScriptManager 控件到页面中；再拖放一个 UpdatePanel 控件到页面中；并将一个 Label 从【工具箱】的【标准】类别中拖入 UpdatePanel 控件内。

(4) 清除 Label 控件的 Text 属性。要做到这一点，请右击其【属性】窗口中的 Text 属性，然后选择【重置】。

(5) 从【工具箱】的 AJAX Extensions 类别中拖放一个 Timer 控件到 UpdatePanel 的下方；并将一个 Button 控件从【工具箱】的【标准】类别中拖放 Timer 控件的下方。设置 Button 控件的 Text 属性为【立即刷新】。

(6) 选择 Timer 控件，在【属性】窗口中将它的 Interval 属性设置为 5000，这样它每 5 秒钟运行一次。

(7) 将【属性】窗口切换到【事件】类别。双击 Tick 事件，如图 10-5 所示。

图 10-5 Timer 控件的 Tick 事件

(8) VWD 将自动打开 Default.aspx.cs 文档窗口，为 Timer 控件的 Tick 事件添加如下代码：

```
protected void Timer1_Tick(object sender, EventArgs e)
{
    UpdateLabel();
```

（9）鼠标右击方法名 UpdateLabel()，在弹出的快捷菜单中选择【生成方法存根】命令，系统自动生成如下代码：

```
private void UpdateLabel()
{
    throw new NotImplementedException();
}
```

删除 throw new NotImplementedException()语句，修改程序如下：

```
private void UpdateLabel()
{
    Label1.Text = System.DateTime.Now.ToString();
}
```

（10）回到【设计】视图窗口，双击 Button 按钮来设置其 Click 处理程序。在这个处理程序中，调用相同的 UpdateLabel 方法：

```
protected void Button1_Click(object sender, EventArgs e)
{
    UpdateLabel();
}
```

（11）再次返回【设计】视图窗口，选择 UpdatePanel 选项。打开【属性】窗口(F4)，单击 Triggers 属性的省略号按钮，如图 10-6 所示。

图 10-6　UpdatePanel 控件的 Triggers 属性　图 10-7　【UpdatePanelTrigger 集合编辑器】对话框

（12）在弹出的【UpdatePanelTrigger 集合编辑器】对话框中，单击【添加】按钮插入新的 AsyncPostBack 触发器。

从【AsyncPostBack 属性】的下拉列表中选择正确的选项，将 ControlID 设置为 Timer1，将 EventName 设置为 Tick。重复这个过程，为 Click 事件添加 Button1 上的触发器。完成后，对话框应该如图 10-7 所示。

(13) 单击【确定】按钮关闭对话框，然后切换回【源】视图窗口，验证代码是否如下所示：

```
<div>
    <asp:ScriptManager ID="ScriptManager1" runat="server">
    </asp:ScriptManager>
    <asp:UpdatePanel ID="UpdatePanel1" runat="server">
        <ContentTemplate>
            <asp:Label ID="Label1" runat="server" Text=""></asp:Label>
        </ContentTemplate>
        <Triggers>
            <asp:AsyncPostBackTrigger ControlID="Timer1"EventName="Tick" />
            <asp:AsyncPostBackTrigger ControlID="Button1"EventName="Click" />
        </Triggers>
    </asp:UpdatePanel><br /><br />
    <asp:Timer ID="Timer1" runat="server" Interval="5000"ontick="Timer1_Tick">
    </asp:Timer>
    <asp:Button ID="Button1" runat="server" onclick="Button1_Click"
Text="立即刷新" /> <br />
</div>
```

(14) 保存所作的修改，然后在浏览器中请求 Timer.aspx。注意，标签使用当前日期和时间每 5 秒更新一次。单击按钮时，会看到 Label 控件被立即更新，而不必等待 Timer 控件上的下一个 Tick 事件发生。

上面创建了一个连续更新而不需要完全回送的页面。可以使用相同的原则来显示想要的任何类型的动态数据。

因为 Timer 控件上的 Interval 是 5000ms，因此它每 5 秒钟就将屏幕自动更新一次。如果不愿等待这么长时间，也可以单击添加到页面的 Button 按钮。单击这个按钮时，它产生到服务器的回送，其中 Button 控件的 Click 处理程序调用相同的 UpdateLabel 方法。由于 Button 控件被注册为 UpdatePanel 的触发器，所以更新 Label 时不会完全重载页面。如果要使用 Button 控件来更新整个页面，并忽略 Ajax 部分页面更新，只要从<Triggers>元素中删除 AsyncPostBackTrigger 就行了。这样，当单击 Button 控件时，就会发生正常的回送，更新整个页面。

10.4.3 使用 Timer 控件定时更新多个 UpdatePanel

【例 10-4】使用 Timer 控件定时更新多个 UpdatePanel 示例。

(1) 新建一个 Web 站点 Ex10_4。

(2) 在 Default.aspx 中的<Title>标记中输入如下内容：

```
<title>Timer 控件使用示例 2</title>
```

(3) 切换到 Default.aspx 的【设计】视图窗口，从【工具箱】的 AJAX　Extensions 类别中拖放一个 ScriptManager 控件到页面中。

(4) 拖放一个 UpdatePanel 控件到页面中；并将一个 Label 从【工具箱】的【标准】类别中拖入 UpdatePanel 控件内。

(5) 清除 Label1 控件的 Text 属性。要做到这一点，请右击其【属性】窗口中的 Text 属性，然后选择【重置】。

(6) 再拖放一个 UpdatePanel 控件到页面中；并将一个 Label 从【工具箱】的【标准】类别中拖入 UpdatePanel2 控件内。

(7) 清除 Label2 控件的 Text 属性。要做到这一点，请右击其【属性】窗口中的 Text 属性，然后选择【重置】。

(8) 从【工具箱】的 AJAX　Extensions 类别中拖放 2 个 Timer 控件到 UpdatePanel 的下方。

(9) 选择 Timer1 控件，在【属性】窗口中将它的 Interval 属性设置为 3000，这样它每 3 秒钟运行一次；将【属性】窗口切换到【事件】类别。双击 Tick 事件。VWD 将自动打开 Default.aspx.cs 文档窗口，为 Timer 控件的 Tick 事件添加如下代码：

```
protected void Timer1_Tick(object sender, EventArgs e)
{
    Label1.Text = "UpdatePanel1 更新于：　" +
        DateTime.Now.ToLongTimeString();
}
```

(10) 选择 Timer2 控件，在【属性】窗口中将它的 Interval 属性设置为 5000，这样它每 5 秒钟运行一次；将【属性】窗口切换到【事件】类别。双击 Tick 事件。VWD 将自动打开 Default.aspx.cs 文档窗口，为 Timer 控件的 Tick 事件添加如下代码：

```
protected void Timer2_Tick(object sender, EventArgs e)
{
    Label2.Text = "UpdatePanel2 更新于：　" +
        DateTime.Now.ToLongTimeString();
}
```

(11) 返回【设计】视图窗口，选择 UpdatePanel1 控件。打开【属性】窗口(F4)，单击 Triggers 属性的省略号按钮。

(12) 在弹出的【UpdatePanelTrigger 集合编辑器】对话框中，单击【添加】按钮插入新的 AsyncPostBack 触发器。

从【AsyncPostBack 属性】的下拉列表中选择正确的选项，将 ControlID 设置为 Timer1，将 EventName 设置为 Tick。

(13) 选择 UpdatePanel2 控件。打开【属性】窗口(F4)，单击 Triggers 属性的省略号按钮。

(14) 在弹出的【UpdatePanelTrigger 集合编辑器】对话框中，单击【添加】按钮插入新的

AsyncPostBack 触发器。

从【AsyncPostBack 属性】的下拉列表中选择正确的选项，将 ControlID 设置为 Timer2，将 EventName 设置为 Tick。

(15) 单击【确定】按钮关闭对话框，然后切换回【源】视图窗口，验证代码是否如下所示：

```
<div style="height: 143px; width: 545px">
<asp:ScriptManager ID="ScriptManager1" runat="server">
</asp:ScriptManager>
<asp:UpdatePanel ID="UpdatePanel1" runat="server">
    <ContentTemplate>
        <asp:Label ID="Label1" runat="server"></asp:Label>
    </ContentTemplate>
    <Triggers>
        <asp:AsyncPostBackTrigger ControlID="Timer1" EventName="Tick" />
    </Triggers>
</asp:UpdatePanel>
<asp:UpdatePanel ID="UpdatePanel2" runat="server">
    <ContentTemplate>
        <asp:Label ID="Label2" runat="server"></asp:Label>
    </ContentTemplate>
    <Triggers>
        <asp:AsyncPostBackTrigger ControlID="Timer2" EventName="Tick" />
    </Triggers>
</asp:UpdatePanel>
 <asp:Timer ID="Timer1" runat="server" Interval="3000" ontick="Timer1_Tick">
</asp:Timer>
 <asp:Timer ID="Timer2" runat="server" Interval="5000" ontick="Timer2_Tick">
</asp:Timer>
</div>
```

(16) 选择菜单【调试】|【开始执行(不调试)】命令，在浏览器中打开 Default.aspx 页面。注意观察两个标签显示的内容。Label1 标签使用当前日期和时间，每 3 秒更新一次。Label2 标签使用当前日期和时间，每 5 秒更新一次。

⑩.5　ASP.NET AJAX 控件工具包

ASP.NET AJAX 控件工具包(AjaxControlToolkit.dll)可以免费下载，内含 40 多个 AJAX 控件和组件，它们是建立在目前已经成为.NET 3.5 一部分的核心 ASP.NET AJAX 功能之上的。除了微软开发人员有贡献代码外，这个项目还有几十个非微软的代码贡献者，添加了非常强大的功能和控件。

　　AjaxControlToolkit.dll 下载地址是：http://www.asp.net/ajax/downloads/。下载的是一个压缩文件，请解压安装。

10.5.1　添加 ASP.NET Ajax Library 到 VWD 2008 的工具箱

添加 Ajax 库中的控件到 VWD 2008 的工具箱的步骤如下。

(1) 在 VWD 2008 中创建一个新的 ASP.NET 网站。

(2) 在设计视图中打开 Default.aspx 网页。

(3) 右击【工具箱】，在弹出的下拉列表中单击【添加选项卡】命令，命名选项卡的名字为 ASP.NET Ajax Library。

(4) 右击刚刚添加的 ASP.NET Ajax Library 选项卡，在弹出的下拉列表中单击【选择项…】命令，打开【选择工具箱项】对话框。如图 10-8 所示。

图 10-8　【选择工具箱项】对话框

(5) 在对话框中单击【浏览】按钮，在【打开】对话框中，找到下载安装的 ASP.NET Ajax Library 的位置。

(6) 在 Release 文件夹中，选择 AjaxControlToolkit.dll 程序集，随后单击【打开】按钮。如图 10-9 所示。

图 10-9　【打开】对话框

图 10-10　ASP.NET Ajax Library 选项卡中的控件

(7) 返回【选择工具箱项】对话框后，单击【确定】按钮，完成添加在工具箱中添加 ASP.NET Ajax Library，如图 10-10 所示。

10.5.2 ASP.NET Ajax Library 中常用控件介绍

ASP.NET Ajax 控件工具包中控件很多，可以使用 FilteredTextBoxExtender 控件防止输入非法字符；使用 SlideShowExtender 控件播放幻灯片；使用 AlwaysVisibleControlExtender 固定位置显示控件。下面重点介绍这 3 个常用控件的使用。

1. FilteredTextBoxExtender 控件的使用

FilteredTextBoxExtender 控件主要属性如表 10-5 所示。

表 10-5　FilteredTextBoxExtender 控件主要属性

属　　性	属　性　描　述
TargetControlID	要进行过滤的目标 TextBox 的 ID
FilterType	字符过滤类型，提供的有如下 4 种：Numbers，LowercaseLetters，UppercaseLetters，Custom。它们之间可以同时指定多个类型，如：　FilterType="Custom, Numbers"
ValidChars	当 FilterType 为 Custom 时允许输入的字符，否则将被忽略，如：ValidChars="+-=/*()."

2. SlideShowExtender 控件的使用

SlideShowExtender 控件主要属性如表 10-6 所示。

表 10-6　SlideShowExtender 控件主要属性

属　　性	属　性　描　述
TargetControlID	该控件的目标扩展控件
ImageDescriptionLabelID	对显示的图片进行说明的 Label 控件
Loop	是否为图片进行循环放映
NextButtonID	控制显示下一张图片的按钮
PlayButtonID	控制进行播放或停止的按钮
PlayButtonText	当 Image 中的图片在放映时，PlayButtonID 按钮显示的文本
PreviousButtonID	控制显示前一张图片的按钮
StopButtonText	当 Image 中的图片停止放映时，PlayButtonID 按钮显示的文本
PlayInterval	播放每幅图片的间隔，单位毫秒，默认 3000 毫秒(3 秒)
SlideShowServiceMethod	进行幻灯片式放映时加载图片的方法

3. AlwaysVisibleControlExtender 控件的使用

AlwaysVisibleControlExtender 控件的主要属性如表 10-7 所示。

表 10-7　AlwaysVisibleControlExtender 控件主要属性

属　　性	属　性　描　述
TargetControlID	目标控件 ID，要浮动的控件
HorizontalOffset	距离浏览器的水平边距，默认值 0px
HorizontalSide	水平停靠方向，默认值 Left
VerticalOffset	距离浏览器的垂直边距，默认值 0px
VerticalSide	垂直停靠方向，默认值 Top
ScrollEffectDuration	滚动效果的延迟时间？单位为秒，默认值 0.1

下面举例说明怎样使用 ASP.NET AJAX 控件工具包。

【例 10-5】使用 SlideShowExtender 控件播放幻灯片。

(1) 新建一个 Web 站点 Ex10_5。

(2) 在网站中建立名为 Images 的文件夹，并在文件夹中添加几张图片。

(3) 切换到 Default.aspx 的【设计】视图窗口，从【工具箱】的【标准】类别中拖放一个 Image 控件、一个 Label 控件和 3 个 Button 控件到网页。并设置相应的属性。

(4) 返回【源】视图，这时的代码如下所示：

```
<div style="text-align: center"  >
        <asp:Image ID="Image1" runat="server"
            Height="300"
            Style="border: 1px solid black;width:auto"
            ImageUrl="~/Images/1.jpg"
            AlternateText="Blue Hills image" />
        <asp:Label runat="server" ID="imageDescription"></asp:Label><br /><br />
        <asp:Button runat="Server" ID="prevButton" Text="前一个"  />
        <asp:Button runat="Server" ID="playButton" Text="开始"  />
        <asp:Button runat="Server" ID="nextButton" Text="后一个"  />
    </div>
```

(5) 切换到 Default.aspx 的【设计】视图窗口，从【工具箱】的 ASP.NET Ajax Library 类别中拖放一个 ToolkitScriptManager 控件到网页。这一步将自动在【解决方案资源管理器】窗口中添加一个 Bin 文件夹，并在其中添加两个程序集文件 System.Web.Ajax.dll 和 AjaxControlToolkit.dll。这一步会在网页的首部自动添加如下代码：

```
<%@ Register Assembly="AjaxControlToolkit" Namespace="AjaxControlToolkit"
  TagPrefix="asp" %>
```

在<div>标记中自动添加如下代码：

```
…
```

```
<asp:ToolkitScriptManager ID="ToolkitScriptManager1" runat="server">
</asp:ToolkitScriptManager>
```

(6) 从【工具箱】的 ASP.NET Ajax Library 类别中拖动一个 SlideShowExtender 控件到网页中。设置其相关属性。这一步会生成如下代码：

```
<asp:SlideShowExtender ID="SlideShowExtender1" runat="server"
            TargetControlID="Image1"
            SlideShowServiceMethod="GetSlides"
            AutoPlay="true"
            ImageDescriptionLabelID="imageDescription"
            NextButtonID="nextButton"
            PlayButtonText="开始"
            StopButtonText="停止"
            PreviousButtonID="prevButton"
            PlayButtonID="playButton"
            Loop="true" PlayInterval="2000">
    </asp:SlideShowExtender>
```

(7) 在【解决方案资源管理器】中双击 Default.aspx.cs 文件名，在其代码窗口添加如下代码：

```
public partial class _Default : System.Web.UI.Page
{
    protected void Page_Load(object sender, EventArgs e)
    {

    }
    [System.Web.Services.WebMethod]
    [System.Web.Script.Services.ScriptMethod]
    public static AjaxControlToolkit.Slide[] GetSlides()
    {
      return new AjaxControlToolkit.Slide[] {
            new AjaxControlToolkit.Slide("images/1.jpg", "hnyjj", "美女"),
            new AjaxControlToolkit.Slide("images/11.jpg", "", "瓷器 1"),
            new AjaxControlToolkit.Slide("images/13.jpg", "", "瓷器 2"),
            new AjaxControlToolkit.Slide("images/14.jpg", "", "风景画 1"),
            new AjaxControlToolkit.Slide("images/15.jpg", "", "风景画 2"),
            new AjaxControlToolkit.Slide("images/16.jpg", "", "风景画 3")};
    }
}
```

(8) 选择菜单【调试】|【开始执行(不调试)】命令，在浏览器中打开 Default.aspx 页面。

10.6 上机练习

通过本上机练习，进一步熟悉 ASP.NET AJAX 技术，掌握 ASP.NET AJAX 服务器控件和扩展控件的使用方法。

(1) 新建名字为 Ex10_6 的网站。

(2) 在网站中建立名为 Images 的文件夹，并在文件夹中添加几张图片。

(3) 添加一个网页，当单击 Button 控件时，局部更新 Image 控件中的图片。

(4) 添加一个网页，当单击 Button 控件时，局部更新 Image 控件中的图片，同时利用 Update Progress 控件提示更新信息。

(5) 添加一个网页，定时局部更新 Image 控件中的图片。

(6) 建立母版页和内容页，要求在内容页中每 2 秒钟局部更新 Label 控件的当前时间。

(7) 添加一个网页，在两个 UpdatePanel 控件中分别放置一个显示时间的 Label 控件，当单击 UpdatePanel 外面的 Button 控件时，只有其中一个 UpdatePanel 控件局部刷新。

(8) 添加一个网页，使用 SlideShowExtender 扩展控件，自动播放 Image 控件中的图片。

(9) 添加一个网页，只允许文本编辑框输入小写字母。

(10) 添加一个网页，在网页的两边悬浮固定位置的广告。

10.7 习题

1. 简述工具箱的 AJAX Extensions 类别定义一个 ScriptManager 控件的功能。ScriptManager 控件应如何使用？

2. 如何让用户知道部分页面更新正在进行？

计算机基础与实训教材系列

第11章

在 ASP.NET 中使用 XML

11.1 XML 基础知识

XML 在.NET 领域非常重要，因为它是传输数据的默认格式，所以理解其基本知识至关重要。XML 文档中能出现的有效对象有：元素、处理指令、注释、根元素、子元素和属性。

11.1.1 XML 文档的基本结构

XML 文档的基本结构由序言部分和一个根元素组成。序言包括了 XML 声明和 DTD(或者是 XML Schema)。DTD(Document Type Define，文档类型定义)和 XML Schema 都是用来描述 XML 文档结构的，也就是描述元素和属性是如何联系在一起的。

XML 文件使用元素和属性来描述数据，而不提供数据的显示方法。一个 XML 文件

(Students.xml)的基本结构如下所示：

```xml
<?xml version="1.0" encoding="utf-8" ?>
<!--下面存放的是学生信息-->
<?xml-stylesheet href="StyleSheet.css" type="text/css" ?>
<students>
    <student>
        <no>10</no>
        <name>潘菊芬</name>
        <sex>女</sex>
        <birth>1985-01-12</birth>
        <address telephone="0371-67758826">郑州</address>
    </student>
        <no>11</no>
        <name>孙贞</name>
        <sex>女</sex>
        <birth>1989-01-12</birth>
        <address telephone="021-24438655">上海</address>
    </student>
        …
</students>
```

XML 最重要的一点就是它提供了一种结构化的组织数据的方式，它非常不同于关系数据库。XML 数据是分层组织的，有点类似于 Windows Explorer 中的文件夹和文件。每一个文档必须有一个根元素，其中包含所有的元素和文本数据。

11.1.2 XML 文档的组成

XML 文档由许多不同的部分组成。其中最重要的部分是 XML 元素，它包含文档的实际数据。XML 文件一般由标记、元素以及元素属性组成。XML 元素包含一个开标记(放在尖括号中的元素名称，如<myElement>)、元素中的数据和闭标记(与开标记相同，但是在左括号后有一个斜线：</myElement>)。

- 标记是左尖括号(<)和右尖括号(>)之间的文本。有开始标记(如 <name>)和结束标记(如 </name>)。
- 元素是开始标记、结束标记以及位于二者之间的所有内容。在 11.1.1 节的示例中，<student> 元素包含 5 个子元素：<no>、<name>、< sex>、<birth >和<address>。
- 属性是一个元素的开始标记中的名称-值对。在上面的示例中，birthdate 是< birth >元素的属性。

为什么在 XML 中需要两种方式来存储数据？下面二者的区别是什么？

```
<book>
    <title>计算机类图书</title>
</book>
```

和：

```
<book title="计算机类图书"></book>
```

实际上，二者并没有太大的区别。使用其中任何一个都没有什么优势可言。如果以后需要对数据添加更多的信息，最好选择使用元素——总是可以给元素添加子元素或属性，但是对属性就不能进行这样的操作。值得争论的是，元素是否更易于读取，更简洁(这只能根据个人不同的爱好来决定)。另一方面，如果未经压缩就在网络上传输文档，则属性会占用更少的带宽(即使压缩了，区别也不大)，更便于保存对文档的每一位用户而言无关紧要的信息。也许最好的选择是同时使用二者，可以根据自己的爱好选择使用某一种方式来存储特定的数据项。但是确实没有硬性规则。

除了元素和属性之外，XML 文档还包括 XML 声明，它必须是文档的第一个节点。XML声明的格式类似于元素，但是在尖括号内有问号。它一贯的名称是xml，并总是有 version 属性；当前，其唯一可能的值是"1.0"。另外，它还可以包含属性 encoding(其值表示用于读取文档的字符集，如"UTF-16"表示文档使用 16 位 Unicode 字符集)和 standalone(其值是"yes"或"no"，表示 XML 文档是否依赖于其他文件)。但是这些属性并不是必须的，可以仅在 XML 文件中包括 version 属性。

格式良好的 XML 文档规则如下。

(1) 文档必须以 XML 版本声明开始。

(2) 含有数据的元素必须有起始标记和结束标记。每个起始标记必须以相应的结束标记结束。如果一个文档未能结束一个标记，浏览器将报告一个错误信息，并且不会以任何形式显示任何文档的内容。

(3) 不含数据并且仅使用一个标记的元素必须以/>结束。

(4) 文档只能包含一个能够包含全部其他元素的根元素。如<students>元素。

(5) 元素只能嵌套不能重叠。

(6) 属性值必须加引号。如<address telephone="0371-67758826">。

11.1.3 XML 名称空间

XML 名称空间非常复杂，但其基本语法非常简单。使用前缀，后跟冒号，就可以将具体的元素或属性关联到特定的名称空间。例如，<wrox:book>表示 wrox 名称空间中的<book>元素。但是如何知道名称空间wrox 所表示的内容呢？为了使此方法有效，必须保证每个名称空间都是唯一的。最简单的办法是将名称空间前缀关联到 Uniform Resource Identifier(统一资源标识符, URI)上。URI 包含几种类型，最常见的类型是 Web 地址，如 http://www.wrox.com。

为了用具体的名称空间标识前缀，可以在元素内使用 xmlns:prefix 属性，将其值设置为标识名称空间的唯一 URI。然后前缀就可以用于该元素的任何位置，包括任何内嵌的子元素。例如：

```
<?xml version="1.0"?>
<books>
    <book xmlns:wrox="http://www.wrox.com">
        <wrox:title>Beginning C#</wrox:title>
        <wrox:author>Karli Watson</wrox:author>
    </book>
</books>
```

在此，<title>和<author>元素使用 wrox:前缀，因为它们位于<book>元素内，其中定义了该前缀。但是如果试图将此前缀添加到<books>元素上，XML 就是非法的，因为并没有为此元素定义前缀。

也可以使用 xmlns 属性为元素定义默认的名称空间：

```
<?xml version="1.0"?>
<books>
    <book xmlns="http://www.wrox.com">
        <title>Beginning C#</title>
        <author>Karli Watson</author>
        <html:img src="begcsharp.gif"
            xmlns:html="http://www.w3.org/1999/xhtml" />
    </book>
</books>
```

在此，将<book>元素的默认名称空间定义为 http://www.wrox.com。因此此元素内的所有内容都属于此名称空间，除非添加不同的名称空间前缀，显式请求其他内容，如对<img>元素所做的处理(将它设置到与 XML 兼容的 HTML 文档所使用的名称空间中)。

⑪.1.4 验证 XML 文档

XML 支持两种方法，定义在文档中可以放置那些元素和属性，以及其放置顺序——文档类型定义(Document Type Definitions，DTD)和模式。DTD 使用从 XML 的父文档继承的非 XML 语法，并逐渐被模式(或称为架构)所代替。DTD 不允许规定元素和属性的数据类型，因此不太灵活，在.NET Framework 的环境中使用得不多。另一方面，模式使用得非常多——它们允许规定数据类型，是用 XML 兼容的语法编写的。但是，模式非常复杂，有不同的格式定义它们——

即使在.NET 中也是如此！

1. 模式

.NET 支持的模式具有两种不同的格式 ——XML Schema Definition 语言(XSD)和 XML-Data Reduced 模式(XDR)。XDR 模式定义是一个老标准，专用于 Microsoft，使用得不多，非 Microsoft 分析器不能识别它。XSD 是一个开放标准，W3C 推荐这个模式。模式可以包括在 XML 文档内，也可以放在单独的文件中。下面举例说明前面 Students.xml 文档的示例 XSD 模式。

2. XSD 模式

XSD 模式中的元素必须属于名称空间 http://www.w3.org/2001/XMLSchema。如果未包括此名称空间，就不能识别模式元素。

为了将 XML 文档与另一文件中的 XSD 模式关联，需要在根元素中添加 schemalocation 元素：

```
<?xml version="1.0"?>
<students schemalocation="file://C:\hnyjj\xml\Students.xsd">
    ...
</students>
```

下面简要介绍示例 XSD 模式：

```
<?xml version="1.0" encoding="utf-8"?>
<xs:schema attributeFormDefault="unqualified"
elementFormDefault="qualified"xmlns:xs="http://www.w3.org/2001/XMLSchema">
  <xs:element name="students">
    <xs:complexType>
      <xs:sequence>
        <xs:element maxOccurs="unbounded" name="student">
          <xs:complexType>
            <xs:sequence>
              <xs:element name="no" type="xs:unsignedByte" />
              <xs:element name="name" type="xs:string" />
              <xs:element name="sex" type="xs:string" />
              <xs:element name="birth" type="xs:date" />
              <xs:element name="address">
                <xs:complexType>
                  <xs:simpleContent>
                    <xs:extension base="xs:string">
                      <xs:attribute name="telephone" type="xs:string" use="required" />
                    </xs:extension>
                  </xs:simpleContent>
```

```
            </xs:complexType>
          </xs:element>
        </xs:sequence>
      </xs:complexType>
    </xs:element>
  </xs:sequence>
</xs:complexType>
</xs:element>
</xs:schema>
```

　　在此首先要注意，默认名称空间设置为 XSD 名称空间。这就告诉分析器，文档中的所有元素属于模式。如果不指定此名称空间，分析器就认为元素仅是普通的 XML 元素，认识不到需要使用它们进行验证。

　　完整的模式包含在<schema>元素内(使用小写"s"——大小写非常重要！)。文档中的每个元素都必须由<element>元素来表示。此元素具有指示元素名称的 name 属性。如果元素包含嵌套的子元素，就必须在<complexType>元素内为这些子元素包含<element>标记。可以在<complexType>元素中指定子元素的操作方式。

　　例如，使用<choice>元素指定对子元素进行选择操作，或使用<sequence>规定子元素必须以它们在模式中列举的顺序出现。如果一个元素可能出现多次(如<student>元素)，就需要在其父元素内包括 maxOccurs 属性。将其设置为 unbounded，表示元素可以无限次地出现。最后，属性必须由<attribute>元素表示，包括 schemalocation 属性，它告诉分析器模式所在的位置。它放在子元素列表的结尾处。

　　前面介绍了 XML 的基本理论，接下来就可以创建 XML 文档。VWD 2008 为开发人员完成了大部分工作，甚至基于 XML 文档创建了 XSD 模式，无需编写任何代码！

　　【例 11-1】在 VWD 2008 中创建 XML 文件。

　　(1) 新建一个 Web 站点 Ex11_1。

　　(2) 在 Default.aspx 中的<Title>标记中输入如下内容：

```
<title>使用 VWD2008 中创建 XML 文件示例</title>
```

　　(3) 在【解决方案资源管理器】中右击网站名称，在下拉菜单中选择【添加新项】选项，在弹出的对话框中选择【XML 文件】，修改文件名为 Students.xml，单击【添加】按钮。VWD 会自动创建一个带有声明的 XML 文件。

　　(4) 将光标移动到 XML 声明下面的代码行，输入文本<students>。注意，输入大于号关闭开标记时，VWD 会自动置入结束标记。

　　(5) 输入下面的 XML 文件，并保存之：

```
<students>
  <student>
    <no>10</no>
```

```
        <name>潘菊芬</name>
        <sex>女</sex>
        <birth>1985-01-12</birth>
        <address telephone="0371-67758826">郑州</address>
    </student>
<student>
        <no>11</no>
        <name>李浩</name>
        <sex>男</sex>
        <birth>1988-10-01</birth>
        <address telephone="010-30008699">北京</address>
    </student>
</students>
```

(6) 现在可以让 VWD 为刚才编写的 XML 文件创建模式。为此，从 XML 菜单中选择【创建架构】菜单项，系统会自动生成对应的.XSD 文件，保存得到的 XSD 文件。

(7) 返回到 XML 文件，在闭标记</students>之前输入如下 XML：

```
<student>
        <no>12</no>
        <name>孙贞</name>
        <sex>女</sex>
        <birth>1989-01-12</birth>
        <address telephone="021-30008655">上海</address>
    </student>
```

 提示

现在开始输入开标记时，会显示 IntelliSense 提示。这是因为 VWD 2008 知道把新建的 XSD 模式连接到正在输入的 XML 文件上。

(8) 可以在 VWD 中创建 XML 和一个或多个模式之间的链接。选择菜单 XML|【架构...】命令，会打开如图 11-1 所示的对话框。在 VWD 可识别的模式列表中，会看到 XMLFile.xsd。在它的左边是一个绿色的复选标记，表示这个模式用于当前的 XML 文档。

图 11-1　【XML 架构】对话框

(11).1.5 XML 的应用

XML 的应用主要包括数据交换、Web 服务、内容管理、Web 集成和配制文件。

1. 数据交换

利用 XML 在应用程序之间作数据交换已不是什么秘密了，毫无疑问应被列为第一位。那么为什么 XML 在这个领域里的地位这么重要呢？原因就是 XML 使用元素和属性来描述数据。在数据传送过程中，XML 始终保留了诸如父、子关系这样的数据结构。几个应用程序可以共享和解析同一个 XML 文件，不必使用传统的字符串解析或拆解过程。

相反，普通文件不对每个数据段做描述，也不保留数据关系结构。使用 XML 做数据交换可以使应用程序更具有弹性，因为可以用位置(与普通文件一样)或用元素(从数据库)来存取 XML 数据。

2. Web 服务

Web 服务是最令人激动的革命之一，它让使用不同系统和不同编程语言的人们能够相互交流和分享数据。其基础在于 Web 服务器用 XML 在系统之间交换数据。交换数据通常用 XML 标记，能使协议取得规范一致，如在简单对象处理协议(Simple Object Access Protocol， SOAP)平台上。

SOAP 可以在用不同编程语言构造的对象之间传递消息。这意味着一个 C#对象能够与一个 Java 对象进行通讯。这种通讯甚至可以发生在运行于不同操作系统上的对象之间。DCOM、CORBA 或 Java RMI 只能在紧密耦合的对象之间传递消息，SOAP 则可在松耦合对象之间传递消息。

3. 内容管理

XML 只用元素和属性来描述数据，而不提供数据的显示方法。这样，XML 就提供了一个优秀的方法来标记独立于平台和语言的内容。

使用像 XSLT 这样的语言能够轻易地将 XML 文件转换成各种格式文件，如 HTML、WML、PDF、EDI 等。XML 具有的能够运行于不同系统平台之间和转换成不同格式目标文件的能力使得它成为内容管理应用系统中的优秀选择。

4. Web 集成

现在有越来越多的设备支持 XML 了。使得 Web 开发商可以在个人电子助理和浏览器之间用 XML 来传递数据。

5. 配制文件

许多应用都将配制数据存储在各种文件里，如.INI 文件。虽然这样的文件格式已经使用多年并一直很好用，但是 XML 还是以更为优秀的方式为应用程序标记配制数据。使用.NET 里的类,如 XmlDocument 和 XmlTextReader,将配制数据标记为 XML 格式,能使其更具可读性,并能方便地集成到应用系统中去。使用 XML 配制文件的应用程序能够方便地处理所需数据,不用像其他应用那样要经过重新编译才能修改和维护应用系统。

11.2 XML 文件的处理

.NET Framework 内置 XML 相关技术的 DOM、SAX、XSLT、XPath 和 XML Schema,换句话说,ASP.NET 程序可以直接使用.NET Framework 的类对象来处理 XML 文件。

11.2.1 .NET Framework 与 XML

.NET Framework 内置支持 XML 相关技术,其相关名称空间的说明如下所示。

- System.Xml: 提供基本 XML 功能的类和方法,包含 DOM 和 XMLReader(即 Microsoft 版的 SAX)的相关类与方法。
- System.Xml.Xsl: 提供 XSLT 转换 XML 文件的相关类与方法。
- System.Xml.XPath: 提供 XPath 相关的类与方法。
- System.Xml.Schema: 提供 XML Schema 验证的相关类与方法。

XML 文档对象模型(Document Object Model,DOM)是一组以非常直观的方式访问和处理 XML 的类。DOM 不是读取 XML 数据的最快方式,但只要理解了类和 XML 文档中元素之间的关系,DOM 就很容易使用。主要的 DOM 节点类如表 11-1 所示。

表 11-1 DOM 节点类

节 点 类	属 性 描 述
XmlDocument	树状结构表示整份 XML 文件
XmlNode	节点对象,新建、删除和修改节点的对象
XmlNodeList	节点列表对象,也就是子树
XmlNamedNodeMap	元素节点的属性集合
XmlElement	XML 元素节点
XmlText	文字节点

11.2.2 ASP.NET 加载与浏览 XML 文件

在 ASP.NET 程序中处理 XML 文件,可以直接使用 .NET Framework 的内置析构器,以 .NET DOM 的类与对象来存取 XML 文件。

1. 加载 XML 文件

ASP.NET 程序是使用 XmlDocument 对象来加载 XML 文件，如下所示：

```
using System.Xml;
....
XmlDocument document = new XmlDocument();
document.Load(Server.MapPath("students.xml"));
```

上述程序代码在建立 XmlDocument 对象后，使用 Load()方法来加载 XML 文件。除了加载和保存 XML 之外，XmlDocument 类还负责维护 XML 结构。所以，这个类有许多方法可以用于创建、修改和删除树中的节点。

2. 浏览 XML 文件

当 ASP.NET 程序加载 XML 文件建立 XmlDocument 对象后，就可以使用 Document Element 属性获取根节点对象，如下所示：

```
XmlElement element = document.DocumentElement;
```

获得文档的根节点后，就可以使用信息了。XmlElement 类包含的方法和属性可以处理树的节点和属性。XmlDocument 对象的主要属性如表 11-2 所示。

表 11-2 XmlDocument 对象的主要属性

属 性	属 性 描 述
DocumentElement	获取根节点
FirstChild	第 1 个子节点
LastChild	最后 1 个子节点
HasChildNodes	检查是否有子节点，True 为有，False 为没有
ChildNodes	获取所有子节点的子树
Attributes	获取属性列表的 XmlNamedNodeMap 对象

可以使用 HasChildNodes 属性检查是否有子节点，使用 ChildNodes 属性获取所有子节点的子树，如下所示：

```
foreach (XmlNode nd in element.ChildNodes)
    {
        Response.Write("<tr><td>"+ nd.Name + "</td>");
        Response.Write("<td>" + nd.InnerText + "</td></tr>"+"<br />");
    }
```

上述程序代码获取元素名称是 Name 属性，元素内容是 InnerText 属性。

【例 11-2】在 VWD 2008 中，使用 DOM 加载与浏览 XML 文件。

(1) 打开 Web 站点 Ex11_1。

(2) 在【解决方案资源管理器】中右击网站名称，在下拉菜单中选择【添加新项】命令，在弹出的对话框中选择【Web 窗体】，使用默认文件名，单击【添加】按钮。VWD 会自动创建一个 Default2.aspx Web 窗体。

(3) 在 Default2.aspx 中的<Title>标记中输入如下内容：

```
<title>使用 DOM 加载与浏览 XML 文件示例</title>
```

(4) 切换到 Default2.aspx.cs 窗口，在其中添加如下代码：

```
…
using System.Xml;
public partial class Default2 : System.Web.UI.Page
{
    protected void Page_Load(object sender, EventArgs e)
    {
        XmlDocument document = new XmlDocument();
        document.Load(Server.MapPath("students.xml"));
        XmlElement element = document.DocumentElement;
        //显示所有元素
        foreach (XmlNode nd in element.ChildNodes)
        {
            Response.Write("<tr><td>"+ nd.Name + "</td>");
            Response.Write("<td>" + nd.InnerText + "</td></tr>"+ "<br />");
        }
    }
}
```

(5) 按 Ctrl+F5 键，在浏览器中打开 Default2.aspx，执行结果如图 11-2 所示。

图 11-2 【例 11-2】的执行结果

11.2.3　ASP.NET 与 XSLT

在服务器端可以使用 XML 文件配合 XSLT 文件，将 XML 文件输出成 HTML 文件。

ASP.NET 提供 Xml 服务器端控件来显示 XML 文件，或是 XML 与 XSLT 文件的转换结果，如下所示。

```
<asp:Xml ID="Xml1" runat="server"></asp:Xml>
```

上述标记是名为 Xml1 的 Xml 服务器端控件，其相关属性可以指定使用的 XML 或 XSLT 文件。Xml 服务器端控件的属性如表 11-3 所示。

表 11-3　Xml 服务器端控件的属性

属　　性	属 性 说 明
DocumentSource	XML 文件的路径
TransformSource	XSLT 文件的路径

【例 11-3】在 VWD 2008 中，使用 Xml 服务器端控件和 XSLT 文件加载与浏览 XML 文件。

(1) 打开 Web 站点 Ex11_1。

(2) 在【解决方案资源管理器】中右击网站名称，在下拉菜单中选择【添加新项】命令，在弹出的对话框中选择【XSLT 文件】，使用默认文件名，单击【添加】按钮。VWD 会自动创建一个 XSLTFile.xslt 文件。

(3) 在 XSLTFile.xslt 的文档窗口中添加如下代码：

```
<xsl:template match="/">
  <html>
    <body>
      <h2>学生情况信息登记表</h2>
      <table border="1">
        <tr bgcolor="#9acd32">
          <th align="left">学号</th>
          <th align="left">姓名</th>
          <th align="left">性别</th>
          <th align="left">出生日期</th>
          <th align="left">家庭住址</th>
        </tr>
        <xsl:for-each select="students/student">
          <tr>
            <td>
              <xsl:value-of select="no" />
```

计算机 基础与实训教材系列

```
                    </td>
                    <td>
                        <xsl:value-of select="name" />
                    </td>
                    <td>
                        <xsl:value-of select="sex" />
                    </td>
                    <td>
                        <xsl:value-of select="birth" />
                    </td>
                    <td>
                        <xsl:value-of select="address" />
                    </td>
                </tr>
            </xsl:for-each>
        </table>
    </body>
</html>
</xsl:template>
```

(4) 在 Default.aspx 中的<Title>标记中输入如下内容：

```
<title>使用 Xml 服务器端控件和 XSLT 文件加载与浏览 XML 示例</title>
```

(5) 在 Default.aspx 窗口中添加一个 Xml 服务器端控件，并在属性窗口中设置其 Document Source 和 TransformSource。生成如下代码：

```
<div>
        <asp:Xml ID="Xml1" runat="server"   DocumentSource="~\Students.xml"
        TransformSource="~\XSLTFile.xslt">
        </asp:Xml>
</div>
```

(6) 按 Ctrl+F5 键，在浏览器中打开 Default.aspx，执行结果如图 11-3 所示。

图 11-3 【例 11-3】的执行结果

11.3　使用 ADO.NET 访问 XML

XML 是微软.NET 的一个重要组成部分，是 XML Web 服务的基石。ADO.NET 的强大特性之一就是能够将数据源中存储的数据转换成 XML，也能够轻松读取 XML 的数据。

11.3.1　将数据库表保存为 XML 文件

DataSet 的 WriteXml()方法提供了只将数据或同时将数据和架构从 DataSet 写入 XML 文档的方法，而 WriteXmlSchema()方法仅写架构。若要同时写数据和架构，请使用包括 WriteXmlMode 参数的重载之一，并将其值设置为 WriteSchema。

【例 11-4】将数据表保存成 XML 文件。建立一个 Web 应用程序，利用 Gridview 显示 student 表的数据，并将数据表保存成 XML 文件。

(1) 新建一个 Web 站点 Ex11_4。

(2) 在 Default.aspx Web 窗体中添加一个 GridView 控件和一个 Label 控件。VWD 自动生成如下代码：

```
<div>
    <asp:GridView ID="GridView1" runat="server">
    </asp:GridView>
    <asp:Label ID="Label1" runat="server" Text="Label"></asp:Label>
    <br />
</div>
```

(3) 切换到 Default.aspx.cs 窗口，在其中添加如下代码：

```
…
using System.Data;
using System.Data.SqlClient;
using System.Configuration;

public partial class _Default : System.Web.UI.Page
{
    protected void Page_Load(object sender, EventArgs e)
    {
        //从 Web.Config 中取出数据库连接串
        string sqlconnstr =
ConfigurationManager.ConnectionStrings["xsglConnectionString"].Connecti
onString;
        //创建连接对象
```

```
SqlConnection sqlconn = new SqlConnection(sqlconnstr);
//创建 DataSet 对象
DataSet ds = new DataSet();
//创建命令对象
SqlCommand sqlCommand = new SqlCommand();
sqlCommand.Connection = sqlconn;
sqlCommand.CommandType = CommandType.Text;
sqlCommand.CommandText = "select stuid,name,sex, CONVERT(char(10),
        birth, 20) AS birth,address,photo    from student";
//创建适配器对象
SqlDataAdapter sqld = new SqlDataAdapter();
sqld.SelectCommand = sqlCommand;
//利用适配器方法添加数据给 DataSet
sqld.Fill(ds, "student");
GridView1.DataSource = ds;
GridView1.DataMember = "student";
GridView1.DataBind();
//将 DataSet 数据写成 XML 文本
ds.WriteXml(Server.MapPath("students.xml"));
Label1.Text = "成功将 DataSet 写入 XML 文件 students.xml";
    }
}
```

(4) 按 Ctrl+F5 键，在浏览器中打开 Default.aspx，执行结果如图 11-4 所示。

(5) 在【解决方案资源管理器】的工具栏中单击【刷新】按钮，可以看到窗口中增加了一个 Students.xml 文件，双击它在文档窗口中看到其内容如下：

```
<?xml version="1.0" standalone="yes"?>
<NewDataSet>
  <student>
    <stuid>1</stuid>
    <name>菲菲</name>
    <sex>女</sex>
    <birth>1994-02-26</birth>
    <address>河南</address>
    <photo>1.jpg</photo>
  </student>
  <student>
    <stuid>2</stuid>
    <name>王艳</name>
    <sex>女</sex>
```

```
      <birth>1993-05-06</birth>
      <address>信阳</address>
      <photo>2.jpg</photo>
   </student>
   <student>
   …
</NewDataSet>
```

11.3.2 读取 XML 文件

Microsoft SQL Server 2000 及以上的版本引入了在检索数据时对 XML 功能的支持。为了能够直接从 Microsoft SQL Server 中返回 XML 流，SQL Server .NET Framework 数据提供程序的 SqlCommand 对象具有 ExecuteXmlReader 方法。ExecuteXmlReader 返回已填充了为 SqlCommand 指定的 SQL 语句的结果的 System.Xml.XmlReader 对象。ExecuteXmlReader 只能用于以 XML 数据形式返回结果的语句。

下面是 SQL Server FOR XML 子语句的使用示例。

```
…
   SqlCommand sqlCommand = new SqlCommand();
   sqlCommand.Connection = sqlconn;
   sqlCommand.CommandType = CommandType.Text;
   sqlCommand.CommandText = "select * from Student for XML AUTO,ELEMENTS";
   System.Xml.XmlReader myXR = sqlCommand.ExecuteXmlReader();
…
```

ADO.NET DataSet 的内容可以从 XML 流或文档创建。此外，利用 .NET Framework，可以相当灵活地控制从 XML 中加载哪些信息以及如何创建 DataSet 的架构(即关系结构)。若要将 XML 数据或同时将架构和数据读入 DataSet，请使用 ReadXml()方法。若要只读取架构，请使用 ReadXmlSchema()方法。

DataSet 数据源也可以是 XML 文件，可以使用 DataSet 对象的 ReadXML()方法读取 XML 文件的元素数据，如下所示：

```
   DataSet ds = new DataSet();
   //读取 XML 文本数据到 DataSet 数据集
   ds.ReadXml(Server.MapPath("students.xml"));
```

上述程序代码在建立 DataSet 对象后，使用 DataSet 对象的 ReadXML()方法读取 XML 文件。

【例 11-5】显示 XML 数据和结构。创建一个 Web 应用程序，窗体上放置一个用于显示

XML 文件内容的 GridView 控件，一个用于显示 XML 文件的架构的 TextBox 控件。TextBox 控件的 TextMode 设置为 MultiLine。

(1) 新建一个 Web 站点 Ex11_5。

(2) 在 Default.aspx Web 窗体中添加一个 GridView 控件、一个 TextBox 控件和一个 Label 控件。设置 TextBox 控件的 TextMode 设置为 MultiLine。VWD 自动生成如下代码：

```
<div>
    <asp:GridView ID="GridView1" runat="server">
    </asp:GridView>
    <asp:TextBox ID="TextBox1" runat="server" TextMode="MultiLine"
Height="128px"    Width="402px"></asp:TextBox><br />
    <asp:Label ID="Label1" runat="server" Text="Label"></asp:Label> <br />
</div>
```

(3) 切换到 Default.aspx.cs 窗口，在其中添加如下代码：

```
…
using System.Data;
using System.Data.SqlClient;
using System.Configuration;
using System.IO;

public partial class _Default : System.Web.UI.Page
{
    protected void Page_Load(object sender, EventArgs e)
    {
        DataSet ds = new DataSet();
        //读取 XML 文本数据到 DataSet 数据集
        ds.ReadXml(Server.MapPath("students.xml"));
        //绑定数据源
        GridView1.DataSource = ds.Tables[0].DefaultView;
        GridView1.DataBind();
        StringWriter s = new StringWriter();
        ds.WriteXmlSchema(s);
        TextBox1.Text = s.ToString();
        Label1.Text = "成功获取 XML 文件内容和写入 XML 架构";
    }
}
```

(4) 按 Ctrl+F5 键，在浏览器中打开 Default.aspx，执行结果如图 11-5 所示。

图 11-4 【例 11-4】的执行结果　　　图 11-5 【例 11-5】的执行结果

11.4 上机练习

本上机练习举例说明 ASP.NET 中 XML 的编程方法。

【例 11-6】ASP.NET 中 XML 编程方法。

总程序见 Ex11_6。

(1) 将 xsgl.mdf 数据库 student 表的数据写成 XML 文档，XML 文档的名称为 stu.xml。

网页程序文件为 WriteXml.aspx；codeFile 文件为 WriteXml.aspx.cs，内容见【例 11-4】。

(2) 将 stu.xml 文档中学生的 address 信息前增加"中国"字样，修改后的内容放在 students.xml 文件中。

网页程序文件为 EditXml.aspx；codeFile 文件为 EditXml.aspx.cs，内容如下：

```
…
using System.Data;
using System.Data.SqlClient;
using System.Configuration;

public partial class EditXml : System.Web.UI.Page
{
    protected void Page_Load(object sender, EventArgs e)
    {
        //建立 DataSet 对象
        DataSet ds = new DataSet();
        ds.ReadXml(Server.MapPath("stu.xml"));
        //建立 DataTable 对象
        DataTable dtable;
        //建立 DataRowCollection 对象
```

```
DataRowCollection coldrow;
//建立 DataRow 对象
DataRow drow;
//将数据表 tabstudent 的数据复制到 DataTable 对象
dtable = ds.Tables[0];
//用 DataRowCollection 对象获取这个数据表的所有数据行
coldrow = dtable.Rows;
//修改操作，逐行遍历，取出各行的数据
for (int inti = 0; inti < coldrow.Count; inti++)
{
        drow = coldrow[inti];
        //给每位学生姓名后加上字母 A
        drow[4] = "中国"+drow[4];
}
//将 DataSet 数据写成 XML 文本
ds.WriteXml(Server.MapPath("students.xml"));
//绑定数据源
GridView1.DataSource = ds.Tables[0].DefaultView;
GridView1.DataBind();
    }
}
```

(3) 在 xsgl.mdf 中新建 men 数据表，将 student.xml 文档中男生信息写到 men 表中。
网页程序文件为 Writemen.aspx；codeFile 文件为 Writemen.aspx.cs，内容如下：

```
…
using System.Data;
using System.Data.SqlClient;
using System.Configuration;
public partial class Updatmen : System.Web.UI.Page
{
    protected void Page_Load(object sender, EventArgs e)
    {
        //从 Web.Config 中取出数据库连接串
        string sqlconnstr =
ConfigurationManager.ConnectionStrings["xsglConnectionString"].Connecti
onString;
        //创建连接对象
        SqlConnection sqlconn = new SqlConnection(sqlconnstr);
        //创建 DataSet 对象
        DataSet ds = new DataSet();
```

```
//打开连接
sqlconn.Open();
//创建适配器对象
SqlDataAdapter sqld = new SqlDataAdapter("select * from men", sqlconn);
//利用适配器方法添加数据给 DataSet
sqld.Fill(ds, "student");
DataTable dt = ds.Tables["student"];
//读取 XML
dt.ReadXml(Server.MapPath("stu.xml"));
//对每一行循环
for (int i = dt.Rows.Count - 1; i >= 0; i--)
{
    if (dt.Rows[i][2].ToString() == "女")
    {
        dt.Rows[i].Delete();
    }
}
//自动生成提交语句
SqlCommandBuilder objcb = new SqlCommandBuilder(sqld);
//提交数据库
sqld.Update(ds, "student");
GridView1.DataSource = ds.Tables["student"].DefaultView;
GridView1.DataBind();
    }
}
```

(4) 在 stu.xml 文档中新增一个学生的数据。

网页程序文件为 Insert.aspx；codeFile 文件为 Insert.aspx.cs，内容如下：

```
…
using System.Data;
using System.Data.SqlClient;
using System.Configuration;
public partial class Insert : System.Web.UI.Page
{
    protected void Page_Load(object sender, EventArgs e)
    {
        DataSet ds = new DataSet();//建立 DataSet 对象
        ds.ReadXml(Server.MapPath("stu.xml"));
        DataTable dtable; //建立 DataTable 对象
        DataRow drow; //建立 DataRow 对象
```

```
//将数据表 student 的数据复制到 DataTable 对象
dtable = ds.Tables[0];
drow = dtable.NewRow();//新增加一行
drow[0] = "10";
drow[1] = "王良";
drow[2] = "女";
drow[3] = "1974-4-5";
drow[4] = "开封";
drow[5] = "2.jpg";
dtable.Rows.Add(drow);
//将 DataSet 数据写成 XML 文本
ds.WriteXml(Server.MapPath("students.xml"));
GridView1.DataSource = ds.Tables[0].DefaultView; //绑定数据源
GridView1.DataBind();
    }
}
```

11.5 习题

1. 格式良好的 XML 规则是什么？
2. 如何根据两种模式 XSD 和 XDR 验证 XML 文档？
3. 如何读写 XML？

第12章

ASP.NET 3.5 Web 站点中的安全性

学习目标

本章介绍安全性基础知识、登录控件使用、角色管理等内容。ASP.NET 3.5 包含了创建可靠而安全的安全机制所需的所有工具。通过本章的学习，读者应掌握与安全性相关的基础知识；熟练掌握登录控件使用；掌握用户管理、角色管理、Web 应用程序的配置方法。

本章重点

- ◉ 安全性有关术语
- ◉ 登录控件使用
- ◉ 用户管理
- ◉ 角色管理
- ◉ 配置 Web 应用程序

12.1 安全性基础知识

不论网络商店、社团网站、聊天室或拍卖网站，用户通常都需要确认身份，经过身份验证后才能使用网站提供的服务。不同身份的用户，其权限是不一样的。匿名用户(Anonymouse Users)则是不需任何确认程序，就可以进入网站的用户。因此，需要考虑用一种安全策略来阻止不受欢迎的用户访问特定内容。还需要考虑一种机制，允许用户注册新账户，同时指定特定用户为 Web 站点的管理员，授予他们一定的网站管理的权限。

ASP.NET 3.5 包含了创建可靠而安全的安全机制所需的所有工具。

12.1.1 安全性有关术语

安全性是个非常复杂的主题，与安全性相关的主要术语有：身份、身份验证和授权。

◉ 身份：身份就是表示用户是谁？对于一个 Web 站点，用户的身份可能就是用户的名字和电子邮件地址。

◉ 验证(Authentication)：验证是确认请求的程序，可以用来检查用户身份，通常是以用户名称和密码来确认用户身份。

◉ 授权(Authorization)：授权是当用户身份已经验证后，可以授予拥有进入哪些网页和资源的权限。

ASP.NET 站点中的安全性可以通过一些技术来实现，包括 Windows 身份验证(Web 服务器帮助进行身份验证)或是第三方身份验证(如 Microsoft Passport 这样的外部服务帮助验证用户)。还可以使用 Forms 身份验证，它是目前大多数 ASP.NET Web 站点的实际标准。

12.1.2 ASP.NET 的验证方式

ASP.NET 提供多种方式来处理验证请求和确认用户身份。其默认验证方式共有 3 种，即 Windows 身份验证、窗体基本验证和护照验证。

1. Windows 身份验证

Windows 身份验证方式(Windows Authentication)是使用传统"基本"(Basic)、NTLM/Kerberose 和 Digest 验证方式，它是直接使用 Windows 网域用户权限，换句话说，IIS 服务器直接使用 Windows 用户作为网站会员，通常是使用在 Intranet 环境。

2. 窗体基本验证

窗体基本验证方式(Forms-based Authentication)是使用 Web 窗体获取用户名称和密码后，以 FormsAuthentication 类(1.0/1.1 版)或 Membership 类(2.0/3.5 版)方法来检查用户身份，可以使用 web.config 文件、XML 文件或数据库来存储会员数据。

3. 护照验证

护照验证(Passport Authentication)是 Microsoft 提供的单一登录服务，如同护照一般，用户只需登录一次，就可以进入任何参与此服务的群组网站。

ASP.NET 的验证方式可以通过 Web 配置文件 web.config 来设置。

12.1.3 Web 配置文件的验证标记

在 Web 配置文件 web.config 的<authentication>和<authorization>标记中可以定义 ASP.NET 使用的验证方式。

1. <authentication>标记

ASP.NET 建立的 Web 应用程序如果需要使用验证服务，在 web.config 文件的 <authentication>标记(属于<system.web>子标记)中可以指定验证方式，如下所示：

```
<!--
    通过 <authentication> 节可以配置 ASP.NET 用来
    识别进入用户的安全身份验证模式。
-->
<authentication mode="Windows" />
```

<authentication>标记使用 mode 属性指定验证方式，其属性值如表 12-1 所示。

表 12-1　mode 属性的属性值

属 性 值	属 性 描 述
Forms	使用窗体基本验证方式
Windows	使用 Windows 验证方式
Passport	使用护照验证方式
None	不使用验证

 知识点

VWD 2008 创建一个新网站时，默认采用的是 Windows 验证方式。

2. <authorization>标记

当用户身份经过验证后，就可以授予用户权限。在 web.config 文件的<authorization>标记(亦为 <system.web>子标记)中可以指定用户权限，如下所示：

```
<authorization>
    <allow users="hnyjj"/>
    <deny users="yang"/>
    <deny users="?"/>
</authorization>
```

<authorization>标记可以有 0 到多个<deny>和<allow>子标记，其说明如表 12-2 所示。

表 12-2　<authorization>标记的子标记

子 标 记	描 述
<allow>	允许存取此资源
<deny>	不允许存取此资源

<allow>标记和<deny>标记具有相同属性，如表 12-3 所示。

如果同时允许多位用户和角色，在<allow>标记的 users 属性中使用逗号分隔，如下所示：

```
<allow users="hnyjj,pangjufen,SOHONet\Chen"/>
```

表 12-3　<authorization>标记子标记的属性

属　　性	属 性 描 述
users	使用 "，" 逗号分隔用户，这些用户允许或不允许存取资源，"?" 问号代表匿名用户，"*" 号代表所有用户
roles	使用 "，" 逗号分隔的角色，默认使用 Windows 群组名称，属于角色的用户允许或不允许存取资源
verbs	使用 "，" 逗号分隔的 HTTP 传输方法，ASP.NET 可以使用 GET、HEAD、POST 和 DEBUG

属性 users 的用户有 3 位，如果使用网络账号，需要使用网络和用户名称。如果权限设置是针对指定的 HTTP 方法，使用 verb 属性，如下所示：

```
<authorization>
    <allow users="hnyjj" verb="GET"/>
    <allow users="yang" verb="POST"/>
    <deny users="*" verb="POST"/>
</authorization>
```

以上程序代码表示用户 hnyjj 允许使用 GET 方法，yang 允许 POST 方法，所有用户 "*" 星号不允许使用 POST 方法。

3. 启用窗体基本验证

ASP.NET 的窗体基本验证也称 Cookie 基本验证(Cookie-based Authentication)，因为它是使用 Cookie 来存储验证记录。

当用户成功登录网站后，以 Cookie 存储的验证数据就会建立，用户可以拥有权限进入其他需要验证的网页。如果用户尚未登录前，就进入一页需要验证的网页，就会自动转址到登录网页，要求用户输入用户名和密码来执行登录程序。

ASP.NET 的 Web 应用程序是在 web.config 文件中启用窗体基本验证，其内容如下所示：

```
<authentication mode="Forms">
    <forms name=".ASPXEx12-1" timeout="30"
        loginUrl=" Ex12-1.aspx" protection="All">
        <credentials passwordFormat="Clear">
            <user name="hnyjj" password="12345"/>
            <user name="yang"    password="12345"/>
            …
        </credentials>
    </forms>
</authentication>
```

以上程序中<authentication>标记的 mode 属性为 Forms，表示使用窗体基本验证，其子标记

<forms>可以指定验证的 Cookie 名称和登录网页 ASP.NET 程序等相关信息。其相关属性如表 12-4 所示。

表 12-4　　<forms>标记的相关属性

属　性	属　性　描　述
name	指定验证的 Cookie 名称，默认值是.ASPXAUTH，ASP.NET 应用程序需指定唯一的 Cookie 名称
loginUrl	指定登录网页的 URL 网址，当用户尚未通过验证，就是转址到此网页，默认值是 Default.aspx
protection	指定 Cookie 数据的保密方式，可以使用验证或加密保护，属性值 None 表示不保密，Encryption 表示 Cookie 数据需要加密，Validation 表示需要验证，ALL 为默认值需要验证和加密
timeout	指定 Cookie 数据的过期时间，以分钟为单位，默认值为 30 分钟
path	指定 Cookie 的路径，默认值是 "\"

窗体基本验证的会员数据可以存储在 web.config、XML 文件或数据库中，本节的程序范例是存储在 web.config 文件中，可以在<forms>标记的<credentials>子标记中定义会员的用户名称和密码，如下所示：

```
<credentials passwordFormat="Clear">
    <user name="hnyjj" password="12345"/>
    <user name="yang"   password="12345"/>
    …
</credentials>
```

<credentials>标记的 passwordFormat 属性可以指定密码是否需要加密保护，属性值 Clear 表示不加密，MD5 是使用 MD5 哈希运算加密，SHA1 是使用 SHA1 哈希运算加密。

在<credentials>标记的每一个<user>子标记中，可以建立一位用户的账户和密码。name 属性指定用户的登录账户名称，password 属性指定用户的登录密码。

【例 12-1】通过编程的方法来实现窗体验证。

(1) 新建一个 ASP.NET 网站 Ex12_1。

(2) 修改 Web.config 文件中的<authorization>元素，并添加一个<forms>子元素，如下所示：

```
<authentication mode="Forms" >
    <forms   name=".ASPXLogin" timeout="6"
        loginUrl="~\Login.aspx"    cookieless="AutoDetect" protection="All">
        <credentials passwordFormat="Clear">
            <user name="hnyjj" password="12345"/>
            <user name="yang"   password="12345"/>
        </credentials>
    </forms>
</authentication>
```

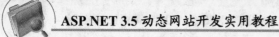

<forms>元素为基于窗体的身份验证配置参数。这里的设置指出，如果任何一个未经身份验证的用户试图访问网站，都将重定向到登录页面 Login.aspx。如果用户 6 分钟内为非活动状态。那么在下一次访问网站的页面时必须再次登录。在很多使用基于窗体的身份验证的网站中，用户信息都保存在用户计算机的 cookie 中。为了安全，大多数浏览器都可以禁用 cookie。指定了 cookieless="AutoDetect"之后，如果检测到用户的浏览器没有禁用 cookie，网站就能自动使用 cookie。否则，用户信息就会作为每次请求的一部分在网站和用户计算机之间来回传递。用户信息包含用户名和密码，为了安全，可以使用 protection="All"来加密这些信息。

(3) 切换到 Default.asmpx 页面，在其<div>标记间添加如下内容：

```
<div>
您已经成功登录本网站。<br /><br />
<asp:Label ID="Label1" runat="server" Text="Label"></asp:Label><br/>
<asp:Label ID="Label2" runat="server" Text="Label"></asp:Label><br/>
<asp:Button ID="Button1" runat="server" Text="注销"
onclick="Button1_Click" />
</div>
```

(4) 切换到 Default.asmpx.cs 窗口，为其添加如下内容：

```
…
using System.Web.Security;
public partial class _Default : System.Web.UI.Page
{
    protected void Page_Load(object sender, EventArgs e)
    {
        if (User.Identity.IsAuthenticated)
        {
            Label1.Text = "您的用户名称是：" + User.Identity.Name;
            Label2.Text = "目前验证方式是：" + User.Identity.AuthenticationType;
        }
        else
        {
            Response.Redirect(FormsAuthentication.LoginUrl);
        }
    }
    protected void Button1_Click(object sender, EventArgs e)
    {
        FormsAuthentication.SignOut();
        Response.Redirect(Request.UrlReferrer.ToString());
    }
}
```

(5) 在网站中添加一个 Login.asmpx 窗口，界面设计如图 12-1 所示。

(6) 切换到 Login.asmpx.cs 窗口，为其添加如下内容：

```
…
using System.Web.Security;
…
    protected void Button1_Click(object sender, EventArgs e)
    {
        if (FormsAuthentication.Authenticate(name.Text, password.Text))
        {
            FormsAuthentication.RedirectFromLoginPage(name.Text,
CheckBox1.Checked);
        }
        else
        {
            Label3.Text = "错误! 用户登录数据错误...";
        }
    }
```

(7) 切换到 Default.asmpx 页面，选择【调试】|【开始执行(不调试)】命令，之后会打开 Internet Explore。应用程序的起始页是 Default.asmpx 页面，但由于尚未登录，就会重定向到 Login.asmpx 页面。

在输入用户数据且选中【表单验证是否持续】复选框后，单击【提交】按钮，稍等一下，如果验证成功，就会转址至 Default.aspx，显示成功验证的用户名称和验证方式，如图 12-2 所示。

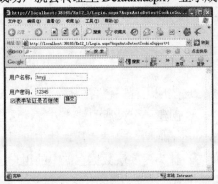

图 12-1　Login.asmpx 窗口　　　　　　　图 12-2　Default.asmpx 窗口

12.1.4　ASP.NET 应用程序服务

ASP.NET 的早期版本都有某种安全性支持。不过，它们都缺乏 ASP.NET 3.5 中的高级控件和概念。在 ASP.NET 1.0/1.1 的窗体基本验证中，可以在 web.config 文件中设置验证方式，但是仍然需要自行管理成员和建立登录窗体。需要编写大量代码来实现可靠的安全策略。但编写代码的方法在所有 Web 站点中几乎是一样的。

应用程序服务是随着 ASP.NET 2.0 一起问世的。应用程序服务是 Web 应用程序和数据存储之间的软件层，这样几乎不用编写代码就可使用这些服务。

ASP.NET 中包含了大量服务，最重要的是如下几个。

- 成员(Membership)：可以管理和使用系统中的用户账户。
- 角色(Role)：可以管理用户所被指派的角色。
- 配置文件(Profile)：允许将用户特定的数据存储到后端数据库。
- 用户登录和成员管理控件：提供全新 Web 控件来建立登录与成员管理网页，只需创建所需控件和设置相关属性，就可以建立用户登录和新增用户所需的 Web 窗体，并且使用电子邮件传送忘记的密码。
- Web 接口的会员管理工具：ASP.NET 2.0/3.5 默认提供用户管理工具，可以启用用户管理、添加用户数据、指派用户所属角色和建立数据库来存储用户数据

ASP.NET 应用程序服务及与底层数据存储的关系如图 12-3 所示。

计算机 基础与实训教材系列

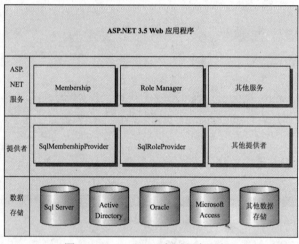

图 12-3　ASP.NET 应用程序服务

在该图的顶部，是 ASP.NET 3.5 Web 应用程序。这些应用程序包含控件，如可与 ASP.NET 应用程序服务(如成员和配置文件)通信的登录控件。要创建一个灵活的解决方案，这些服务不直接与底层数据源通信，而是和配置好的提供者(provider)通信。提供者是软件中可用于特定任务的可交换部分。例如，在成员服务中，成员提供者设计为对底层数据存储中的用户起作用。可以根据需要为相同的应用程序服务配置不同的提供者。例如，ASP.NET 包含了一个 SQL Server 提供者，允许 Membership 服务与 SQL Server 数据库通信。这对于与 Internet 连接的网站来说，是理想的提供者。它还包含了一个 Active Directory 提供者，可创建和管理 Windows 上 Active Directory 中的用户。这一提供者适合于不公开的网络，如内部网。

每个提供者都需要一个数据存储(如图 12-3 的底部所示)。每个提供者都编写为与特定数据存储一起使用。例如，SqlMembershipProvider 和 SqlRoleProvider 设计为使用 Microsoft SQL Server 数据库。

尽管可以直接从代码访问这些服务，但通常是使用 ASP.NET 内置登录控件来完成这些工

作。在本章后面将介绍这些控件的使用。

12.2　ASP.NET 3.5 的用户管理

ASP.NET 的 Web 应用程序可以使用【ASP.NET 网站管理工具】(Web Site Administration Tool)来管理用户和密码。【ASP.NET 网站管理工具】维护着它自己的用户名与密码数据库(ASPNETDB.MDF)，并提供了一个向导，便于开发人员在网站中添加用户。

12.2.1　ASP.NET 网站管理工具

【ASP.NET 网站管理工具】以一个选项卡式的界面为特色，该界面将相关的配置设置组合在各个选项卡中。下面分别介绍这些选项卡及其管理的配置设置。

1. 【安全】选项卡

使用【安全】选项卡可以管理访问规则，还可以管理用户账户和角色；访问规则有助于保证网站内特定资源的安全。

在这里可以指定如何使用网站：是在 Internet(公开地)上使用还是在 Intranet (位于局域网上)上使用。这一指定也指出了网站将要使用的身份验证模式类型。Internet 网站使用 ASP.NET 成员资格系统，可以在该系统中定义单个用户账户。ASP.NET 使用安全系统来限制特定用户账户或该账户所属角色的访问权限。Intranet 网站使用 Windows 身份验证，即用户由其 Windows 登录信息来标识。

2. 【应用程序】选项卡

使用【应用程序】选项卡可以管理与网站有关的各种设置，其中包括以下设置。

- ◉ 应用程序设置，这些设置是要集中存储并通过代码从网站中的任意位置来访问的名称/值对。
- ◉ SMTP 设置，这些设置决定了站点如何发送电子邮件。
- ◉ 调试和跟踪设置。
- ◉ 脱机和联机设置，这些设置使网站脱机(关闭)以执行维护，或使新的 Microsoft SQL Server Standard 版数据库联机。

3. 【提供程序】选项卡

使用【提供程序】选项卡可以测试或指定网站的成员资格和角色管理的提供程序。数据库提供程序是为特定功能存储应用程序数据时所调用的类。默认情况下，网站管理工具配置并使用网站的 App_Data 文件夹中的本地 SQL Server Express 数据库。也可以选择使用其他提供程序(如远程 SQL Server 数据库)来存储成员资格和角色管理。

网站管理工具的使用类似于其他基于窗体的网站的使用。常规步骤是打开网站管理工具，选择相应的选项卡，然后调整该选项卡上可用的设置。大多数更改都将立即生效。

下面举例说明【ASP.NET 网站管理工具】的启动方法。

【例 12-2】ASP.NET 网站管理工具的使用示例。

(1) 新建一个网站 Ex12_2。

(2) 选择菜单【网站】|【ASP.NET 配置】命令。ASP.NET Development Server 将开始运行，在屏幕的右下角将会出现一个气球图标提示。之后 Microsoft Internet Explore 开始运行，并显示【ASP.NET 网站管理工具】主页面。如图 12-4 所示。

(3) 在网站的根目录下创建一个文件夹 Admin。

> 🌸 **提示** -
>
> 　　以下 12.2.2 节和 12.2.4 节的操作都在【例 12-2】中完成的。

计算机 基础与实训教材系列

⑫.2.2　在 Web 网站管理工具中实现安全管理

可以使用【ASP.NET 网站管理工具】配置网站和启用基于窗体的安全特性。

在【ASP.NET 网站管理工具】的主页面，单击【安全】选项卡。之后将显示安全页面，如图 12-5 所示。

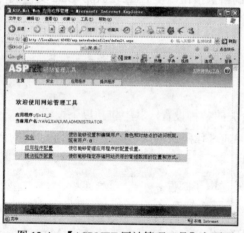

图 12-4　【ASP.NET 网站管理工具】主页面

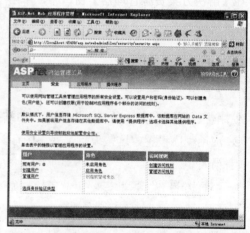

图 12-5　【ASP.NET 网站管理工具】安全页面

在【ASP.NET 网站管理工具】的安全页面，单击【使用安全设置向导按部就班地配置安全性】超级链接文字，可以显示 Wizard 控件建立的向导帮助用户设置用户管理功能，如图 12-6 所示，其步骤如下。

(1) 在第一步的欢迎步骤中单击【下一步】按钮，可以选择存取网站的方式。

(2) 选择【通过 Internet】建立 Internet 网站。单击【下一步】按钮选择数据存储方式。

(3) 默认使用 AspNetSqlMembershipProvider 的 Membership 提供者，即使用 SQL Server

2005/2008 Express 来存储会员数据，不用更改，单击【下一步】按钮选择是否定义角色。

(4) 可以在之后再定义角色和添加用户，所以不选择【为此网站启用角色】复选框，直接单击【完成】按钮完成用户管理设置。

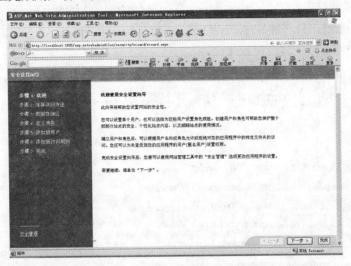

图 12-6 【安全设置向导】页面

完成设置后就返回 Web 网站管理工具，可以在下方【用户】列表中看到网站启用用户管理，目前没有任何用户，如图 12-5 所示。

在【解决方案资源管理器】窗口中，单击【刷新】按钮，在 Ex12_2\App_Data 文件夹可以看到创建的 SQL Server 数据库 ASPNETDB.MDF。在【数据库资源管理器】中可以看到其包含的数据表，主要数据表描述如下。

- aspnet_Users 数据表：存储会员基本数据的用户姓名、是否是匿名者等数据，其主键是 UserId。
- aspnet_Membership 数据表：使用 UserId 字段与 aspnet_User 数据表建立关联性，可以存储用户密码、密码问题和电子邮件等数据。

同时在 web.config 文件中，可以看到<authentication>标记启用 ASP.NET 窗体基本验证，如下所示(VWD 2008 自动修改)：

<authentication mode="Forms" />

除了使用 Web 网站管理工具外，也可以使用 ASP.NET SQL Server 注册工具 aspnet_regsql.exe 来建立会员管理所需的 SQL Server 数据库。

不过，注册工具并不会启用窗体基本验证，需要在 web.config 文件中加上 <authenticcation>标记来启用 ASP.NET 窗体基本验证。

12.2.3 设置 Membership 提供者

ASP.NET 提供两种内置的 Membership 提供者(Membership Provider)：一种是默认的 AspNet SqlMembershipProvider，另一种是 ActiveDirectoryMembershipProvider。可以支持 Membership 系统的用户数据和相关登录与用户管理控件。

Membership 提供者允许在一个中央数据库中创建和管理用户。Membership 提供者默认值是定义在 machine.config 的<membership>标记中，如下所示：

```
<membership>
    <providers>
        <add name="AspNetSqlMembershipProvider"
          type="System.Web.Security.SqlMembershipProvider,
                System.Web，Version=2.0.0.0，Culture=neutral,
                PublicKeyToken=b03f5f7f11d50a3a"
          connectionStringName="LocalSqlServer"
          enablePasswordRetrieval="false"
          enablePasswordReset="true"
          requiresQuestionAndAnswer="true"
          applicationName="/"
          requiresUniqueEmail="false"
          passwordFormat="Hashed"
          maxInvalidPasswordAttempts="5"
          minRequiredPasswordLength="7"
          minRequiredNonalphanumericCharacters="1"
          passwordAttemptWindow="10"
          passwordStrengthRegularExpression="" />
    </providers>
</membership>
```

上述<providers>标记使用<add>子标记添加 Membership 提供者，在 web.config 文件的<membership>标记中需要先使用<remove>标记删除，如下所示：

```
<remove name="AspNetSqlMembershipProvider"/>
```

上述标记删除 Membership 提供者后，才能添加<add>标记来更改提供者的相关设置。也可以在<add>标记前添加<clear />标记清除 machine.config 的值再更改。

<providers>标记的常用属性如表 12-5 所示。

表 12-5　　<providers> 标记的常用属性

属　　性	属　性　描　述
enablePasswordRetrieval	是否允许 Membership API 获取用户密码，默认值 False 是不允许存取，True 是允许
enablePasswordReset	是否允许用户密码可重设，默认值 True 为可重设
requiresQuestionAndAnswer	是否允许会员使用问题与答案来获取用户密码，默认值 True 为可以
requiresUniqueEmail	是否使用唯一的电子邮件地址，默认值 False 为可以不唯一
passwordFormat	存储的密码格式，默认值 Hashed 是最安全的格式，但是不能取出密码，如需取出密码，请设为 Encrypted 或 Clear
maxInvalidPasswordAttempts	会员输入错误密码的最大次数，默认为 5 次
minRequiredPasswordLength	用户密码的最小长度，默认为 7 个字符
minRequiredNonalphanumericCharacters	用户密码最少需要几个非英文字母和数字的符号字符，默认值为 1

12.2.4　在 Web 网站管理工具中添加用户

在 VWD 中打开 Web 网站 Ex12_2 后，执行【网站】|【ASP.NET 配置】命令进入 Web 网站管理工具。选择【安全】选项卡，可以在下方看到【用户】列表，如图 12-5 所示。

单击【创建用户】超级链接创建用户，可以看到输入用户数据的 Web 窗体，如图 12-7 所示。

在输入会员数据后，密码至少需要 1 个符号字符(如$等)，单击【创建用户】按钮创建会员，如果格式没有错误，可以看到成功创建会员的网页，如图 12-8 所示。

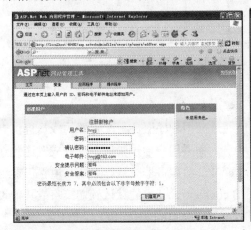

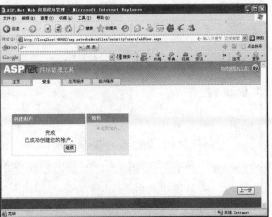

图 12-7　【创建用户】页面　　　　　图 12-8　"用户创建成功"页面

单击【继续】按钮可以创建其他会员，单击【上一步】按钮回到管理画面。【用户】列表框中的超级链接说明如下。

◎　创建用户：创建会员的用户数据。

● 管理用户：管理会员资料，可以查找、修改和删除用户数据，如图 12-9 所示。

● 选取身份验证类型：选择 ASP.NET 的身份验证方式。

⑫.3 登录控件使用

ASP.NET 3.5 的登录控件有效地封装了验证和管理用户所需的所有代码和逻辑。这些控件通过应用程序服务，与已配置的提供者而不是直接与数据库通信来进行工作。

⑫.3.1 登录控件

ASP.NET 3.5 中包含 7 个登录控件，每个都有不同的用途。图 12-10 显示了带有登录控件的工具箱。下面会详细介绍这些控件的使用。

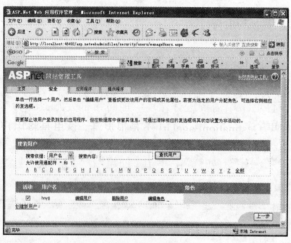

图 12-9 【管理用户】页面   图 12-10 ASP.NET 3.5 工具箱中的登录控件

1. Login 控件

Login 控件允许用户登录到站点。而在背后，它通过应用程序服务与配置好的成员提供者进行通信，查看用户名和口令是否是系统中的有效用户。如果用户通过验证，就生成发送到浏览器的 cookie。对于后续的请求，浏览器重新提交该 cookie 给服务器，这样系统知道它仍在处理有效用户。成员提供者的不同设置(是否使用上述的 cookie、cookie 的默认到期策略或其他设置)都在 web.config 文件的<authentication>元素中进行配置。

要创建功能完全的登录页面，只需下列控件声明：

<asp:Login ID="Login1" runat="server" />

Login 控件的主要属性如表 12-6 所示。

表 12-6 Login 控件的主要属性

属　　性	属　性　描　述
DestinationPageUrl	该属性定义了登录请求成功后将用户发往该处的 URL
CreateUserText	该属性控制用于邀请用户注册新账户的文本
CreateUserUrl	该属性控制用户注册新账户的页面的 URL
DisplayRememberMe	该属性指定控件是否显示 Remember Me 选项。如果设置为 False 或在登录时未选择该复选框，每次关闭和重新打开浏览器时，用户需要重新进行身份验证
RememberMeSet	该属性指定最初是否选择 Remember Me 选项
PasswordRecoveryText	该属性控制用于告诉用户可重置或恢复他们口令的文本
PasswordRecoveryUrl	该属性指定用户可获取他们(新)口令的页面的 URL
VisibleWhenLoggedIn	该属性控制当前用户登录时控件是否可见。默认值为 True

　　除了这些属性，控件还有一些 Text 属性，如 LoginButtonText、RememberMeText、Title Text 和 UserNameLabelText，用于控制控件和其各种子控件(如组成用户界面的 Button 和 Label 控件)上出现的文本。

　　登录控件有大量可调整其外观的样式属性。可以查看控件的【属性】窗口的 Styles 类别，了解如何设置不同的样式选项。当然，可以将大量样式化信息移至皮肤和 CSS 文件。

　　Login 控件也提供了一些事件，这些事件通常不需要进行处理，但时常都会派上用场。例如，LoggedIn 事件在用户刚登录后触发，如果 DestinationPageUrl 不是很灵活，这里是将用户动态发送到另一页面的理想场所。

```
<asp:Login Id="login" Runat="server"
    TitleText="登录网站" BackColor="#F7F7DE"
    BorderColor="#CCCC99" BorderStyle="Solid"
    CreateUserText="添加用户账号"
    CreateUserUrl="CreateUserWizard.aspx"
    PasswordRecoveryText="忘记密码"
    PasswordRecoveryUrl="PasswordRecovery.aspx"
    DestinationPageUrl="LoginView.aspx"
    ………/>
```

　　上述标记的 TitleText 属性是标题文字，CreateUserText 属性可以建立添加用户账号的超级链接文字，连接 CreateUserUrl 属性的 URL 网址，通常是指 CreateUser Wizard 控件的 ASP.NET 程序，可以添加用户。PasswordRecoveryText 和 PasswordRecoveryUrl 属性是建立忘记密码的超级链接，主要是用来连接 PasswordRecovery 控件的 ASP.NET 程序，以便使用电子邮件发送新密码。DestinationPageUrl 属性可以指定成功登录后连接的 URL 网址。

2. LoginStatus 控件

LoginStatus 控件提供了有关用户当前状态的信息。当用户未进行身份验证时，它提供【登录】链接，而当用户登录后，它提供【注销】链接。LoginStatus 控件的主要属性如下。

- ⊙ LoginText 属性：【登录】链接实际显示的文本。
- ⊙ LogoutText 属性：【注销】链接实际显示的文本
- ⊙ LoginImageUrl 属性：【登录】链接显示的图像。
- ⊙ LogoutImageUrl 属性：【注销】链接显示的图像。
- ⊙ LogoutAction 属性：用来决定如果用户"注销"是否刷新当前页面，或是否在用户"注销"后将用户带至另一页面。LogoutAction 属性的取值有 Refresh、Redirect 或 RedirectToLoginPage。

除了这些属性，控件可以引发两个事件：LoggingOut 和 LoggedOut，它们在用户刚登录的前后触发。LoginStatus 控件应用示例如下：

```
<asp:LoginStatus Runat="server"
    LoginText="登录网站" LogoutText="注销网站"
    LogoutAction="Redirect"
        LogoutPageUrl="Login.aspx"/>
```

3. CreateUserWizard 控件

CreateUserWizard 控件提供了大量的用于改变其行为和外观的属性，如表 12-7 所示。

CreateUserWizard 控件还有一个较长的 Text 属性列表，如 CancelButtonText、CompleteSuccessText、UserNameLabelText 和 CreateUserButtonText，它们会影响控件中使用的文本。所有属性都可以使用其默认设置，不过可改变它们来满足你自己的需求。

该控件有许多以 ImageUrl 结尾的属性，如 CreateUserButtonImageUrl。这些属性允许定义各种用户动作的图像而非控件生成的默认按钮。如果设置任一属性为有效的 ImageUrl，则还需要设置相应的 ButtonType。例如，要将 Create User 按钮改变为图像，需要设置 CreateUserButtonImageUrl 为有效图像并设置 CreateUserButtonType 为 Image。

ButtonType 的默认设置为 Button，默认情况下它呈现为标准的灰色按钮。也可以设置这些属性为 Link，这样它们将呈现为标准的 LinkButton 控件。

表 12-7　CreateUserWizard 控件的主要属性

属　　性	属 性 描 述
ContinueDestinationPageUrl	该属性定义用户单击 Continue 时被带往的页面
DisableCreatedUser	当账户创建时是否将用户标记为禁用的。如果设置为 True，用户不能登录到该站点，直到其账户被启用。后面将介绍如何手动激活或不激活用户账户
LoginCreatedUser	在账户创建后是否让用户自动登录

(续表)

属　　性	属 性 描 述
RequireEmail	决定控件是否向用户要电子邮件地址
MailDefinition	该属性包含大量子属性，允许定义在用户注册后发送给他们的电子邮件(可选)

【例 12-3】创建一个登录页面 Login.aspx，如图 12-11 所示。另外创建一个注册页面 Register.aspx，用来注册一个新账户。

(1) 新建一个网站 Ex12_3。从【工具箱】的【登录】类别中拖放一个 LoginStatus 控件到该页面上。在其属性窗口中设置其 LoginText 属性值为：登录网站；设置其 LogoutText 属性值为：注销网站。

(2) 在站点的根目录下创建一个 Login.aspx 页面并切换至【设计】视图。从【工具箱】的【登录】类别中拖放一个 Login 控件到该页面上。再拖放一个 LoginStatus 控件到其下方。在其属性窗口中设置其 LoginText 属性值为：登录网站；设置其 LogoutText 属性值为：注销网站。

(3) 打开 Login 控件的【属性】窗口，设置其 CreateUserText 属性为：为网站添加一个新账户；设置其 CreateUserUrl 属性为：Register.aspx；设置其 DestinationPageUrl 属性为：Default.aspx。

(4) 在站点的根目录下创建一个名为 Register.aspx 的新页面，设置其<title>标记的内容为：

<title>为网站添加新账户</title>

(5) 切换页面至【设计】视图，并从【工具箱】的【登录】类别中拖放一个 CreateUserWizard 到该页面。保存并关闭该页面。

(6) 从站点根目录打开 web.config 文件，定位到<authentication>元素，将 mode 特性由 Windows 改为 Forms。

<authentication mode="Forms"/>

(7) 回到 Login.aspx，按 Ctrl+F5 组合键在浏览器中打开页面。将出现如图 12-12 所示的登录框。

图 12-11　Login.aspx 页面设计

图 12-12　Login.aspx 页面执行结果

(8) 输入任意的用户名和口令尝试登录。显然，登录失败，因为还没有创建账户。

(9) 单击浏览器工具栏中的返回按钮，返回 Login.aspx 页面，单击【为网站添加一个新账户】超级链接，链接到达 Register.aspx 页面，然后通过输入详细个人信息创建一个账户，如图 12-13 所示。默认情况下，口令至少需要 7 个字符，且必须包含一个非字母数字字符。要注意，数字并不是非字母数字字符，因此需要确保口令至少包含一个像#、$、*这样的字符。另外注意，口令是区分大小写的。记下刚刚输入的用户名和口令，因为后面会用到该账户信息。

对于安全问题和答案，可以自己设一个带答案的问题。如果忘记了口令，需要提供这一安全问题的答案来找回它。

(10) 单击【创建用户】按钮创建账户。当页面重新载入时，就会得到一个确认，表明已创建了该账户，如图 12-14 所示。先忽略【继续】按钮，再次打开 Login.aspx 页面，其中 LoginStatus 控件显示为【注销网站】。在创建新账户时，使用 CreateUserWizard 控件，则会自动登录，不过可以通过设置该控件的 LoginCreatedUser 属性为 False 来改变这一行为。

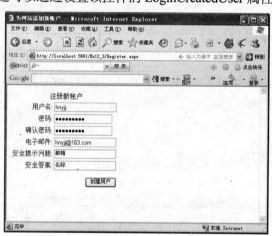

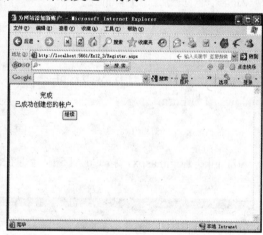

图 12-13 Register.aspx 页面执行结果   图 12-14 创建用户成功页面

(11) 在浏览器中打开 Default.aspx 页面，如果显示的是【登录网站】超链接。单击【登录网站】超链接进入 Login 页面，这时 LoginStatus 控件显示文本【登录网站】。在 Login 控件中，输入步骤(9)创建的用户名和口令，单击【登录】按钮。这样将会登录并被重定向到主页。

(12) 用户成功登录后，在 Default.aspx 页面将显示【注销网站】超链接，如图 12-15 所示。单击【注销网站】超链接将被注销，导致 LoginStatus 控件再次显示文本【登录网站】。

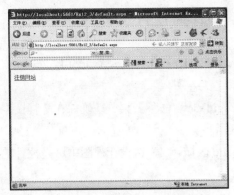

图 12-15　用户成功登录后的页面

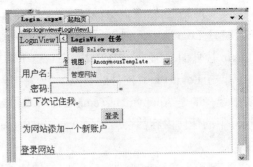

图 12-16　【LoginView 任务】菜单

4. LoginName 控件

LoginName 控件是一个极为简单的控件。它所做的就是显示登录用户的名称。为了将用户名嵌入一些文本中，可以使用 FormatString 属性，如 "FormatString="登录用户是: {0}""。运行时 {0} 将被用户名所取代。LoginName 控件使用示例如下:

```
<asp:LoginName  Runat="server"/>
```

上述标记相当于是 <%= User.Identity.Name%> 程序代码。

5. LoginView 控件

LoginView 控件可用于向不同的用户显示不同的内容。它可以区分匿名用户和登录用户，甚至可以区分不同角色中的用户。LoginView 是模板驱动的，同样可允许开发人员定义显示给不同用户的不同模板。表 12-8 列出了两个主要的模板和特殊的 RoleGroups 元素。

表 12-8　LoginView 控件主要的模板和特殊的 RoleGroups 元素

模　　板	属　性　描　述
AnonymousTemplate	该模板中的内容只显示给未进行身份验证的用户
LoggedInTemplate	该模板中的内容只显示给登录用户。该模板与 AnonymousTemplate 互斥。任何时候只有其中一个模板可见
RoleGroups	该模板包含一个或多个 RoleGroups 元素，这些元素包含一个定义特定角色的内容的 ContentTemplate 元素。允许查看内容的角色定义在 Roles 特性中，该特性采用一个逗号分隔的角色列表。RoleGroups 元素与 LoggedInTemplate 互斥。这意味着如果用户是 RoleGroup 的其中一个角色中的成员，LoggedInTemplate 中的内容就不可见。另外，只有匹配用户角色的第一个 RoleGroup 的内容可见

除了定义在控件各种子元素中的内容，LoginView 控件本身并不输出任何标记，这意味着可以很容易地将它嵌在一对 HTML 标记之间，如 <hi> 和 <li>。

本章后面将介绍更多有关创建和配置角色的内容。

【例12-4】当用户登录后在 Login.aspx 页面上隐藏 Login 控件，且显示一条消息。

(1) 复制网站 Ex12_3 并修改其名称为 Ex12_4。

(2) 打开 Login.aspx 并切换至【设计】视图。从【工具箱】中拖放一个新的 LoginView 控件到 Login 控件的顶部，这样在页面中它位于该控件之上。

(3) 单击 LoginView 控件的智能标记，打开【LoginView 任务】菜单，确保在【视图】下拉列表中选择的是 AnonymousTemplate，如图 12-16 所示。

控件中的任何内容都将放置到 AnonymousTemplate 区域，因为在设计视图中这是控件的活动模板。

(4) 右键单击 Login 控件，在弹出的快捷菜单中选择【剪切】命令将它剪切至剪贴板。右键单击 LoginView 的白色小矩形，在弹出的快捷菜单中选择【粘贴】命令将 Login 控件粘贴到 LoginView。

(5) 再次单击 LoginView 控件的智能标记，在打开【LoginView 任务】菜单中切换至 LoggedInTemplate。再次单击控件的白色小矩形内部，输入文本"欢迎您："，再从【工具箱】拖放一个 LoginName 控件到其后面，接着输入"进入本网站！"。

(6) 切换至【源】视图并查看代码。Login 控件将放置在 AnonymousTemplate 内部，而输入的文本和 LoginName 控件将显示在 LoggedInTemplate 标记中。如下所示：

```
<asp:LoginView ID="LoginView1" runat="server">
    <LoggedInTemplate>
        欢迎您： <asp:LoginName ID="LoginName1" runat="server" />
        进入本网站！
    </LoggedInTemplate>
    <AnonymousTemplate>
        <asp:Login ID="Login1" runat="server"></asp:Login>
    </AnonymousTemplate>
</asp:LoginView>
```

(7) 打开 Default.aspx 页面，将 Login.aspx 页面\<div\>标记间的所有内容复制到 Default.aspx 页面的\<div\>标记中，保存所有更改并在浏览器中请求 Default.aspx。使用例 12-3 创建的账户和口令登录。如果忘记了用户名和口令，可单击【为网站添加一个新账户】链接创建一个新账户。

📖 **知识点**

> 如果在用户已登录时，只想隐藏 Login 控件，则只需设置 VisibleWhenLoggedIn 为 False，如 \<asp:Login ID="Login1" runat="server" VisibleWhenLoggedIn="false" /\>。

如果想在登录时显示消息而隐藏 Login 控件，最好使用 LoginView。只要将相关内容放置到可用模板中，控件会帮助完成其他工作。

6. PasswordRecovery

PasswordRecovery 控件允许用户检索他们已有的口令(如果系统支持)或是获得一个新的自

动生成的口令。在这两种情况下，口令被发送到用户注册账户时输入的电子邮件地址。

PasswordRecovery 控件的大部分属性都是人们所熟悉的。它有大量 Text 属性，如 GeneralFailureText(当口令不可恢复时显示)和 SuccessText，允许设置控件显示的文本。它还有一些以 ButtonType、ButtonText 和 ButtonImageUrl 结尾的属性，允许改变控件的不同动作按钮的外观。如果口令成功恢复，可以通过设置 SuccessPageUrl 将用户引导到另一页面。

和 CreateUserWizard 一样，PasswordRecovery 也有一个 MailDefinition 元素，用来指向想作为邮件主体发送的文件。可以对用户名和口令使用同样的占位符来自定义消息。如果不对此进行配置，则控件会使用一个默认的邮件主体。

7. ChangePassword

ChangePassword 控件允许已有的和登录用户更改他们的口令。类似于 CreateUser Wizard 和 PasswordRecovery 控件，它有许多属性，可用于改变文本、错误消息和按钮。它还有一个 MailDefinition 元素，允许发送新口令的确认消息给用户的电子邮件地址。

【例 12-5】 实现口令功能。向 Web 站点添加 PasswordRecovery 和 ChangePassword 控件，允许用户改变和恢复他们的口令。由于改变口令只对登录用户有意义，所以将 ChangePassword 控件添加到它自己的页面。

(1) 复制网站 Ex12_3，并修改其名称为 Ex12_5。

(2) 在站点的根目录下创建一个新的 Web Form，并命名为 PasswordRecovery.aspx。设置该页面的内容为：

```
<title>忘记密码页面</title>
```

(3) 切换 PasswordRecovery.aspx 页面到【设计】视图，从【工具箱】中拖动一个 Password Recovery 控件到该页面中。

(4) 在 PasswordRecovery 控件的起始和结束标记之间添加一个<MailDefinition>元素，然后设置电子邮件的 Subject 为"你的新密码"。这时代码如下所示：

```
<asp:PasswordRecovery ID="PasswordRecovery1" runat="server">
    <MailDefinition subject="你的新密码"></MailDefinition>
</asp:PasswordRecovery>
```

(5) 保存更改并关闭文件。

(6) 在站点的根目录下创建一个新的 Web 窗体，并命名为 ChangePassword.aspx。设置该页面的内容为：

```
<title>更改口令页面</title>
```

(7) 切换 ChangePassword.aspx 到【设计】视图，从【工具箱】中拖动一个 ChangePassword 控件到该页面中。

(8) 选择 Login.aspx 页面。设置其 PasswordRecoveryText 的属性值为：忘记密码；设置其

PasswordRecoveryUrl 的属性值为：PasswordRecovery.aspx；在其【源】视图窗口中代码的最后添加如下内容：

```
<a href="ChangePassword.aspx"> 更改密码 </a>
```

(9) 保存所有更改并关闭所有打开的文件。右击【解决方案资源管理器】窗口中的 Login.aspx 并选择【在浏览器中查看】命令，执行结果如图 12-17 所示。在 Login 页面中，单击【忘记密码】超链接，将打开 PasswordRecovery.aspx 页面，如图 12-18 所示。

如果已经登录，则需要先单击【注销网站】链接。

(10) 在图 12-19 中，输入用户名并单击【提交】按钮。按要求输入安全问题的答案，这是您在注册该账户时提供的。输入答案并再次单击【提交】按钮。稍候，用户就会接收到一封带有新的自动生成的口令的电子邮件消息。

图 12-17　Login 页面的执行结果　　　　图 12-18　PasswordRecovery 页面的执行结果

(11) 使用这一新口令登录站点。在登录后，在 Login 页面中，单击【更改密码】超链接，将打开 ChangePassword.aspx 页面，如图 12-19 所示。

图 12-19　ChangePassword 页面

(12) 输入通过邮件发送的自动生成的口令，输入一个易于记住的新口令，然后重输入一遍与之相同的口令。最后，单击【更改密码】按钮。这样，就可以使用新口令登录到该站点了。

知识点

　　默认情况下，口令在数据库中以散列形式存储，这意味着它们不可被检索。散列是一个不可逆的过程，所以没有办法通过散列重新创建口令，这使得可以更安全地存储在数据库中。当用户登录时，所输入的口令也是散列的，然后两个散列被进行比较来判断是否允许进入。因为原口令不可检索，PasswordRecovery 控件生成新口令。然后，它将这个口令发送到与用户输入的用户名相关的电子邮件地址。作为邮件主体，它使用一个包含用户名和新口令的标准模板。而要自定义邮件主体，需要将 MailDefiniton 的 BodyFileName 指向一个包用户名和口令的占位符的文本文件。

12.3.2　配置 Web 应用程序

　　在 machine.config 文件中定义了在所有构建的 Web 应用程序中都有效的一些设置。也包括与 ASP.NET 应用程序服务(如成员、角色和配置文件)相关的设置。

　　要改变 Web 应用程序的这些设置，可以直接修改 machine.config。不过，强烈建议不要这样做。由于这一文件应用于整个机器，可能引发大量不必要的副作用，甚至使 ASP.NET 处于瘫痪状态。

　　开发人员应该重新配置当前 Web 应用程序的 web.config 文件来改变其必要的特性。

　　【例 12-6】重新设置 web.config 文件中的<membership>元素。来为当前 Web 应用程序重新配置成员提供者。可以修改其设置来删除安全问题和答案选项，改变口令的规则。

　　(1) 复制网站 Ex12_3，并修改其名称为 Ex12_6。

　　(2) 定位到 machine.config 文件，其默认位置为 C:\Windows\Microsoft.NET\Framework\v.2.0.50727\CONFIG。如果是在另一个文件夹或驱动器中安装 Windows，要确保更改相应的路径。同时要注意，该文件存储在.NET Framework 2.0 版本的文件夹中。ASP.NET 3.5 Framework 中使用的运行库仍是 2.0 版本，因此使用 2.0 配置文件夹中的文件。

　　(3) 用记事本打开 machine.config，并定位到<system.web>下的<memebership>元素。将整个<membership>元素复制到剪贴板。

　　(4) 回到 VWD 2008，打开 web.config，将成员元素粘贴到<authentication>元素之前。

　　(5) 将 minRequiredPasswordLength 改为 6 并设置 requiresQuestionAndAnswer 为 false。

　　(6) 在<add>元素前添加<clear />语句。完成之后的配置如下所示：

```
<membership>
    <providers>
      <clear />
      <add name="AspNetSqlMembershipProvider"
      type="System.Web.Security.SqlMembershipProvider, System.Web,
Version=2.0.0.0,Culture=neutral, PublicKeyToken=b03f5f7f11d50a3a"
      connectionStringName="LocalSqlServer"
      enablePasswordRetrieval="false"
```

```
            enablePasswordReset="true"
            requiresQuestionAndAnswer="false"
            applicationName="/"
            requiresUniqueEmail="false"
            passwordFormat="Hashed"
            maxInvalidPasswordAttempts="5"
            minRequiredPasswordLength="6"
            minRequiredNonalphanumericCharacters="1"
            passwordAttemptWindow="10"
            passwordStrengthRegularExpression="" />
        </providers>
    </membership>
<authentication mode="Forms" />
```

(7) 保存所有更改并在浏览器中请求 Register.aspx。注意，安全问题和答案不再像【例 12-3】的图 12-13 所示那样在注册表单中出现。执行结果如图 12-20 所示。

图 12-20　【例 12-6】执行结果

(8) 填写该表单，但在口令字段中输入像 abc 这样的简短字符。

(9) 单击【创建用户】按钮。注意，这时控件通过在其下显示一个纠正错误消息，要求输入一个最少 6 字符的口令(如 web.config 中所定义的那样)。

(10) 输入一个至少 6 字符的并至少有一个非字母数字字符(如$)的口令并再次单击【创建用户】按钮。这次，口令就被接受了，账户也得以创建。

知识点

ASP.NET 的配置设置以一种分层次的方式工作。这意味着在高级别(如在 machi ne.config 中)定义的设置可应用于计算机中的所有 Web 应用程序。不作修改的话，网站就会继承 machine.config 中定义的设置，包括对成员提供者的设置。要改变单个 Web 站点中的行为，需要创建原设置的副本，然后修改必要的特性。

12.4   角色管理

ASP.NET 的验证只能确认用户身份，用户虽然可以使用程序代码或 LoginView 控件来限制显示的网页内容，但是这并不是使用权限管理，例如成员允许进入哪些网页或目录，哪些并不允许进入。通过随 ASP.NET 提供的角色管理器，这可以轻松实现。

在这一节将使用 web.config、ASP.NET 3.5 的角色和数据库来实现用户权限的管理。

12.4.1   配置角色管理

角色管理的设置也位于web.config 文件中。不过，它不是默认开启的，因此需要在web.config 文件的<roleManager>元素(应位于<system.web>中)中显式设置。

```
<roleManager enabled="true" />
```

也可以使用 VWD 2008 的管理工具启用角色，这样就不需要直接修改 web.config 文件。

在启用角色后，就可以使用多种方法将用户指派给不同角色。角色管理的方法主要有如下 3 种。

- 使用 web.config 配置文件。
- 使用 ASP.NET 网站管理工具。
- 以编程方式使用 RoleManager API(Application Programming Interface，应用编程接口)。

其中，ASP.NET 网站管理工具使用较多。下面分别详细讨论。

12.4.2   使用 web.config 配置文件管理角色

ASP.NET 的 Web 配置文件web.config 可以指定资源(这里的资源是指目录或文件)含有不同的存取权限。使用<location>标记的 path 属性指定 ASP.NET 程序文件或子目录的路径，即指定的资源。在其子标记中可以设置拥有权限的用户账户或角色。例如：

```
<location path="Management">
<system.web>
  <authorization>
    <allow roles="Managers"/>
    <deny users="*"/>
  </authorization>
</system.web>
</location>
```

当 ASP.NET 运行库处理页面请求时，它会检查各种配置文件，了解当前用户是否允许访问该资源。对于对 Management 文件夹中文件的请求，它会面对<location>元素中的规则集。它首先扫描各种规则(带有 roles 或 users 特性的 allow 和 deny 元素，指定规则影响的用户或角色)，一旦找到规则，它就会停止扫描进程。如果规则都不满足，就授予访问权限。因此，有必要在规则最后用一个拒绝规则来阻止前面已经授予访问权限的所有其他用户。

当未授权的用户登录时，第一条规则就不匹配，因为匿名用户不是 Managers 角色的成员。然后该用户就被拒绝了，因为有阻止所有用户(*表示)的拒绝规则。

在作为 Manager 登录并请求相同资源后，规则集再次被扫描。然后运行库找到授权给 Managers 角色的 allow 元素并立即允许访问。最后阻止所有其他用户访问的规则不再被检查。

除了特定角色或用户名以及表示所有用户的星号外，还可以使用问号(?)表示未通过身份验证的或匿名用户。

通过使用逗号进行分隔，可以在 roles 和 users 元素中指定多个角色和用户名。

12.4.3 使用 ASP.NET 网站管理工具管理角色

ASP.NET 网站管理工具随 VWD 2008 提供。该工具用于下列任务。
- 管理用户。
- 管理角色。
- 管理访问规则。例如，决定什么用户可访问什么文件和文件夹。
- 配置应用程序、邮件和调试设置。
- 使站点脱机，这样用户就不能请求任何页面，而是获得一个友好的错误消息。

使用 ASP.NET 网站管理工具，可以让一组用户成为指定角色(Roles)。现在，只需指定角色的资源存取权限，而不用一一指定个别用户的权限。对于大量用户的网站来说，角色管理可以快速建立网站所需的权限设置。

注意，目前 ASP.NET 角色管理中，一位用户只能属于一种角色。

1. 启用 ASP.NET 3.5 的角色管理

打开网站 Ex12_2，启动 ASP.NET 3.5 Web 网站管理工具。

ASP.NET 3.5 的角色管理可以在 Web 网站管理工具中启用，进入管理工具选择【安全】选项卡，如图 12-21 所示。

选择【启用角色】超级链接启用角色管理，它可以在 web.config 文件中自动加上<roleManager>标记，如下所示。

```
<roleManager enabled="true" />
```

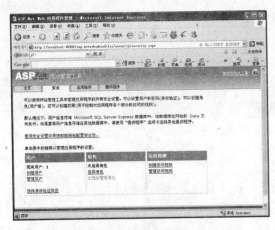

图 12-21　角色管理

图 12-22　显示角色数

2. 创建角色

在启用角色管理后，就可以创建角色，目前的角色数为 0，如图 12-22 所示。

可以单击【创建或管理角色】超级链接来创建角色，如图 12-23 所示。

在【新角色名称】文本框中输入角色名称，单击【添加角色】按钮就可以创建角色，依例创建两种角色 Administrator 和 Customer。

3. 指定角色的权限

在创建角色后，就可以指定角色权限。单击【上一步】按钮返回【安全】选项卡，在【访问规则】列表框中单击【创建访问规则】超级链接来指定角色权限，如图 13-24 所示。

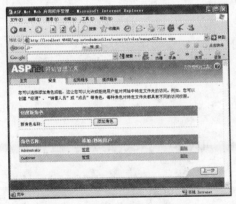

图 12-23　【创建角色】页面

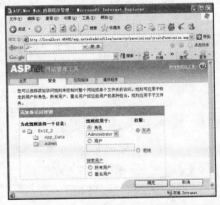

图 12-24　【创建访问规则】页面

选择 Admin 目录，然后选择角色 Administrator 和权限【允许】，单击【确定】按钮创建访问规则。接着重复上述步骤，选择 Admin 目录，然后选择【所有用户】和【拒绝】权限的规则。

在 Admin 目录下会创建 web.config 文件，并且在<authorization>标记中添加访问规则，如下所示。

```
        <system.web>
        <authorization>
            <allow roles="Administrator" />
            <deny users="*" />
        </authorization>
        </system.web>
```

4. 指定用户所属的角色

在设置角色权限后，就可以指定用户所属角色。在【安全】选项卡的【用户】列表框中单击【管理用户】超级链接，如图 12-25 所示。

在 hnyjj 用户行单击【编辑角色】超级链接后，就可以在后面【角色】列指定所属角色为 Administrator，接着将用户 yang 指定成 Customer 角色。

5. RoleGroup 控件

在【例 12-2】的 Admin 文件夹中添加一个 Web 窗体页 LoginView.aspx，并在其中添加一个 LoginView 控件。在【例 12-2】的根文件夹中添加一个 Web 窗体页 Login.aspx，并在其中添加一个 Login 控件，设置其 DestinationPageUrl 的属性值为：Admin/LoginView.aspx。

在完成角色设置后，ASP.NET 程序的 LoginView 控件可以使用<RoleGroups> 标记定义不同角色显示的网页内容，如下所示：

```
        <asp:LoginView ID="LoginView1" runat="server">
        <RoleGroups>
            <asp:RoleGroup Roles="Customer">
            <ContentTemplate>
                <p>Customer 客户角色的用户</p>
            </ContentTemplate>
            </asp:RoleGroup>
            <asp:RoleGroup Roles="Administrator">
            <ContentTemplate>
                <p>Administrator 管理者角色的用户</p>
            </ContentTemplate>
            </asp:RoleGroup>
        </RoleGroups>
        </asp:LoginView>
```

上述 RoleGroup 控件使用 Roles 属性指定角色，<ContentTemplate>子标记是角色显示的网页内容。执行 Login.aspx 的 ASP.NET 程序，以 hnyjj 用户登录网站，就可以显示用户所属的角色是 Administrator，如图 12-26 所示。

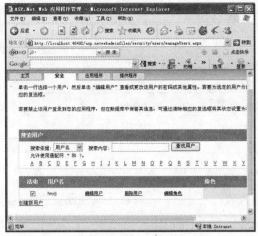

图 12-25　编辑角色　　　　　　　　图 12-26　显示用户角色

图 12-26 是 LoginView.aspx 程序的执行结果。

如果登录用户是 yang,就无法执行 Admin 目录下的 ASP.NET 程序,因为只有 Administrator 角色的用户才拥有权限执行此目录的 ASP.NET 程序。

12.5　上机练习

使用 ASP.NET Login 控件和基于窗体的身份验证来增强网站的安全性。在下面的练习中,将建立一个登录窗体来对用户的身份进行验证,并为 Web 应用程序配置安全性。只要有尚未通过身份验证的用户试图访问 Web 应用程序,就会显示这个登录窗体。一旦配置了使用基于窗体的安全性,ASP.NET 运行库就会重定向未进行身份验证的用户页面请求,使其访问登录窗体,而不是 Web 应用程序。

【例 12-7】创建和配置一个 Web 应用程序。

(1) 新建一个网站 Ex12_7。

(2) 构建登录窗体。

选择【网站】|【添加新项】命令,随后在出现的【添加新项】对话框中确认选择的是【Web 窗体】模板,在名称文本框中输入 Login.aspx。

展开【工具箱】中的【登录】类别,在 Web 窗体添加一个 Login 控件,将其拖放到窗体的中间,单击其右上角的智能标记图标,单击【Login 任务】菜单中的【自动套用格式】命令。在之后出现的对话框中,可以用来更改 Login 控件的外观和感觉,在这里选择【典雅型】,单击【确定】按钮,返回 Web 窗体。单击智能标记图标隐藏【Login 任务】菜单。

单击 Login 控件,在属性窗口中按表 12-9 修改其相关属性。

表 12-9　Login 控件相关属性的设置

属　性	值
DisplayRemeberMe	False
DestinationPageUrl	~/Default.aspx
FailureText	名字或密码不正确，请重新输入
TitleText	登录页面

DestinationPageUrl 属性指定了登录成功后用户要访问的页面，前面的"~/"表示页面在网站的顶级文件夹中，而不是在子文件夹中。如果登录失败，则显示 FailureText 属性设置的内容，用户只能再次尝试登录。

当用户单击"登录"按钮后，必须对用户的身份进行验证。只有当用户输入有效的用户名和密码以后，才能允许用户访问 Default.aspx 页面。否则，Login 控件的 FailureText 属性中设置的内容就会显示出来。如何验证用户的身份呢？ASP.NET 提供了至少两种方法，如下所示。

- 为 Login 控件的 Authenticate 事件编写事件处理程序。只要用户单击了登录按钮，就会执行这个事件处理程序。可以在该事件处理程序中检查用户的合法性，如果是合法用户，就允许用户继续访问 DestinationPageUrl 属性设定的页面。

- 使用 VWD 2008 的内置特性与【ASP.NET 网站管理工具】来管理用户名和密码，然后让 Login 控件执行自己的默认处理过程，以便在用户单击登录按钮后验证用户的身份。【ASP.NET 网站管理工具】维护着它自己的用户名与密码数据库(ASPNETDB.MDF)，并提供了一个向导，便于在网站中添加用户。

在这里，采用第二种方法实现。

(3) 使用【ASP.NET 网站管理工具】配置网站和启用基于窗体的安全特性。

- 选择【网站】|【ASP.NET 配置】命令。ASP.NET Development Server 将开始运行，在屏幕的右下角将会出现一个气球图标提示。之后 Microsoft Internet Explore 开始运行，并显示【ASP.NET 网站管理工具】页面。

- 单击【安全】选项卡。之后将显示安全页面。

- 在【用户】区域，单击【选择身份验证类型】链接。一个新的页面将会出现，在该页面中单击【通过 Internet】。该选项将应用程序配置为使用基于窗体的安全机制。单击【完成】按钮，返回上一页面。

- 在【用户】区域，单击【创建用户】链接，打开【创建用户】页面。

- 在【创建用户】页中，根据表 12-10 的值来添加一名新用户。

- 确定已经选中了【活动用户】选项，然后单击【创建用户】。之后会出现新页面提示【完成。已成功创建你的账户】。

表12-10 【创建用户】页中输入的值

提　　示	输　入　内　容
用户名	hnyjj
密码	yang$$123
确认密码	yang$$123
电子邮件	hnyjj@163.com
安全提示问题	YourName
安全答案	Yangjianjun

◉ 单击【继续】按钮。【创建用户】页面将再次出现，可以在其中添加更多用户。单击 【安全】选项卡，返回【安全】页面。现在，用户数已设置为1。

知识点

可以利用这个页面中的【管理用户】链接来更改用户的电子邮件地址、添加描述以及删除现有用 户。可以让用户更改自己的密码、以及在忘记密码时恢复自己的密码，这可以通过向网站的登录页面 添加 ChangePassword 和 PasswordRecovery 控件来实现。

◉ 在【访问规则】区域，单击【创建访问规则】连接。 之后会出现【添加新访问规则】 页面。可以使用这个网页设置哪些用户可以访问网站的哪些文件夹。

◉ 在【为此规则选择一个目录】下方，单击 Ex12_7 文件夹来选定它。在【规则应用于】 下方，确定当前选中的是【用户】，并在旁边的文本框中输入"hnyjj"。然后，在【权 限】下方单击【允许】。最后单击【确定】按钮。 这个规则授予用户 hnyjj 可以访问 网站。【安全】屏幕将再次出现。

◉ 在【访问规则】区域，再次单击【创建访问规则】连接。在【添加新访问规则】页面， 在【为此规则选择一个目录】下方，确定已经选择 Ex12_7 文件夹。在【规则应用于】 下方，单击【匿名用户】。在【权限】下方，确定当前选择的是【拒绝】。最后单击 【确定】按钮，返回【安全】页面。

◉ 关闭显示【ASP.NET 网站管理工具】的 Internet Explorer，返回 VWD 2008。

◉ 在【解决方案资源管理器】的工具栏中，单击【刷新】按钮。数据库文件 ASPNETDB.MDF 会出现在 App_Data 文件夹中。双击 Web.config 文件，在代码窗口中显示该文件的内容。 以下内容是 ASP.NET 网站管理工具创建的：

```
<system.web>
    …
    <authorization>
        <allow users="hnyjj" />
        <deny users="?" />
```

```
        </authorization>
    …
        <authentication mode="Forms" />
    </system.web>
```

<authorization>元素指定了允许和拒绝访问网站的用户，"？"代表匿名用户。<authorization>元素的 mode 属性指出网站使用的是基于窗体的身份验证。

(4) 修改<authorization>元素，并添加一个<forms>子元素，如下所示：

```
        <authentication mode="Forms" >
            <forms loginUrl="Login.aspx"   timeout="6"
                cookieless="AutoDetect"   protection="All"/>
        </authentication>
```

<forms>元素为基于窗体的身份验证配置参数。这里的设置指出，如果任何一个未经身份验证的用户试图访问网站，都将重定向到登录页面 Login.aspx。如果用户 6 分钟内为非活动状态。那么在下一次访问网站的页面时必须再次登录。在很多使用基于窗体的身份验证的网站中，用户信息都保存在用户计算机的 cookie 中。为了安全，大多数浏览器都可以禁用 cookie。指定了 cookieless="AutoDetect"之后，如果检测用户的浏览器没有禁用 cookie，网站就能自动使用 cookie。否则，用户信息就会作为每次请求的一部分在网站和用户计算机之间来回传递。用户信息包含用户名和密码，为了安全，可以使用 protection="All"来加密这些信息。

(5) 切换到 Default.asmpx 页面，在其设计视图中添加一个 Label 控件，设置其 Text 属性为【本网站热烈欢迎你的到来】。

(6) 选择【调试】|【开始执行(不调试)】命令，之后会打开 Internet Explore。应用程序的起始页是 Default.asmpx 页面，但由于尚未登录，就会重定向到 Login.asmpx 页面。

(7) 随后输入正确的用户名和密码，单击登录按钮。之后 Default.asmpx 页面将展现在用户面前。如果输入的用户名或密码不正确，单击登录按钮后将会显示错误信息【用户名或密码不正确，请重新输入】。

12.6 习题

1. 什么是验证，什么是授权？身份验证和授权的区别是什么？

2. 试简单说明 ASP.NET 的验证方式。在 web.config 文件需要如何设置验证方式？

3. Management 文件夹现在是阻止除 Managers 角色中的所有用户访问。如果想向用户 John 和 Editor 角色中的所有用户开放文件夹，该如何对 web.config 文件进行更改？

4. 假定有一个 Web 站点，其 Login 页面只有单个 Login 控件。如何对 Login 控件进行更改，使得用户登录时能将他们导航到根目录下的 MyProfile.aspx？

5. LoginView 和 LoginStatus 控件之间的区别是什么？何时使用它们？

第13章

LINQ

学习目标

本章介绍 LINQ 概述、LINQ to SQL、查询语法和使用服务器控件和 LINQ 实现查询等内容。通过本章的学习，读者应掌握 LINQ 的基础知识；熟练掌握查询语法和使用服务器控件和 LINQ 实现查询；学会在 ASP.NET 项目中使用 LINQ 数据的许多方法；学会如何配置和使用新的 LinqDataSource 控件在 ASPX 页面中访问 LINQ 数据源；学会如何在几乎不使用代码的情况下，联合使用新的 ListView 和 DataPager 控件与 LINQ，创建灵活的、数据驱动的 Web 页面。

本章重点

- ⊙ LINQ 概述
- ⊙ LINQ to SQL
- ⊙ 查询语法
- ⊙ 使用服务器控件和 LINQ 实现查询
- ⊙ 数据驱动的 Web 页面

13.1 LINQ 概述

LINQ 是一种与.NET Framework 中使用的编程语言紧密集成的新查询语言。LINQ，即语言集成查询(Language-Integrated Query)，它使得可以像用 SQL 查询数据库的数据那样从.NET 编程语言中查询数据。事实上，LINQ 语法部分模仿了 SQL 语言，它使得熟悉 SQL 的编程人员更容易上手。

LINQ 可以直接通过代码查询多种数据源中的数据。LINQ 与.NET 应用程序的关系就像 SQL 与关系型数据库的关系。通过简单、声明性的语法，可以查询集合中匹配条件的对象。

LINQ 并不只是.NET Framework 的一个增件。LINQ 被真正集成到.NET Framework 3.5 中，它是.NET Framework3.5 编程语言中的一部分。这意味着，为查询数据提供了一个统一的方法，而不管数据的来源。另外，由于它被集成到语言中，而不是特定的项目类型中，所以它可用于各种项目，包括 Web 应用程序、Windows Forms 应用程序、Console 应用程序等。

    LINQ 使用了与 SQL(Structure Query Language)相似的语法。LINQ 使用像 Select、From 和 Where 这样的关键字来从数据源中获取数据。使开发人员很快就能熟悉 LINQ 语法。

    要使用 LINQ，只需导入以下名称空间即可。

```
using System.Linq;
```

    LINQ 主要类型有：LINQ to Objects、LINQ to XML 和 LINQ to ADO.NET。

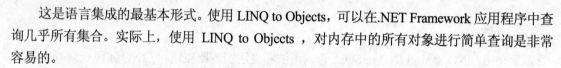13.1.1　LINQ to Objects

    这是语言集成的最基本形式。使用 LINQ to Objects，可以在.NET Framework 应用程序中查询几乎所有集合。实际上，使用 LINQ to Objccts ，对内存中的所有对象进行简单查询是非常容易的。

    【例 13-1】下面举例说明 LINQ to Objects 的应用。

    (1) 新建一个 ASP.NET 网站 Ex13_1。

    (2) 在 Default.aspx 的<div>标记间添加一个 Label 控件，并设置其 Text 属性为空。

    (3) 在【解决方案资源管理器】中双击 Default.aspx.cs 文件，在打开的文档窗口中添加如下代码：

```
protected void Page_Load(object sender, EventArgs e)
{
        List<int> numberList = new List<int> { 1,2,3,4,5,6,7,8,9,10};
        // 此查询表达式中的 var 关键字演示如何使用类型推理。
        var query = from i in numberList
                        where i <= 5
                        select i;
        // 循环访问由查询返回的 IEnumerable 类型。
        foreach (var number in query)
        {
            Label1.Text += number + "<br />";
        }
}
```

    (4) 按 Ctrl+F5 键，在浏览器窗口中打开 Default.aspx 网页。执行结果是在网页中显示集合中小于或等于 5 的数。

13.1.2　LINQ to XML

LINQ to XML 是读、写 XML 的一种新的.NET 方法。使用 LINQ to XML，可以在应用程序中编写直接针对 XML 的 LINQ 查询，而不是使用普通的 XML 查询语言，如 XSLT 或 XPath。

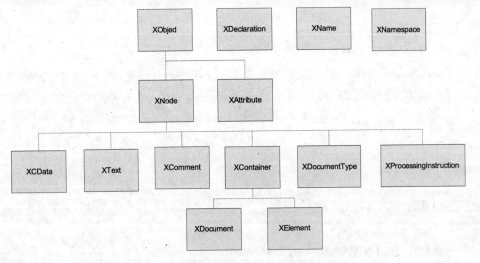

图 13-1　LINQ to XML 的类结构

在 LINQ to XML 定义的主要类如图 13-1 所示。XElement 类是 LINQ to XML 中最基础的类，使用它可以创建一个 XML 元素；使用 XAttribute 类可以为元素添加属性；使用 XNamespace 类可以为 XML 定义命名空间。例如：

```
XNamespace ns = "http://mycompany.com";
    XElement contacts =
      new XElement("contacts",
       new XElement("contact",
         new XElement("name", "潘菊芬"),
         new XElement("phone", "67758837",
             new XAttribute("type", "home")),
         new XElement("phone", "67758838",
             new XAttribute("type", "work")),
         new XElement("address",
             new XElement("street1", "中原路 195 号"),
             new XElement("city", "郑州")
       )
       )
      );
```

装入已经存在的 XML 文件可以使用 XElement 类的 Load 方法。例如：

```
XElement contactsFromFile = XElement.Load(@"c:\myContactList.xml");
```

使用 LINQ to XML 编写程序需要导入以下命名空间：

```
using System.Xml.Linq;
```

【例 13-2】下面举例说明 LINQ to XML 的应用。

(1) 新建一个 ASP.NET 网站 Ex13_2。

(2) 在 Default.aspx 的<div>标记间添加一个 Label 控件，并设置其 Text 属性为空。

(3) 在【解决方案资源管理器】中双击 Default.aspx.cs 文件，在打开的文档窗口中添加如下代码：

```
…
 using System.Xml.Linq;

public partial class _Default : System.Web.UI.Page
{
    protected void Page_Load(object sender, EventArgs e)
    {
        var persons = new[] {
                new Person {
                    Name = "潘菊芬",
                    PhoneNumbers = new[] { "0371-67758837", "0371-67758821" }
                },
                new Person {
                    Name = "孙贞",
                    PhoneNumbers = new[] { "0371-67758826" }
                }
            };
        XElement contacts =
                new XElement("contacts",
                    from p in persons
                    select new XElement("contact",
                        new XElement("name", p.Name),
                        from ph in p.PhoneNumbers
                        select new XElement("phone", ph)
                    )
                );
        //Label1.Text = contacts.Value;
        contacts.Save(@"e:\contacts.xml");
```

```
        foreach (XNode x in contacts.Nodes())
        {
                Label1.Text = Label1.Text + x + "<br />";
        }
    }
    class Person
    {
            public string Name;
            public string[] PhoneNumbers;
    }
}
```

(4) 按 Ctrl+F5 键，在浏览器窗口中打开 Default.aspx 网页。执行结果如图 13-2 所示。同时在 E 盘的根目录下生成一个 XML 文件，其内容如图 13-3 所示。

图 13-2　Default.aspx 的类浏览结果

图 13-3　contacts.xml 文件内容

13.1.3　LINQ to ADO.NET

ADO.NET 是.NET Framework 的一部分，它允许访问数据、数据服务(像 SQL Server)和其他许多不同的数据源。使用 LINQ to ADO.NET，可以查询与数据库相关的信息集，包括 LINQ to Entities、LINQ to DataSet 和 LINQ to SQL。LINQ to Entities 是 LINQ to SQL 的超集，比后者有更丰富的功能。不过，对于大多不同类型的应用程序来说，LINQ to SQL 足够了。

LINQ to DataSet 允许对 DataSet(一个表示内存中数据库的类)写查询。

LINQ to SQL 允许在.NET 项目中编写针对 Microsoft SQL Server 数据库的面向对象的查询。LINQ to SQL 实现将查询转换为 SQL 语句，然后该 SQL 语句被发送到数据库执行一般的 CRUD 操作。

本章主要讨论 LINQ to SQL。要获得其他实现的更多信息，可访问 LINQ 官方主页，地址为 http://msdn2.microsoft.com/en-us/netframework/aa904594.aspx。

⑬.2 LINQ to SQL

LINQ to SQL 实际上应该叫 LINQ to Microsoft SQL Server。目前，.NET Framework 3.5 RTM 只支持 SQL Server 2000、2005 和 2008。

有了 LINQ to SQL，可以将大量的数据库对象(如表)转换为可在代码中访问的.NET 对象。然后在查询中使用这些对象或是直接在数据绑定环境中使用它们。

LINQ to SQL 可以简单而灵活地使用。通过图表设计器，从数据库中拖放对象到 LINQ to SQL 模型中。这些对象可以是表、视图、存储过程，甚至是用户自定义的函数，不过，本章只介绍在图表中使用表。拖到图表上的数据库表可作为对象使用。

如果将多个相关的数据库表拖放至图表上，LINQ to SQL 设计器会检测在数据库中创建的这些表之间的关系，然后在对象模型中复制这些关系。

LINQ to SQL 在.NET 应用程序和 SQL Server 数据库之间创建了一个层。LINQ to SQL 设计器做了大部分的工作，提供了可在应用程序中使用的精简对象模型的访问。

运用 LINQ to SQL，可以将数据库中的数据库项(如表、列和关系)，映射到应用程序中使用的对象模型中的对象和属性。VWD 2008 提供了强大的工具使这一映射变得非常简单。下面举例说明。

【例 13-3】下面举例说明将数据模型映射到对象模型的方法。

(1) 新建一个 ASP.NET 网站 Ex13_3。

(2) 在【解决方案资源管理器】中添加一个 App_Code 文件夹。

(3) 右击 App_Code 文件夹，在下拉列表中选择【添加新项】命令，单击【LINQ to SQL 类】选项。选用默认文件名。最后，单击【添加】按钮将该项添加到项目中。

(4) VWD 2008 为网站添加了一个名为 DataClasses.dbml 的文件，然后在主编辑窗口打开 Object Relational Designer(对象关系设计器)，如图 13-4 所示。

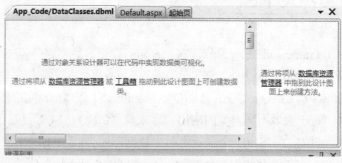

图 13-4　对象关系设计器

该窗口被分成两部分。在左侧窗格中，可以拖放像数据库表这样的项或从 Object Relational Designer 工具箱中拖放项来为应用程序创建数据类。在右侧窗格中，可以从数据库中拖放像函数和存储过程这样的项来创建数据库类中的额外方法。

(5) 切换到【数据库资源管理器】窗口 (如果未打开，可按 Ctrl+Alt+S 组合键)，然后定位到要操作的数据库，这里是 hnyjj\sqlexpress.Northwind.dbo 数据库。

（6）展开数据库至【表】节点。从【数据库资源管理器】中拖放表 Customers 到图表的左侧，后面是 Orders 表。注意，VWD 在两表之间绘制了连接线，如图 13-5 所示。这表明它认识到了在这两表之间创建的联系。

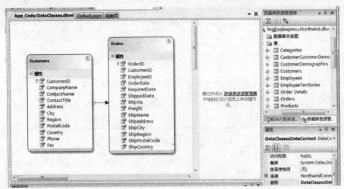

图 13-5　Customers 与 Orders 表

（7）保存并关闭图表。

（8）切换至【解决方案资源管理器】窗口。切换页面 Default.aspx 至【设计】视图，并从工具箱中拖放一个 GridView 到该页面上。

（9）双击页面的非<div>区域，为 Default.aspx.cs 的 Page_Load 事件添加事件处理程序，代码如下：

```
public partial class _Default : System.Web.UI.Page
{
        protected void Page_Load(object sender, EventArgs e)
        {
                using (DataClassesDataContext myDataContext = new
DataClassesDataContext())
                {
                        var allCustomers = from c in myDataContext.Customers
                                                where c.City == "London"
                                                select c;
                        GridView1.DataSource = allCustomers;
                        GridView1.DataBind();
                }
        }
}
```

（10）保存所有更改，并按 Ctrl+F5 键打开该页面。这时屏幕上显示了符合条件的所有记录。如图 13-6 所示。

图 13-6 【例 13-3】的执行结果

 知识点

> VWD 2008 提供了一个对象关系设计器，允许基于数据库的表创建一个可通过代码访问的对象模型。只要将表拖至该设计器，VWD 就会创建可用于访问数据库中底层数据的代码，而无需自己编写大量代码。拖至设计器上的类存储在.dbml 文件和其 Code Behind 文件中。这些文件包含了一个继承自 DataContext 的类，而 DataContext 是 LINQ to SQL 中提供对数据库进行访问的主要实体。在前一个示例中，这个类为 DataClassesDataContext(按.dbmf 文件命名)，使用它访问添加到图表中的表的数据。尽管通常不需要查看生成的代码，但可以打开 DataClasses.designer.cs 进行查看。这个设计器可以智能地检测数据库中的关系，因此也可以在代码中创建必要的关系，如图 13-5 所示。模型生成两个主要的对象类型，即 Customers 和 Orders，与之分别对应的集合是 Customers 和 Orders。

在生成模型后，对其执行 LINQ 查询，可以从底层数据库中获取数据。要访问这些数据，需要一个 DataContext 类的实例，这在代码的 using 块中创建。using 中包装的代码用于创建在用完后需清除(从内存中清除)的变量。由于 myDataContext 变量保存了到 SQL Server 数据库的连接，因此将使用它的代码包装到 using 块中是个好主意，这样对象会在块的末尾被销毁。然后，这个 myDataContext 对象提供可在查询中使用的数据。

```
using (DataClassesDataContext myDataContext = new
DataClassesDataContext())
    {
        var allCustomers = from c in myDataContext.Customers
                            where c.City == "London"
                            select c;
        GridView1.DataSource = allCustomers;
        GridView1.DataBind();
    }
```

可注意到，这一查询类似于 SQL 语句。如果对 SQL 有所了解，那么对于 LINQ，就可以轻松入门。在内部，运行库将这个 LINQ 查询转换为其 SQL 对应物，对底层数据库执行查询。

在这一查询中，From 子句中的 c 变量用于查询的其他部分(如 Where、Order By 和 Select)指定筛选、排序的条件和选择。

C#代码段使用了新的 var 关键字，它没有类型名。这里运用了一个类型推断(type inference)的概念，其中编译器可通过查看赋值的右侧推断变量的类型。

13.3　LINQ 查询语法

LINQ 的查询能力非常强。在本节，将学习更多的可用于查询对象模型的 LINQ 查询语法。

13.3.1　标准查询运算符

LINQ 支持大量的标准查询运算符(可用于选择、排序或筛选从查询返回的数据的关键字)。尽管本章所有示例是在 LINQ to SQL 的背景下讨论的，但也可将它们应用到其他 LINQ 实现中。下面的每个示例都使用对象模型和【例 13-3】创建的名为 myDataContext 的 DataContext 对象作为查询的数据源。

1. from

LINQ 中的 from 关键字用于定义查询所执行的集合或数据源。尽管 from 关键字不能算是标准查询运算符，因为它并不对数据进行操作而是指向数据，但它是 LINQ 查询中的一个重要元素。

2. select 关键字

LINQ 中的 select 关键字用于从查询的源中检索对象。例如：

```
var allCustomers = from c in myDataContext.Customers
                        select c;
```

这一示例中的变量指范围变量(range variable)，它只在当前查询中可用。通常在 from 子句中引入范围变量，然后在 where 和 select 子句再次使用它来筛选数据，表明要选择的数据。尽管对于它可采用任意的名称，通常看到的是单个字母的变量，如 c。

3. orderby

LINQ 中的 orderby 关键字用于对结果集合中的项进行排序。orderby 关键字后面紧跟着的是可选的用来指定排序顺序的 ascending(升序)或 descending(降序)关键字。可以通过逗号分隔来指定多个条件。默认是升序排列。例如：

```
var allCustomers = from c in myDataContext.Customers
                        orderby c.CustomerID descending
```

```
                select c;
```

4. where

LINQ 中的 where 子语句允许筛选查询返回的对象。where 子语句后面是一个逻辑表达式。例如：

```
var allCustomers = from c in myDataContext.Customers
                        where c.City == "London"
                   select c;
```

5. Sum、Min、Max、Average 和 Count

LINQ 中的 Sum、Min、Max、Average 和 Count 是聚集运算符。这些聚集运算符允许在结果集中的对象上进行数学计算。Sum 是求和运算符；Min 是求最小值运算符；Max 是求最大值运算符；Average 是求平均值运算符；Count 是计数运算符。例如，要检索所有订单的平均 Freight，可执行下列查询：

```
var average = (from o in myDataContext.Orders
                   select o.Freight).Average();
```

注意，Average 方法被运用于整个结果集。因此，需要将整个语句括到括号中，然后再调用 Average 方法。没有括号的话，就会出错。

类似地，可检索订单表 Orders 中订单数，如下所示：

```
var average = (from o in myDataContext.Orders
                   select o).Count();
```

 提示
> Sum、Min、Max 和 Average 四个运算符只适合对结果集中的数值型对象进行计算。

6. Take、Skip、TakeWhile 和 SkipWhile

LINQ 中的 Take 和 Skip 运算符允许在结果集中作子选择。这很适用于分页情况，其中只检索当前页面的记录。Take 从结果集中获取请求的元素，然后忽略其余的；而 Skip 与它相反，忽略请求的元素，然后返回其余的。

在 LINQ to SQL 中，Take 和 Skip 操作符也被转换为 SQL 语句。这意味着分页是在数据库级发生的，而不是在 ASP.NET 页面中。这大大增强了查询的性能，特别是对于一些较大的结果集，不是所有的元素都必须从数据库转移到 ASP.NET 页面。

下面的例子显示了如何检索第二页的记录，假定页面大小为 10。

```
var q = (from o in myDataContext.Orders
```

```
select o).Skip(10).Take(10);
```

和 Average 一样，查询被括在一对括号中，然后调用 Skip 和 Take 来获取请求的记录。

TakeWhile 和 SkipWhile 查询运算符的工作方式类似，但允许在特定条件满足时获取或跳过一些记录。

7. Single 和 SingleOrDefault

LINQ 中的 Single 和 SingleOrDefault 运算符允许返回单个对象作为强类型化实例。如果已知查询只返回一条记录，将很有用；例如，通过其唯一 ID 检索它。下列示例从数据库 Notrwind 的 Orders 表中检索 OrdersID 为 10258 的记录。

```
var q = (from o in myDataContext.Orders
                where o.OrderID==10258
                select o).Single();
```

如果请求的项未找到或是查询返回多个实例，则 Single 操作符会引发异常。如果想让该方法返回 null(未找到)或是相应数据类型的默认值(如 Integer 型的 0、Boolean 型的 False 等)，使用 SingleOrDefault。

即使数据表中只有一个 OrdersID 为 10258 的记录，如果未调用 Single，仍会返回一个对象。通过使用 Single，可强制结果集为所查询类型的单个实例。

8. First、FirstOrDefault、Last 和 LastOrDefault

LINQ 中的 First、FirstOrDefault、Last 和 LastOrDefault 运算符允许返回特定序列对象中的第一个或最后一个元素。和 Single 方法一样，如果集合为空，First 和 Last 会抛出异常，而 FirstOrDefault 和 LastOrDefault 返回相应数据类型的默认值。

和 Single 不同的是，当查询返回多个项时，First、FirstOrDefault、Last 和 LastOrDefault 操作符并不抛出异常。

遗憾的是，LINQ to SQL 中并不支持 Last 和 LastOrDefault 查询。不过，通过 First 和降序排列顺序可轻松实现与之相同的行为。下列代码段显示了如何从数据库检索最早的和最新记录。

```
var q = (from o in myDataContext.Orders
                orderby o.OrderID
                select o).First();
 var q = (from o in myDataContext.Orders
                orderby o.OrderID descending
                select o).First();
```

在执行 First 前对结果集重新排序，可以得到序列中的最后一条记录。注意在这两种情况中，查询返回的类型是一个真正的 Orders 对象，允许直接访问其属性，如下所示：

```
Label1.Text = q.OrderID.ToString()+q.Customers+q.ShipAddress;
```

13.3.2 用匿名类型定形数据

在前面的举例中看到的查询都返回全类型。也就是，查询返回了一个 Orders 实例的列表(如 Select 方法)、单个 Orders 实例(Single、First 或 Last)或是一个数值(如 Count 和 Average)。

图 13-6 显示了一个带有 Customers 对象中所有属性的 GridView。也许并不需要对象的所有属性，只想用其中的某几个属性。通过匿名类型(anonymous type)可轻松实现。匿名类型是一种不需要预先定义名称的类型。而是可以通过选择数据，然后让编译器推断其类型来进行构造。

创建匿名类型很简单；不需要使用像 Select o 这样的句子选择实际的对象，可以使用 new 关键字，然后在一对花括号间定义要选择的属性，例如：

```
var q = from o in myDataContext.Orders
            where o.CustomerID=="BERGS"
select new { o.OrderID, o.CustomerID, o.Customers, o.OrderDate };
//GridView1.DataSource = q;
//GridView1.DataBind();
foreach (var r in q)
    {
        Label1.Text += r.OrderID + r.CustomerID + r.Customers +r.OrderDate+"<br />";
    }
```

尽管这一类型是匿名的，不能通过名称直接访问，但编译器仍能推断其类型，对于在查询中选择的新属性实现完全智能识别(IntelliSense)。

除了直接选择已有属性外，可以创建属性值并提供不同的名称。下面举例说明。

【例 13-4】运用查询和匿名类型示例。

(1) 新建一个 ASP.NET 网站 Ex13_4。

(2) 在【解决方案资源管理器】中添加一个 App_Code 文件夹。

(3) 右击 App_Code 文件夹，在下拉列表中选择【添加新项】命令，单击【LINQ to SQL 类】选项。选用默认文件名。最后，单击【添加】按钮将该项添加到项目中。

(4) VWD2008 为网站添加了一个名为 DataClasses.dbml 的文件，然后在主编辑窗口打开 Object Relational Designer(对象关系设计器)。

(5) 切换到【数据库资源管理器】窗口 (如果未打开，可按 Ctrl+Alt+S 组合键)，然后定位到要操作的数据库，这里是 hnyjj\sqlexpress.Northwind.dbo 数据库。

(6) 展开数据库至【表】节点。从【数据库资源管理器】中拖放表 Products 到图表的左侧，后面是 Suppliers 表。

(7) 保存并关闭图表。

(8) 切换至【解决方案资源管理器】窗口。切换页面 Default.aspx 至【设计】视图，并从工具箱中拖放一个 GridView 到该页面上。

(9) 双击页面的非<div>区域，为 Default.aspx.cs 的 Page_Load 事件添加事件处理程序，代码如下：

```
public partial class _Default : System.Web.UI.Page
{
    protected void Page_Load(object sender, EventArgs e)
    {
        using (DataClassesDataContext myDataContext = new
DataClassesDataContext())
        {
            var q = from p in myDataContext.Products
                    orderby p.ProductName
                    select new {产品名称=p.ProductName, p.UnitPrice, 单价大于
20 =(p.UnitPrice>20) };
            GridView1.DataSource = q;
            GridView1.DataBind();
        }
    }
}
```

以上查询创建了一个新的匿名类型，将 **ProductName** 属性重命名为"产品名称"，**UnitPrice** 属性保持不变，增加了一个 **Boolean** 值来表示"单价大于 **20**"产品。选择原始对象中并不存在的额外属性的能力给数据显示提供了很大的灵活性。

(10) 保存所有更改并按 Ctrl+F5 键打开该页面。这时屏幕上显示了符合条件的所有记录。如图 13-7 所示。

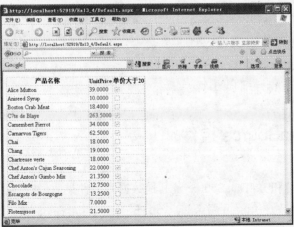

图 13-7　【例 13-4】的执行结果

以上可以看到，使用很少的代码创建 LINQ 查询并将它们与 ASP.NET 服务器控件一起使用。

13.4 使用 Web 服务器控件和 LINQ 实现查询

到目前为止，已经了解了一种将 LINQ 查询的结果绑定到 ASPX 页面中控件的方法：将数据指派给控件的 DataSource 属性，然后调用 DataBind。这一方法有一些缺点。首先，它不支持直接编辑、更新和删除数据。其次，由于是在 CodeFile 文件中定义了数据源，GridView 直到运行时才知道提供给它什么数据，因此没有工具支持建立其列。使用一些新的服务器控件就很容易克服这些缺点，包括 ListView 和 LinqDataSource 控件。

13.4.1 ASP.NET 3.5 中引入的新控件

Microsoft 在 ASP.NET 3.5 中引入了与 LINQ 相关的 3 个新控件，可以在几乎不用任何代码的情况下快速创建富 Web 界面。其中两个控件在 ASP.NET 页面中提供一个可视界面，而另一个控件作为数据绑定控件和底层数据源之间的桥梁。表 13-1 简单介绍了这几个新控件。

表 13-1 ASP.NET 3.5 中与 LINQ 相关的 3 个新控件

控 件	控 件 描 述
LinqDataSource	LinqDataSource 作为数据绑定控件和底层数据源之间的桥梁。这个数据源可以是 LINQ 支持的任何类型，包括 SQL Server 数据库、XML 文档，甚至数组和集合。本章将只从 LINQ to SQL 角度来介绍它
ListView	ListView 控件提供了一个可视界面，允许显示、插入、编辑和删除数据库中的项，提供完全的 CRUD 服务
DataPager	DataPage 与 ListView 一起使用，可以为数据源中的数据编页码，以小块的方式将数据提供给用户，而不是一次显示所有记录

下面将对这些新控件作详细介绍。

13.4.2 LinqDataSource 控件

LinqDataSource 控件和 SqlDataSource 及其他数据源控件类似。它提供了一个声明性的方法来支持访问 LINQ 的数据源。和 SqlDataSource 控件一样，LinqDataSource 提供了对 CRUD 操作的轻松访问，另外使数据排序和筛选也变得非常简单。LinqDataSource 控件的主要属性如表 13-2 所示。

表 13-2　LinqDataSource 控件的主要属性

属　性	属 性 描 述
ContextTypeName	控件将使用的 DataContext 类的名称。
EnableDelete EnableInsert EnableUpdate	表明控件是否提供自动插入、更新和删除功能。如果启用，可以结合使用该控件和数据绑定控件(如 GridView)支持数据管理。
TableName	想使用的 LINQ to SQL 图表中的表

和数据绑定控件一起，LinqDataSource 通过 LINQ 提供了对底层 SQL 数据库的完全访问。下举例说明如何在 ASPX 页面中使用 LinqDataSource 控件。

【例 13-5】LinqDataSource 控件应用示例。通过本例将学会如何创建一个新的相册作为上传照片的占位符。了解如何使用 LinqDataSource 和 DetailsView 创建一个用户界面，允许用户将相册的名称输入系统。数据库只包含对图像的引用，实际的图片存储在磁盘上。

(1) 新建一个 ASP.NET 网站 Ex13_5。

(2) 使用 sqlcmd 创建一个 SQL Server 数据库 Photo.mdf，并在【数据库资源管理器】窗口中打开与该数据库的连接。按表 13-3、表 13-4 要求为该数据库添加两个表。对于这两个表，使 PhotoAlbumID 和 Picture ID 列为主键列，方法是单击它，然后单击【表设计器】工具栏上的绿色钥匙图标。另外，通过设置【列属性】面板上的【是标识】属性为【是】，使该列作为表的标识列。

表 13-3　　PhotoAlbum 表结构

列　　名	数 据 类 型	是否允许为 Null	描　　述
PhotoAlbumID	int	No	相册的唯一 ID(标识和主键)
Name	nvarchar(100)	No	相册的名称

表 13-4　　Picture 表的结构

列　　名	数 据 类 型	是否允许为 Null	描　　述
Picture ID	int	No	图片的唯一 ID(标识和主键)
Description	nvarchar(200)	No	描述图片的简短文本
Tooltip	nvarchar(50)	No	在图片上悬停时显示的工具提示
ImageUrl	nvarchar(200)	No	到磁盘上图片的虚拟路径
PhotoAlbumID	int	No	图片所属相册的 ID

(3) 在【数据库资源管理器】中，右击数据库 Photo【数据库关系图】文件夹，在弹出的快捷菜单中选择【添加新关系图】命令，在【添加表】对话框中添加两个新表到关系图中。然后将 PhotoAlbum 表的 PhotoAlbumID 列拖至 Picture 表的 PhotoAlbumID 列。单击【确定】按钮两次，在 PhotoAlbum 表和 Pictrue 表之间创建一个关系，如图 13-8 所示。

计算机 基础与实训教材系列

(4) 保存并关闭图表。单击【是】按钮确认对 PhotoAlbum 表和 Picture 表的更改。

(5) 在【解决方案资源管理器】中添加一个 App_Code 文件夹。

(6) 右击 App_Code 文件夹，在下拉列表中选择【添加新项】命令，单击【LINQ to SQL 类】选项。命名文件名为 PhotoDataClasses.dbml。最后，单击【添加】按钮将该项添加到项目中。然后在主编辑窗口打开 Object Relational Designer(对象关系设计器)。

(7) 接着，从【数据库资源管理器】窗口拖放两个新表到该图表上。这时的图表如图 13-9 所示。保存更改并关闭图表。

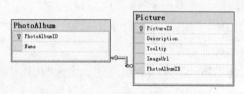

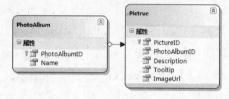

图 13-8　Photo.dbo 数据库表关系图 　　图 13-9　LINQ to SQL 类对象关系设计器图

(8) 在站点的根目录中创建一个新的 ASPX 文件，将它命名为 NewPhotoAlbum.aspx。在页面的<title>标记中添加如下内容：

```
<title>创建一个新相册</title>
```

之后，再创建一个名为 ManagePhotoAlbum.aspx 的新页面。

(9) 切换页面至【设计】视图，从【工具箱】的【数据】类别中拖一个 DetailsView 控件到页面。打开 DetailsView 控件的智能【DetailsView 任务】列表，并从【选择数据源】下拉列表中选择【<新建数据源>】。在【数据源配置向导】对话框的【选择数据源类型】页面中，单击 LINQ 图标，单击【确定】按钮。在【选择上下文】页面中，确保选择 PhotoDataClassesDataContext 类并单击【下一步】按钮到达【配置数据选择】页面，如图 13-10 所示。从【表】下拉列表中，选择 PhotoAlbums 项。

确保从下拉列表中选择 PhotoAlbums。右侧的按钮可用于创建筛选器(使用 Where 按钮)、确定排序顺序(使用 OrderBy 按钮)和告诉 LinqDataSource 是否支持插入、更新和删除（使用高级按钮）。在这里需要插入行为，因此单击【高级】按钮，然后启用插入功能，如图 13-11 所示。单击【确定】按钮关闭【高级选项】对话框，然后单击【完成】按钮结束配置向导。

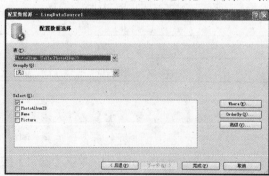

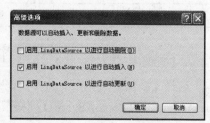

图 13-10　【配置数据源】之【配置数据选择】页面　　图 13-11　【高级选项】对话框

（10）单击控件的智能标记，在弹出的【DetailsView 任务】列表中选中【启用插入】选项，对 DetailsView 控件启用插入功能。

（11）打开 DetailsView 控件的【属性】窗口，将 DefaultMode 从 ReadOnly 改为 Insert。

（12）在【设计】视图中选择 LinqDataSource 控件，打开其【属性】窗口并切换至【事件】类别。双击 Inserted 事件。在该事件处理程序中添加如下代码：

```
protected void LinqDataSource1_Inserted(object sender,
LinqDataSourceStatusEventArgs e)
    {
        PhotoAlbum myPhotoAlbum = (PhotoAlbum)e.Result;
Response.Redirect(string.Format("ManagePhotoAlbum.aspx?PhotoAlbumID={0}
",
        myPhotoAlbum.PhotoAlbumID.ToString()));
    }
```

一旦相册插入到数据库中，就将用户重定向到一个新页面。

（13）保存所有更改，然后在浏览器中打开 NewPhotoAlbum.aspx。为相册输入一个新名称，如"上海旅游相册"，并单击【插入】按钮。页面中不显示任何内容，但将在浏览器的地址栏中可看到相册的 ID(PhotoAlbumID=1)。执行结果如图 13-12 所示。

图 13-12　【例 13-5】执行结果(注意地址栏的内容)

13.4.3　ListView 控件

之前，已经了解了一些数据绑定控件的运用，如 GridView，它是非常强大的，它支持数据的更新、删除、排序和分页，但不能插入数据和生成大量的 HTML 标记。如 Repeater 控件，可对生成的 HTML 作精确的控制，但缺乏其他数据控件所拥有的高级功能，如更新和删除行为、排序和筛选功能。还有 DetailsView 控件，它允许一次插入或更新一条记录。

ListView 结合了 GridView 丰富的功能集和对 Repeater 提供的标记的控制。ListView 使得可以以不同的格式显示数据，包括网格(类似 GridView 的方式)、项目列表(类似 Repeater 的方式)、流格式(其中所有项一个接一个地放在 HTML 中，开发人员可以编写一些 CSS 对其进行格

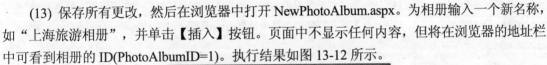

式化)。

ListView 通过模板(允许控制 ListView 对其底层数据提供的许多不同的视图)显示和管理其数据。ListView 控件的可用模板如表 13-5 所示。

表 13-5　ListView 控件的可用模板

模　板	描　述
<LayoutTemplate>	作为控件的容器。它使得可定义一个放置单独数据项(像 Reviews)的位置。然后通过 ItemTemplate 和 AlternatingItemTemplate 表示的数据项作为容器的子元素添加
<ItemTemplate> <AlternatingItemTemplate>	定义控件的只读模式。当一起使用时，它们可以创建一种"斑马纹效果"，奇偶行有着不同的外观(通常是不同的背景色)
<SelectedItemTemplate>	允许定义当前活动或选择项的外观
<InsertItemTemplate> <EditItemTemplate>	这两个模板允许定义用于插入和更新列表中的项的用户界面。通常，放置文本框、下拉列表和其他服务器控件等到这些模板中，将它们与底层数据源绑定
<ItemSeparatorTemplate>	定义放置在列表中项之间的标记。可用于在项之间添加线、图像或其他标记
<EmptyDataTemplate>	在控件无数据显示时显示。可以添加文本或其他标记，告诉用户无数据显示
<GroupTemplate> <GroupSeparatorTemplate> <EmptyItemTemplate>	在高级表现场景中使用，其中数据可呈现在不同组中

ListView 控件的模板看上去很多很复杂，但用起来并不困难。一方面，VWD 2008 根据一些控件(如 LinqDataSource)提供的数据，会自动创建大部分的代码。另一方面，应用时一般不需要定义所有模板，这就可以最小化控件所需的代码。

除了许多的模板外，ListView 控件还有许多的属性，可通过对其属性设置来影响控件的行为。ListView 控件的主要属性如表 13-6 所示

表 13-6　ListView 控件的主要属性

属　性	描　述
ItemPlaceholderID	放置在 LayoutTemplate 中的服务器端控件的 ID。当该属性引用的控件在屏幕上显示时，由所有重复的数据项取代。它可以是一个服务器控件，如<asp:PlaceHolder>或是一个简单的 HTML 元素，带有一个有效的 ID，其 runat 特性设置为服务器(如 <ul runat=" server " id=" MainList " ></ul>)。如果不设置该属性，ASP.NET 会尝试找到 ID 为 itemPlaceholder 的控件并使用该控件
DataSourceID	页面上数据源控件的 ID，如 LinqDataSource 或 SqlDataSource 控件
InsertItemPosition	这一属性的枚举包括 3 个值(None、FirstItem 和 LastItem)，允许确定 InsertItem Template 的位置：在列表的开始或末尾，或者不可见

和其他数据绑定控件一样，ListView 有大量在控件生命周期的特定时间触发的事件。例如，

它有在项插入到底层数据源前后触发的 ItemInserting 和 ItemInserted 事件。类似地，它还有在更新和删除数据前后的事件。

下面将举例说明如何将这些信息组合到一起。如何定义不同的模板和设置相关的属性来控制 ListView 控件的外观。

【例 13-6】使用 ListView 控件插入和更新数据。

用 ListView 控件插入数据项的操作方法是：将控件指向数据源，然后让 VWD 创建所需的模板。本例将学会怎样处理 VWD 自动生成的大量代码。

(1) 复制 Ex13_5 文件夹并修改其名称为 Ex13_6。然后在 VWD 中打开它。

(2) 打开 ManagePhotoAlbum.aspx 的页面。将其 Title 标记设置为【管理相册】，并切换至【设计】视图。

(3) 从【工具箱】中拖放一个 ListView 控件到页面中，在智能【ListView 任务】列表中的【选择数据源】下拉列表中选择【<新建数据源>】，将它与 LinqDataSource 控件关联。确保选择 PhotoDataClassesDataContent 作为上下文对象并在图 13-10 所示的【配置数据选择】页面中，从【表】下拉列表中选择 Picture 表。

(4) 单击 Where 按钮建立一个 Where 子句，限制列表中的图片属于一个特定的相册 ID。在【例 13-5】中，ManagePhotoAlbum.aspx 页面通过查询字符串接收相册 ID，因此将在这一步建立一个 QueryStringParameter。填充图 13-13 所示的【配置 Where 表达式】对话框。

图 13-13　【配置 Where 表达式】对话框的设置

(5) 在完成后单击【添加】按钮，添加参数到屏幕底部的列表。然后单击【确定】按钮关闭该对话框。

(6) 回到【配置数据选择】页面，单击【高级】按钮，选择为 LinqDataSource 提供删除和插入支持的前两项并单击【确定】按钮。最后，单击【完成】按钮关闭【配置数据源】向导。返回页面，ListView 将显示为一个无格式的矩形，如图 13-14 所示。这是因为还没有提供任何模板信息。

图 13-14 ListView 控件的格式

(7) 在 ListView 的智能【ListView 任务】列表中选择【配置 ListView】，弹出如图 13-15 所示的对话框。在这个对话框中可以选择控件的布局、样式和是否启用插入和更新等操作。选择【项目符号列表】作为布局，选中【启用插入】和【启用删除】复选框。单击【确定】按钮关闭该对话框。

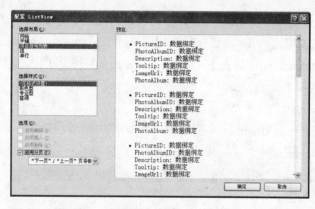

图 13-15 【配置 ListView】对话框的设置

(8) 切换至【源】视图并删除下面列出的模板的代码。方法是，单击相关的起始标记，再单击文档窗口底部的标记选择器中的标记，选择整个元素和其内容，按 Delete 键即可。

- <AlternatingItemTemplate>
- <SelectedItemTemplate>
- <EmptyDataTemplate>
- <EditItemTemplate>
- <ItemSeparatorTemplate>

(9) 定位到 LayoutTemplate 中的<ul>元素并删除 ID、runat 和 style 特性。然后添加一个 class 特性并设置其为 itemContainer。也可以删除 VWD 添加的空<div>元素。<Layout Template>现在包含下列代码：

```
<LayoutTemplate>
        <ul class="itemContainer" >
            <li ID="itemPlaceholder" runat="server" />
        </ul>
</LayoutTemplate>
```

(10) 定位到 ItemTemplate 并删除构成 Id、PhotoAlbumId 和 PhotoAlbum 列的行，因为并不需要它们。不过要确保未删除<Li>起始标记。

(11) 对同样是 ListView 控件一部分的 InsertItemTemplate 重复前面的步骤。这一模板没有 ID 字段，因此需要删除 PhotoAlbumId 和 PhotoAlbum。

现在，完整的控件代码如下所示：

```
<asp:ListView ID="ListView1" runat="server" DataKeyNames="PictureID"
        DataSourceID="LinqDataSource1" InsertItemPosition="LastItem">
        <ItemTemplate>
        <li style="">
            Description:
            <asp:Label ID="DescriptionLabel" runat="server"
                Text='<%# Eval("Description") %>' />
            <br />
            Tooltip:
            <asp:Label ID="TooltipLabel" runat="server" Text='<%#
Eval("Tooltip") %>' />
            <br />
            ImageUrl:
            <asp:Label ID="ImageUrlLabel" runat="server" Text='<%#
Eval("ImageUrl") %>' />
            <br />
            <asp:Button ID="DeleteButton" runat="server"
CommandName="Delete" Text="删除" />
            </li>
            </ItemTemplate>


        <InsertItemTemplate>
        <li style="">
            Description:
            <asp:TextBox ID="DescriptionTextBox" runat="server"
                Text='<%# Bind("Description") %>' />
            <br />
            Tooltip:
            <asp:TextBox ID="TooltipTextBox" runat="server" Text='<%#
Bind("Tooltip") %>' />
            <br />
            ImageUrl:
            <asp:TextBox ID="ImageUrlTextBox" runat="server"
                Text='<%# Bind("ImageUrl") %>' />
```

```
                            <br />
                            <asp:Button ID="InsertButton" runat="server"
            CommandName="Insert" Text="插入" />
                            <asp:Button ID="CancelButton" runat="server"
            CommandName="Cancel" Text="清除" />
                        </li>
                    </InsertItemTemplate>
                    <LayoutTemplate>
                        <ul class="itemContainer" >
                            <li ID="itemPlaceholder" runat="server" />
                        </ul>
                    </LayoutTemplate>
                </asp:ListView>
```

(12) 切换回 ManagePhotoAlbum.aspx 页面的【设计】视图，选择 LinqDataSource 控件并打开其【属性】窗口。切换至【事件】类别并双击 Inserting 事件。在 ManagePhoto Album.aspx.cs 窗口中添加事件处理程序代码如下：

```
protected void LinqDataSource1_Inserting(object sender,
LinqDataSourceInsertEventArgs e)
    {
        Picture myPicture = (Picture)e.NewObject;
        myPicture.PhotoAlbumID =
        Convert.ToInt32(Request.QueryString.Get("PhotoAlbumID"));
    }
```

(13) 在网站中创建一个新的样式表文件，并命名为 Styles.css。用下列代码取代文件中的已有 CSS：

```
.itemContainer
{
width: 600px;
list-style-type: none;
}
.itemContainer li
{
height: 280px;
width: 200px;
float: left;
}
.itemContainer li img
{
```

```
width: 180px;
margin: 10px 20px 10px 0;
}
```

(14) 保存并关闭该文件。

(15) 切换回 ManagePhotoAlbum.aspx 页面的【设计】视图，从【解决方案资源管理器】中拖放 Styles.css 文件到该页上。这样，该页面将使用外部样式表控制显示格式。

(16) 保存所有更改，关闭所有打开的文件，然后在浏览器中请求 NewPhotoAlbum.aspx。确保没有打开 ManagePhotoAlbum.aspx，因为它请求 NewPhotoAlbum.aspx 发送的查询字符串。为相册输入一个新名称并单击【插入】按钮。之后打开 ManagePhotoAlbum.aspx，在那里可输入新的图片。目前，只能做的是输入图片的描述、工具提示和为图像假设的 URL(只是输入一些文本)；后面将介绍如何对此作修改，使用户可以上传真正的图片到该站点。单击【插入】按钮后，新的项出现在列表中，在插入控件的旁边。在添加一些项后，将注意到插入控件移至其他项的下一行，如图 13-16 所示。

(17) 对于某一项单击【删除】按钮，该项将从列表中删除。

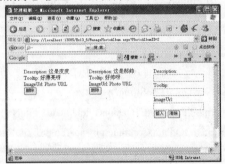

图 13-16 【例 13-6】执行结果

显然，让用户直接输入图像的 ImageUrl 不是非常友好的。更简单的做法是能让用户从本地计算机中选择图像，然后上传到服务器。在【例 13-17】中将介绍如何实现。

【例 13-7】自定义 ListView 控件的模板。

VWD 根据 LinqDataSource 中的信息生成的 ListView 控件的默认模板只适合于最为常见的情况。通常，用户需要更多的控制。例如，在 ItemTemplate 中，可能想显示实际的<asp:Image>控件而非作为文本的普通 ImageUrl 属性。同样，在 InsertItemTemplate 中，可能想显示文件上传控件而不是一个简单的文本框。本例将介绍如何改变标准模板，在页面中结合这两种功能。另外，将介绍如何处理 LinqDataSource 控件的 Inserting 事件，将上传文件保存到磁盘，用图像的 URL 更新数据库。

(1) 复制 Ex13_6 文件夹并修改其名称为 Ex13_7。然后在 VWD 中打开它。

(2) 在网站的根目录下创建一个名为 Images 的新文件夹。这一文件夹用来存放上传的图像。

(3) 在【源】视图下打开 ManagePhotoAlbum.aspx 页面，并定位到<ItemTemplate>元素。删除显示 ImageUrl 的 Label，用一个 Image 控件取代它，将控件的 ImageUrl 设置为图片对象的

ImageUrl：

```
<asp:Image ID="ImageUrl" runat="server" ImageUrl='<%# Eval("ImageUrl") %>'/>
```

并删除显示在图像上方的文本 ImageUrl:。

(4) 为了让用户上传图像，需要用 FileUpload 控件取代用于 ImageUrl 属性的 TextBox。还需要再次删除文本 ImageUrl:。在 InsertItemTemplate 中完成这些工作。

用新代码 `<asp:FileUpload ID="FileUpload1" runat="server" /><br />` 替换以下代码：

```
<asp:TextBox ID="ImageUrlTextBox" runat="server"    Text='<%#
Bind("ImageUrl") %>' />
```

注意，这里不需要将属性和控件绑定。因为上传的图像需要作特殊处理，将通过编程的方法解决，而不是依赖于内置的数据绑定功能。

(5) 在属性窗口中，将<InsertItemTemplate>中的 Cancel 按钮的 CausesValidation 属性设置为 False；将<ItemTemplate>中的 Delete 按钮的 CausesValidation 属性也设置为 False。

(6) 切换到 ManagePhotoAlbum.aspx.cs 窗口，在 Inserting 事件处理程序中添加如下代码：

```
FileUpload FileUpload1 = (FileUpload)ListView1.InsertItem.FindControl("FileUpload1");
    string virtualFolder = "~/Images/";
    string physicalFolder = Server.MapPath(virtualFolder);
    string fileName = Guid.NewGuid().ToString();
    string extension = System.IO.Path.GetExtension(FileUpload1.FileName);
    FileUpload1.SaveAs(System.IO.Path.Combine(physicalFolder, fileName +extension));
myPicture.ImageUrl = virtualFolder + fileName + extension;
```

将文件保存到磁盘，然后用新位置更新 Picture 实例的 ImageUrl 属性：

(7) 回到【源】视图并为 InsertItemTemplate 添加 3 个验证控件：两个 RequiredField Validator 控件与 Description 和 Tooltip 文本框关联，另一个是 CustomValidator，将其 ErrorMessage 设置为"请选择.jpg 图像文件"。最后，设置 Description 文本框的 TextMode 属性为 MultiLine。最终的代码如下所示：

```
Description:
    <asp:TextBox ID="DescriptionTextBox" runat="server"
        Text='<%# Bind("Description") %>' TextMode="MultiLine"
/><br />
        <asp:RequiredFieldValidator ID="RequiredFieldValidator1"
runat="server"
        ErrorMessage="RequiredFieldValidator"
ControlToValidate="DescriptionTextBox">
        </asp:RequiredFieldValidator>
        Tooltip:
```

```
                <asp:TextBox ID="TooltipTextBox" runat="server" Text='<%#
Bind("Tooltip") %>' /><br />
                <asp:RequiredFieldValidator ID="RequiredFieldValidator2"
runat="server"
                    ErrorMessage="RequiredFieldValidator"
ControlToValidate="TooltipTextBox">
                    </asp:RequiredFieldValidator>
                ImageUrl:
                <asp:FileUpload ID="FileUpload1" runat="server" /><br />
                <asp:CustomValidator ID="CustomValidator1" runat="server"
                ErrorMessage="请选择.jpg 图像文件"></asp:CustomValidator> <br/>
                <asp:Button ID="InsertButton" runat="server"
CommandName="Insert" Text="插入" CausesValidation="False" />
                <asp:Button ID="CancelButton" runat="server"
CommandName="Cancel" Text="清除" CausesValidation="false"/>
```

(8) 切换至【设计】视图，选择 ListView 控件，然后双击属性窗口的【事件】类别中的 ItemInserting 事件，为其添加事件处理程序如下：

```
protected void ListView1_ItemInserting(object sender,
ListViewInsertEventArgs e)
    {
        FileUpload FileUpload1 =
(FileUpload)ListView1.InsertItem.FindControl("FileUpload1");
        if (!FileUpload1.HasFile
|| !FileUpload1.FileName.ToLower().EndsWith(".jpg"))
        {
            CustomValidator CustomValidator1 =
            (CustomValidator)ListView1.InsertItem.FindControl
            ("CustomValidator1");
            CustomValidator1.IsValid = false;
            e.Cancel = true;
        }
    }
```

(9) 保存所有更改，然后在浏览器中请求 NewPhotoAlbum.aspx。为相册输入一个新的名称并单击插入链接。通过输入一些描述和提示，从硬盘中选择.jpg 图片，然后单击插入按钮，插入一些图片。然后输入另一图像的描述和工具提示，但使 File 浏览对话框为空。在单击 Insert 时，会出现错误消息，表明没有上传有效的 JPG 文件，如图 13-17 所示。

(10) 单击 File 上传控件的【浏览】按钮，浏览至一个有效的 JPG 文件，然后再次单击插入按钮。现在文件就成功上传了。

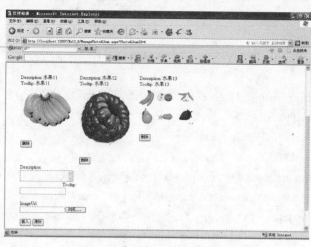

图 13-17　【例 13-7】执行结果

计算机 基础与实训教材系列

程序说明:

在将 Picture 插入数据库的实际过程中并没有改变多少。ListView 控件仍然从页面中搜集所有相关数据,再发送到 LinqDataSource 控件,然后该控件将项插入到数据库中的 Picture 表。所不同的是建立模板和处理 LinqDataSource 和 ListView 控件的事件的方式。首先看一下模板。在 ItemTemplate 中,添加一个<asp:Image>代替普通文本标签。正如图 13-17 所示,显示了实际的图像。

为了允许用户上传图像,用 FileUpload 控件取代了 InsertItemTemplate 中的 TextBox 控件。另外,添加了一些验证控件,要求用户输入强制的字段。一旦按 Insert 按钮,页面就回送,ListView 控件触发其 ItemInserting 事件。可以在这一事件中执行任何自定义的验证。这一事件处理程序接收的其中一个参数(e 参数)是 ListViewInsertEventArgs 类型的,一个提供了有关于 ListView 控件的 Insert 操作的上下文敏感的信息的类。在检测错误时,将传递给事件处理程序的 e 参数的 Cancel 属性设置为 False,告诉 ListView 控件想取消插入操作。在这一事件处理程序中,添加一些代码来"发现" InsertItem 模板中的上传控件。因为可能会具有相同名称的多个控件(如 InsertItemTemplate 和 EditItemTemplate 中的 FileUpload 控件),所以不能直接访问 FileUpload 控件,而是需要在 InsertItem 对象上使用 FindControl 搜索该控件。

```
FileUpload FileUpload1 = (FileUpload)ListView1.InsertItem.FindControl
("FileUpload1");
```

在获得 FileUpload 控件的引用时,可检查其 HasFile 属性查看文件是否上传。另外,可检查 FileUpload1.FileName.ToLower().EndsWith(".jpg")查看是否上传了带有.jpg 扩展名的文件。

如果用户没有上传有效文件,那么 if 块中的代码运行。它再次使用 FindControl 找到 CustomValidator 控件,设置其 IsValid 属性为 False。这就告诉控件在页面呈现时显示其 ErrorMessage。最后,为了阻止 ListView 继续执行插入操作,需要将 e 参数的 Cancel 属性设置为 True;

```
e.Cancel = true;
```

如果用户上传了一个有效的.jpg 文件，ListView 就会继续其插入操作，最终对 Linq DataSource 控件实现插入动作。在该控件准备发送插入操作到数据库时，它触发其 Inserting 事件，使用户有最后的机会勾入(hook into)进程并查看数据。在该事件处理程序中，使用类似的代码查找对 InsertItem 模板中 FileUpload 控件的引用。然后使用下列代码确定该文件的物理和虚拟文件夹、其名称和扩展名：

```
string virtualFolder = "~/Images/";
string physicalFolder = Server.MapPath(virtualFolder);
string fileName = Guid.NewGuid().ToString();
string extension =
System.IO.Path.GetExtension(FileUpload1.FileName);
```

变量 virtualFolder 保存文件夹的虚拟位置，在其中存储上传的图像。使用 Server.Map Path，可以将它转变成物理文件夹；使用 Guid.NewGrid()生成新的随机文件名。这就指派了类似于 721c71cd-f64d-47bd-b157-a9ca7bc86095.jpg 这样的 fileName，确保了是唯一文件名；使用 System.IO 命名空间中的 Path 类的 GetExtension 静态方法检索文件的扩展名。

这时，已经有了将文件存储到磁盘，然后更新数据库的所有必需的信息。使用 FileUpload 控件的 SaveAs 方法可以很容易地将文件存储到磁盘上。

```
FileUpload1.SaveAs(System.IO.Path.Combine(physicalFolder, fileName +
extension));
```

这一代码将物理文件夹、文件名和扩展名传递到 SaveAs 方法，该方法将文件保存到要求的位置。

最后，Picture 实例用新的 ImageUrl 进行更新。

```
myPicture.ImageUrl = virtualFolder + fileName + extension;
```

这指派了~/Images/ 721c71cd-f64d-47bd-b157-a9ca7bc86095.jpg 这样的 URL 给 ImageUrl 属性，这是上传图像的新的虚拟位置。在插入新图像后，ListView 得到更新，使用 Image 控件并将其 ImageUrl 设置为刚上传的图像来显示新的图像。

可以想像，如果为单个相册上传很多图像，页面就很难管理。在前端，用户可能正通过一个缓慢的网络连接访问站点。因此不要将相册中的所有图像显示在一个页面上，可以将相册分放到多个页面上，允许用户一页页地浏览。DataPager 控件可以实现这一功能。

13.4.4　DataPager 控件

DataPager 控件是 ASP.NET 3.5 中的新功能。在之前的 ASP.NET 版本中，分页只是通过一些控件(如 GridView 和 DetailsView)内置的功能实现或是通过手动编写代码实现。

DataPager 是不同的，因为它是个单独的控件，可用它来扩展另一个数据绑定的控件。目前，只可使用 DataPager 为 ListView 控件提供分页功能。

有两种方法将 DataPager 与 ListView 控件关联：可以在 ListView 控件的<LayoutTemplate>中定义它或是完全在 ListView 的外部定义它。在第一种情况下，DataPager 知道它将给哪个控件提供分页功能。在第二种情况下，需要将 DataPager 的 PagedControlID 属性设置为有效 ListView 控件的 ID。下面将介绍如何结合 ListView 配置和使用 DataPager。如果想将 DataPager 控件放到页面不同的地方，例如页脚区域，可以在 ListView 控件的外部进行定义。

13.5 上机练习

在这个练习中，创建一个前端页面。使得到站点的用户可从下拉列表中选择一个可用相册，然后在可分页的列表(通过 ListView 和 DataPager 控件创建)中查看可用图片。

【例 13-8】使用 ListView 和 DataPager 控件将数据分页。

(1) 复制 Ex13_7 文件夹并修改其名称为 Ex13_8。然后在 VWD 中打开它。修改 Default.aspx 页面的<title>标记的内容如下：

```
<title>所有相册</title>
```

(2) 切换至【设计】视图，并拖放一个 DropDownList 控件到页面上。在该控件的智能【DropDownList 任务】列表中选择【启用 AutoPostBack】复选框，然后通过单击【选择数据源】从其下拉列表中选择【<新建数据源>】，将它与一个新的 LinqDataSource 控件关联。单击 LINQ 图标，单击【确定】按钮，然后确保在下拉列表中选择了 PhotoDataClasses DataContext。单击【下一步】按钮，打开【配置数据选择】页面，从其中的【表】下拉列表中选择 PhotoAlbum，选择 PhotoAlbumID 和 Name 字段，如图 13-18 所示。

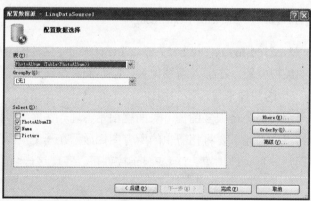

图 13-18 【配置数据选择】页面的配置

(3) 单击【完成】按钮关闭【配置数据源选择】页面，返回【选择数据源】页面，从【选择要在 DropDownList 中显示的数据字段】下拉列表中选择 Name，从【为 DropDownList 的值选择数据字段】下拉列表中选择 PhotoAlbumID，如图 13-19 所示。

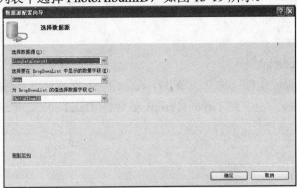

图 13-19 【选择数据源】页面的配置

(4) 单击【确定】按钮关闭【数据源配置向导】对话框。

(5) 在 DropDownList 下添加一个新的 ListView 控件，在该控件的智能【ListView 任务】的下拉列表中选择【<新建数据源>】，将它与一个新的 LinqDataSource 连接。单击 LINQ 图标，单击【确定】按钮。然后确保选择了 PhotoDataClasses DataContext，单击【下一步】按钮。打开【配置数据选择】页面，从其中的【表】下拉列表中选择 Picture(Table<Picture>)，然后单击 Where 按钮。填充如图 13-20 所示的结果对话框，建立一个筛选器来限制选择的图片属于在 DropDownList 中选择的相册的。

(6) 单击【添加】按钮创建参数，然后依次单击【确定】按钮、【完成】按钮将 Linq DataSource2 控件插入页面。

(7) 单击 ListView 控件的智能标记【>】，在弹出的【ListView 任务】列表中单击【配置 ListView...】。在随后的对话框中的【选择布局】列表中选择【项目符号列表】，然后在【选项】中选择【启用分页】复选框。其下的下拉列表默认为【下一页/上一页页导航】。

图 13-20 【配置 Where 表达式】对话框的设置

(8) 单击【确定】按钮，VWD 会自动创建一些默认的模板。

(9) 切换至【源】视图，删除下列模板和它们包含的代码：

◉ <AlternatingItemTemplate>

- <InsertItemTemplate>
- <SelectedItemTemplate>
- <EditItemTemplate>
- <ItemSeparatorTemplate>

(10) 从 LayoutTemplate 中的<ul>中删除 ID、runat 和 style 特性，然后添加一个 class 特性并设置它为 itemContainer。定位到 LayoutTemplate 中的 DataPager，然后添加一个 PageSize 特性并设置其值为 3。

```
<LayoutTemplate>
        <ul class="itemContainer">
            <li ID="itemPlaceholder" runat="server" />
        </ul>
        <div style="">
            <asp:DataPager ID="DataPager1" runat="server" PageSize="3">
                <Fields>
                    <asp:NextPreviousPagerField
ButtonType="Button" ShowFirstPageButton="True"
ShowLastPageButton="True" />
                </Fields>
            </asp:DataPager>
        </div>
</LayoutTemplate>
```

(11) 修改 ItemTemplate 中的代码，结果如下所示：

```
<ItemTemplate>
    <li>
        <asp:Image ID="Image1" runat="server" ImageUrl='<%# Eval("ImageUrl") %>'
                ToolTip='<%# Eval("ToolTip") %>' />
        <asp:Label ID="DescriptionLabel" runat="server" Text='<%#
Eval("Description") %>' />
    </li>
</ItemTemplate>
```

这里创建了一个 Image 控件，其 ImageUrl 和 ToolTip 属性绑定到要绑定的 Picture 对象的相应属性。在浏览器中，将鼠标指针在图像上悬停时，会出现该 ToolTip。在图像下，有一个简单的 Label 控件显示图像的 Description。

(12) 切换回 ManagePhotoAlbum.aspx 页面的【设计】视图，从【解决方案资源管理器】中拖放 Styles.css 文件到该页上。这样，该页面将使用外部样式表控制显示格式。

(13) 保存所有更改，然后在浏览器中请求 Default.aspx。从下拉列表中选择一个相册，然后页面重载，显示该相册中的相关图片。注意，现在就有了一个分页用户界面，允许使用如图

13-21 所示屏幕底部的第一页、上一页、下一页和最后一页按钮，可以实现向前或向后遍历相册中的图片列表。

图 13-21 【例 13-8】执行结果

 知识点

　　对于本练习，需要知道两个重要的性能问题。首先，尽管 ListView 的 ItemTemplate 通过使用 CSS 设置宽度，使浏览器中图像尺寸改为 180 像素，但其实际图像并未改变。这意味着，如果上传一个较大的图像，仍会下载整个图像，只是显示为小的缩略图。更好的做法是在服务器上创建一个真正的缩略图，然后将它发送到浏览器。

　　另一个潜在的性能问题是数据分页的方式。运用 DataPager 控件，数据在 ASPX 页面内部分页。这意味着所有数据从数据库中检索，然后发送到 LinqDataSource 控件。然后 DataPager 控件选择合适的记录并显示在当前页面上。这对于最多上百条的结果集工作良好。不过，一旦相册或其他集合中的项数目超过此数，会发现页面速度开始变慢。如果那样的话，可考虑使用 LINQ to SQL 类的 Skip() 和 Take() 方法来提高性能。

13.6 习题

1. 与其他数据控件(如 GridView 和 Repeater)相比，新的 ListView 控件的主要优势在哪里？

2. 【例 13-8】中的 Default.aspx 页面只显示了图片的缩略图。如何使用 LINQ 查询在其自己的页面上显示正常尺寸的图片？

3. 如何在【例 13-8】中添加导航控件，实现完整的浏览、插入等全功能？

Web 服务创建和使用

    本章主要介绍了 Web 服务，包括什么是 Web 服务、Web 服务的原理、XML 和 SOAP、创建 Web 服务和调用 Web 服务。Web 服务，它虽然不以可视的界面出现在用户面前，但可以为用户的客户端应用程序或 Web 应用程序提供网络服务。通过本章的学习，应重点掌握 Web 服务的创建和调用方法。

本章重点

- ◉ Web 服务定义与 SOAP 协议介绍
- ◉ Web 服务的体系结构
- ◉ 构建一个 Web 服务
- ◉ 测试 Web 服务
- ◉ 消费 Web 服务
- ◉ 在 Ajax Web 站点中使用 Web 服务

14.1　Web 服务的定义与 SOAP 协议介绍

在介绍 Web 服务之前，需要先熟悉 XML、SOAP、WSDL 和 UDDI 等概念。

- ◉ XML(eXtensible Markup Language)：XML 是一种用户定义的、可读性较高的数据描述语言，用户使用 Web 服务发送或接收各种数据、数据集以及文档的格式就是 XML。
- ◉ SOAP(Simple Object Access Protocol)：SOAP 是一套用于 Web 服务端和客户端通信的标准消息控制协议，SOAP 用 XML 构造消息，消息中包含了服务端和客户端所需要的参数或值。
- ◉ WSDL(Web Services Description Language)：WSDL 是 Web 服务描述语言。可以认为 WSDL 文件是一个 XML 文档，用于说明一组 SOAP 消息以及如何交换这些消息。换句话说，WSDL 对于 SOAP 的作用就象 IDL 对于 CORBA 或 COM 的作用。通常 WSDL 文档由软件生成和使用。

- UDDI(Universal Description Discovery and Integration)：UDDI 是 Web 服务的黄页。与传统黄页一样，用户可以搜索提供所需服务的公司，阅读以了解所提供的服务，然后与某人联系以获得更多信息。当然用户也可以提供 Web 服务而不在 UDDI 中注册，就像在地下室开展业务，依靠的是口头吆喝；但是如果希望拓展市场，则需要 UDDI 以便能被客户发现。

14.1.1 SOAP 介绍

在 SOAP 协议出现以前，应用程序之间的通信采用的技术有 CORBA(Common Object Request Broker Architecture，公用对象请求代理程序体系结构)、DCOM(Distributed COM)和 RMI(Remote Method Invocation，远程方法调用)。但如果采用 CORBA、DCOM 和 RMI 解决方案，就很难让这些不同的技术彼此通信。这些技术的另一个问题是它们的结构，这些技术都不是为成千上万个客户设计的，没有 Internet 解决方案所需要的可伸缩性。

之后，包括 Microsoft 和 Userland Software(www.userland.com)在内的几家公司，于 1999 年创建了 SOAP (Simple Object Access Protocol，简单对象访问协议)，把它作为通过 Internet 调用对象的全新方式，它建立在已被广泛接受的标准协议的基础之上。SOAP 使用基于 XML 的格式描述方法和参数，在网络上进行远程调用。COM 世界中的 SOAP 服务器可以给 COM 调用传送 SOAP 消息，而 CORBA 世界中的 SOAP 服务器可以给 CORBA 调用传送 SOAP 消息。最初 SOAP 定义使用 HTTP 协议，所以 SOAP 调用可以通过 Internet 实现。

SOAP 的指导理念是"它是第一个没有发明任何新技术的技术"。它采用了已经广泛使用的两种技术：HTTP 和 XML。

要调用 Web 服务上的一个方法，该调用必须转换为 SOAP 消息，因为它是在 WSDL 文档中定义的。

SOAP 消息是一个 XML 文档。SOAP 消息是客户机和服务器之间通信的基本单元。

一个 SOAP 消息包括一个必需的 SOAP 封装，一个可选的 SOAP 头和一个必需的 SOAP 体。

SOAP 头元素为 SOAP 封装元素的第 1 个直接子元素。头元素的所有直接子元素称作条目。SOAP 头定义了客户机和服务器应如何处理 SOAP 体。SOAP 体是必须有的，它包括发送的数据，通常 SOAP 体中的信息是要调用的方法和序列化的参数值。SOAP 服务器把返回值发送回 SOAP 消息体。SOAP 体元素提供了一个简单的机制，使消息的最终接收者能交换必要的信息。

SOAP 规范定义了一个能用来指定编码方法的全局属性 encoding。

在 SOAP 1.2 中，Web 服务独立于 HTTP 协议，可以使用任意传输协议。但是，Web 服务最常用的协议仍是 HTTP。本章主要介绍可以用 Visual Studio 2008 新建网站模板创建的 Web 服务，以使用 SOAP 和 HTTP。

提示

可以通过站点 www.w3.org/TR/SOAP/获得 SOAP 规范。

⑭.1.2 Web 服务介绍

在 Web 服务架构中，用户可以来自各种平台、采用各种方式来享受它所提供的服务，常用的访问方式包括 Web、应用程序、移动电子通讯设备等。

.NET 平台和 ASP .NET 在创建和使用 Web 服务方面提供了广泛的支持。这些技术赋予用户一个优秀的、简单易用的平台，从而可以快速有效地创建和使用 Web 服务。

XML Web Services 作为基于 Web 的技术的重要发展，是类似于常见网站的分布式服务器端应用程序组件。但是，与基于 Web 的应用程序不同，XML Web Services 组件不具有 GUI 并且不以浏览器(如 Internet Explorer 和 Netscape Navigator)为目标。XML Web Services 由旨在供其他应用程序使用的可重用的软件组件组成，所谓的其他应用程序包括：传统的客户端应用程序，基于 Web 的应用程序，甚至是其他 XML Web Services。因此，XML Web Services 技术正迅速地将应用程序开发和部署推向高度分布式 Internet 环境。

.NET Framework 还提供类和工具的集合来帮助开发和使用 XML Web Services 应用程序。XML Web Services 是基于 SOAP(一种远程过程调用协议)、XML(一种可扩展的数据格式)和 WSDL(Web 服务描述语言)这些标准生成的。基于这些标准生成 .NET Framework 的目的是为了提高与非 Microsoft 解决方案的互操作性。

例如，.NET Framework SDK 所包含的 Web 服务描述语言工具可以查询在 Web 上发布的 XML Web Services，分析它的 WSDL 描述，并产生 C# 或 Visual Basic 源代码，应用程序可以使用这些代码而成为 XML Web Services 的客户端。这些源代码可以创建从类库中的类派生的类，这些类使用 SOAP 和 XML 分析处理所有基础通信。虽然可以使用类库来直接使用 XML Web Services，但 Web 服务描述语言工具和包含在 SDK 中的其他工具可以使用户更加方便地用 .NET Framework 进行开发。

如果开发和发布自己的 XML Web Services，.NET Framework 为开发人员提供了一组符合所有基础通信标准(如 SOAP、WSDL 和 XML)的类。使用这些类使开发人员能够将注意力集中在服务的逻辑上，而无需关注分布式软件开发所需要的通信基础结构。

与托管环境中的 Web 窗体页相似，XML Web Services 将使用 IIS 的可伸缩通信以本机语言的速度运行。

总之，Web 服务奠定了下一代 Web 应用程序的基础。无论客户应用程序是 Windows 应用程序，还是 ASP.NET Web 窗体应用程序，无论客户程序运行在 Windows、Pocket Windows 或其他 OS 上，它们都会通过 Internet 使用 Web 服务定期通信。

Web 服务是服务器端的程序，用以监听来自客户应用程序的消息，并返回特定的信息。这些信息可能来自 Web 服务本身，同一个域中的其他组件，或其他 Web 服务。Web 服务可以合并、共享、交换或插入不同销售商或开发商提供的不同服务，形成全新的服务或定制的应用程序，以满足客户的需要。

从本质上说，Web 服务是可以在 Internet 上调用并能够随意地将数据返回调用代码的方法。这让它们非常适用于在不同系统间交换数据。因为 Web 服务建立在一致和易于理解的标准之上，所以它们能够很方便地在不同类型的平台之间交换数据。例如，使用 Web 服务就很容易在 Microsoft Windows 上运行的 ASP.NET Web 站点和在 Linux 上运行的基于 PHP 的站点之间交换数据。同时，它也可以在 ASP.NET Web 站点和使用 JavaScript 的客户端浏览器之间交换数据。

14.2　Web 服务的体系结构

Web 服务体系包括客户端应用程序、ASP .NET Web 服务程序以及一些文件，如代码文件.asmx 文件和编译后的.dll 文件。

Web 服务的体系结构如图 14-1 所示。

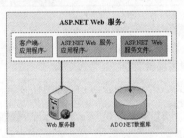

图 14-1　Web 服务的体系结构

WebService 是一种应用程序，其作用是向用户提供功能，并以受控的方式提供一些服务和数据访问。WebService 通过基于标准的开放接口被访问，如 SOAP 和 HTTP，所以 WebService 可以在任何支持这些标准的操作系统(如 Linux 等)中使用，并非仅为.NET 平台所独有，这就为跨平台的操作创造了条件。

SOAP 规范已经存在一段时间了，有时这是很难与其他销售商的 Web 服务交互操作的原因。为了解决这个问题，建立了 Web 服务交互操作组织(Web Services Interoperability Organization (http://ws-i.org))。这个组织用 WS-I 基本个性化配置定义了 Web 服务的需求。WS-I 基本个性化配置规范详见www.ws-i.org/Profiles/BasicProfile-1.1.html。

14.3　构建一个 Web 服务

在.NET Framework3.5 中，可以很容易创建和使用 Web 服务。与 Web 服务相关的命名空间一共有 3 个，分别如下所示。

- ⊙ System.Web.Services：该命名空间中的类用于创建 Web 服务。
- ⊙ System.Web.Services.Description：使用该命名空间可以通过 WSDL 描述 Web 服务。
- ⊙ System.Web.Services.Protocols：使用该命名空间可以创建 SOAP 请求和响应。

要创建 Web 服务，可以从 System.Web.Services.WebService 中派生 Web 服务类。WebService 类提供了对 ASP.NET Application 和 Session 对象的访问，这个类是可选的，只有需要访问该类提供的属性时，才需要从这个类中派生。WebService 类的主要属性如表 14-1 所示。

表 14-1　WebService 类的主要属性

属　　性	描　　述
Application	为当前请求返回一个 HttpApplicationState 对象
Context	返回一个封装 HTTP 特定信息的 HttpContext 对象。在这里，可以读取 HTTP 标题信息
Server	返回一个 HttpServerUtility 对象。这个类有一些帮助方法，可以进行 URL 编码和解码
Session	返回一个 HttpSessionState 对象，以存储客户机的一些状态
User	返回一个实现接口 IPrincipal 的用户对象。使用这个接口可以得到用户名和身份验证类型
SoapVersion	返回 Web 服务使用的 SOAP 版本。SOAP 版本封装在 SoapProtocolVersion 枚举中

 提示

在用 ASP.NET 创建 Web 服务时，Web 服务不一定要派生于基类 WebService。只有要用 WebService 类的属性访问 HTTP 内容时，才需要该基类。

在创建 Web 服务时，用到 4 个属性，分别是 WebService 属性、WebMethod 属性、WebService Binding 属性和 ScriptService 属性。

- ⊙ WebService 属性

WebService 的子类用属性 WebService 来标记。WebServiceAttribute 类的主要属性如表 14-2 所示。

表 14-2　WebServiceAttribute 类的主要属性

属　　性	描　　述
Description	服务的描述信息，可用于 WSDL 文档
Name	获取或设置 Web 服务名称
Namespace	获取或设置 Web 服务的 XML 名称空间。其默认值是 http://tempuri.org，它用于测试，但在开发这个服务前，应修改该名称空间

- ⊙ WebMethod 属性

Web 服务中可以使用的所有方法都必须用 WebMethod 属性来标记。当然，服务还可以有其他没有用 WebMethod 标记的方法。这些方法可以从 WebMethod 中调用，但不能在客户机上调用。使用属性类 WebMethodAttribute，就可以在远程客户机上调用方法，并可以定义是否缓存响应，缓存时间有多长，会话状态是否与指定的参数一起存储。WebMethodAttribute 类的主要属性如表 14-3 所示。

表 14-3　WebMethodAttribute 类的主要属性属性

属　　　性	描　　　述
BufferResponse	获取或设置表示响应是否应缓存的标志。默认值为 true。使用被缓存的响应，仅可以将已完成的软件包传递给客户机
CacheDuration	使用这个属性可以设置结果应缓存的时间长短。如果在这个属性设置的时间段中第二次发出了相同的请求，就返回缓存的值。默认值为 0，这表示结果不缓存
Description	该描述用于给预期的用户生成服务帮助页面
EnableSession	布尔值，表示会话状态是否有效。默认值是 false，因此 WebService 类的 Session 属性不能用于存储会话状态
MessageName	默认状态下，把消息名设置为方法名
TransactionOption	这个属性表示方法的事务处理支持。默认值是 Disabled

⊙ WebServiceBinding 属性

属性 WebServiceBinding 用于把 Web 服务标记为可交互操作的一致性级别。WebServiceBindingAttribute 类的主要属性如表 14-4 所示。

表 14-4　WebServiceBindingAttribute 类的主要属性

属　　　性	描　　　述
ConformanceClaims	Web 服务的一致性级别可以设置为 WsiClaims 枚举的一个值。WsiClaims 有两个值：Web 服务遵循 Basic Profile 1.0 时，其值为 BP10；没有定义任何一致性级别时，其值为 None
EmitConformanceClaims	EmitConformanceClaims 是一个布尔属性，定义了用 ConformanceClaims 属性指定的一致性级别是否应传送给生成的 WSDL 文档
Name	使用 Name 属性可以定义绑定的名称。该名称默认与 Web 服务相同，但要加上 Soap 字符串
Location	Location 属性定义了绑定消息的位置，例如 http://www.wrox.com/DemoWebservice.asmx?wsdl
Namespace	Namespace 属性定义了绑定的 XML 名称空间

⊙ ScriptService 属性

属性[System.Web.Script.Services.ScriptService]用于实现使用 ASP.NET AJAX 从脚本中调用 Web 服务。ScriptService 属性的主要参数如表 14-5 所示。

计算机 基础与实训教材系列

表 14-5　ScriptService 属性的主要参数

参　　数	描　　述
ResponseFormat	指定是否将响应序列化为 JSON 或者 XML。默认为 JSON，但是，当方法的返回值是 XmlDocument 时，XML 格式会比较方便
UseHttpGet	表明是否可以使用 HTTP GET 动词调用 Web 服务方法。由于安全性原因，此项的默认设置为 false
XmlSerializeString	表明包括字符串在内的所有返回类型是否都序列化为 XML。默认为 false。当响应格式设置为 JSON 时，将忽略该属性的值

创建一个 Web 服务的过程如下。

- ◉ 创建 Web 服务
- ◉ 添加 Web 方法
- ◉ 编译生成 Web 服务
- ◉ 测试 Web 方法调用

【例 14-1】下面使用 VWD 2008 创建一个简单的 Web 服务。

(1) 创建 Web 服务项目

选择【文件】|【新建网站】命令，之后在打开的【新建网站】模板中再选择【ASP.NET Web 服务】模板，创建一个新的 Web 服务项目，如图 14-2 所示。确定已将【位置】设为【文件系统】，将编程语言 Visual C#。把网站名称设置为 WebServiceSample，单击【确定】按钮。

VWD 2008 将生成一个网站。站点中包含两个文件夹(分别为 App_Code 和 App_Data)和一个文件，文件的名称为 Service.asmx。.asmx 文件包含 Web 服务的定义。该 Web 服务的代码是在 Service 类中定义的，该类存储在 App_Code 文件夹的 Service.cs 文件中，【代码和文本编辑器】将显示这个文件。

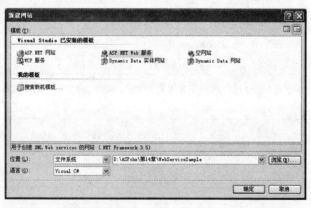

图 14-2　选择【新建网站】的【ASP.NET Web 服务】模板

在【代码和文本编辑器】将显示的文件中，检查一下 Service.cs 文件，项目模板在该文件中生成了一个派生自 System.Web.Services.WebService 的 Service 类。在这个文件中，VWD 2008 模板提供了一个名称为 HelloWorld 的示范性 Web 服务方法，这个方法简单地返回字符串

"HelloWorld"。示例代码说明了 Web 服务的方法是如何编码的 (它应是公共的)，用[WebMethod]
属性标记，如下所示：

```
using System;
using System.Collections.Generic;
using System.Linq;
using System.Web;
using System.Web.Services;
[WebService(Namespace = "http://tempuri.org/")]
[WebServiceBinding(ConformsTo = WsiProfiles.BasicProfile1_1)]
// 若要允许使用 ASP.NET AJAX 从脚本中调用此 Web 服务，请取消对下行的注释。
// [System.Web.Script.Services.ScriptService]
public class Service : System.Web.Services.WebService
{
    public Service () {
        //如果使用设计的组件，请取消注释以下行
        //InitializeComponent();
    }
    [WebMethod]
    public string HelloWorld() {
        return "Hello World";
    }
}
```

在 Service 类的上方，还可以看到两个属性，[WebService]属性指出了用于标识该 Web 服
务的命名空间。

[WebServiceBinding]属性指定了 Web 服务遵循的 Web 服务互操作性等级规范。请修改
[WebService]属性的值，示例如下：

```
[WebService(Namespace = "http://www.hnyjj.com/webservices")]
[WebServiceBinding(ConformsTo = WsiProfiles.BasicProfile1_1)]
public class Service : System.Web.Services.WebService
{
    ...
}
```

 提示

客户端能够调用的所有方法都必须用[WebMethod]属性来标记。

(2) 添加 Web 方法

可以给 Web 服务添加一个或多个定制方法。在这里改变 HelloWorld 方法的代码，让它接受字符串并返回个性化问候。

```
[WebMethod]
public string HelloWorld(string yourName)
{
    return string.Format("Hello {0}", yourName);
}
```

(3) 选择【生成】|【生成网站】命令创建来 Web 服务。

知识点

ASP.NET 运行库使用反射技术读取 Web 服务专用的一些属性，例如[WebMethod]，把方法提供为 Web 服务的操作。ASP.NET 运行库还提供了 WSDL 来描述服务。

要在为 Web 服务生成的描述信息中唯一地标识 XML 元素，应添加一个名称空间。这个示例在类 Service 中用[WebService]属性添加了名称空间 http://www.hnyjj.com/ webservices。当然，可以使用其他字符串唯一地标识 XML 元素，例如，公司页面的 URL 链接。Web 链接不一定存在，它仅用于唯一标识。如果使用基于公司网址的名称空间，就可以确保其他公司不会使用这个名称空间。

如果没有改变 XML 名称空间，使用的默认名称空间是 http://tempuri.org。从学习的角度来看，这个默认的名称空间就已足够了，但不应部署一个使用它的 Web 服务产品。

⑭.4 测试 Web 服务

Web 服务的调用机制如图 14-3 所示。

图 14-3 Web 服务的调用机制

现在来测试在【例 14-1】中生成的 Web 服务。步骤如下。

(1) 启动 VWD 2008，选择【文件】|【打开】|【网站】命令，在【打开网站】对话框中，选择 WebServiceSample 文件夹。然后单击【确定】按钮。

提示

应该选择的是文件夹而不是文件。

(2) 在【解决方案资源管理器】中，右击 Service.asmpx 文件，然后在弹出的菜单中选择【在

浏览器中查看】。之后。ASP.NET Development Server 将开始运行，并显示一条消息，指出该
Web 服务的地址是 http://localhost:1041/WebServiceSample/Service.asmx，显示 Service 测试页。
同时列出了该 Web 服务中的所有方法(本例中只有一个 HelloWorld 方法)。你也可以在这个测试
页中查看 WSDL 描述，具体的方法是单击【服务说明】超链接，或者单击单独的 Web 方法(本
例中的 HelloWorld 方法)。如图 14-4 所示。

在 VWD 2008 中，也可以通过选择【调试】|【开始执行(不调试)】命令，实现在浏览器中
打开文件 Service.asmx。

(3) 单击【服务说明】超链接。

URL 将变成 http://localhost:22731/WebServiceSample/Service.asmx?WSDL，Internet Explore
中将显示该 Web 服务的 WSDL 说明，内容如图 14-5 所示。

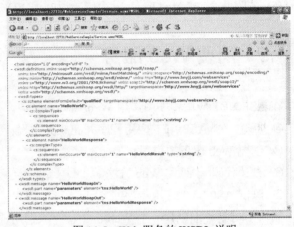

图 14-4　Web 服务测试页　　　　　　图 14-5　Web 服务的 WSDL 说明

(4) 在 Internet Explore 工具栏中选择【后退】按钮，返回测试页。单击 HelloWorld 方法的
超链接，Internet Explore 将显示另一个页面，可以在这个页中为参数指定值，并测试 HelloWorld
方法。该页也会显示 SOAP 示例请求和应答，也就是客户机中的 SOAP 调用信息，以及服务器
返回的响应信息。如图 14-6 所示。

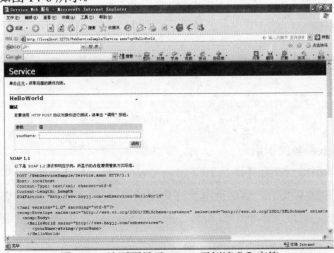

图 14-6　该页面显示 SOAP 示例请求和应答

在把字符串 hnyjj 输入到文本框中后，单击 【调用】按钮，Web 服务将开始运行，下一个 Internet Explore 窗口将显示服务器的应答。如图 14-7 所示。

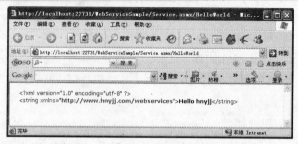

图 14-7 该窗口以 SOAP 格式显示应答

(5) 关闭两个 Internet Explore 窗口，返回 VWD 2008 编程环境。

⑭.5 消费 Web 服务

在 ASP.NET 应用程序中调用 WebService 服务，方法如下。

◉ 新建一个 ASP.NET 应用程序并完成界面设计。

◉ 创建 Web 服务的引用。

◉ 设计代码 ，调用 Web 方法。

◉ 测试 ASP.NET 应用程序的 WebService 调用。

【例 14-2】下面创建一个 Web 应用程序来调用前面创建的 Web 服务。

操作步骤如下。

(1) 新建一个 ASP.NET 应用程序并完成界面设计。

新建一个 ASP.NET 网站 Ex14_2，切换到设计窗口，在 Web 窗体上添加两个 Label、两个 TextBox 和一个 Button 控件，设置 Label 和 Button 控件相应的 Text 属性。利用按钮的单击事件处理程序，调用该 Web 服务。界面设计如图 14-8 所示。

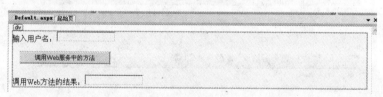

图 14-8 Web 应用程序的界面设计

(2) 添加对 Web 服务的引用。

要添加一个服务引用，选择【网站】|【添加 Web 引用...】菜单项，之后弹出【添加 Web 引用】对话框，如图 14-9 所示。该对话框允许你浏览 Web 服务，并查看 WSDL 说明。

在该对话框顶部的地址文本框中输入 WebServiceSample Web 服务的 URL：

http://localhost:22731/WebServiceSample/Service.asmx

单击【前往】按钮。

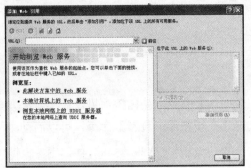

图 14-9　【添加 Web 引用】对话框

💡 **提示**

如果 Web 服务是由本地计算机上的 IIS 提供的，那就可以单击对话框左侧窗格中的【本地计算机上的 Web 服务】链接，而不必手工输入地址。在这个例子中，Web 服务是由 ASP.NET Development Server 提供的，所以单击该超链接时，Web 服务是不会显示的。另外，Web 服务必须处在运行中。

随后，将显示一个 Web 服务测试页，其中列出了 HelloWorld 方法，将【Web 引用名】文本框中的内容更改为 WebServiceSample。如图 14-10 所示。

单击【添加引用】按钮。之后，返回【解决方案资源管理器】，会发现其中添加了一个新的文件夹 App_WebRefrences。该文件夹中包含一个 WebServiceSample 项，如图 14-11 所示。

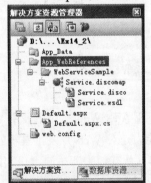

图 14-10　【添加 Web 引用】对话框的设置　　图 14-11　【网站】|【添加 Web 引用...】添加的内容

(3) 设计代码，调用 Web 方法。

添加了 Web 引用后，就生成了一个客户代理类。

右击 Default，在弹出的菜单中选择【查看代码】命令，在打开的【代码和文本编辑器】窗口中显示 Default 程序。在此文件顶部的列表中添加下面的 using 指令：

```
using WebServiceSample;
```

向一个项目添加 Web 引用时，该 Web 服务生成的代理类将放到一个根据 Web 服务引用(本例中的是 WebServiceSample)来命名的命名空间中。

双击 Button1 按钮，给其添加一个 Click 事件处理程序 button1_Click，并添加如下两条语句：

```
protected void Button1_Click(object sender, EventArgs e)
{
    Service client = new Service();
    TextBox2.Text = client.HelloWorld(TextBox1.Text);
}
```

(4) 选择【生成】|【生成网站】命令，编译该项目。在【解决方案资源管理器】中，右击 Default，在弹出的菜单中选择【在浏览器中查看】命令，可以启动浏览器，在原始字符串文本框中输入一个测试消息。单击按钮，调用 Web 服务，在结果文本框中得到相应的消息，如图 14-12 所示。

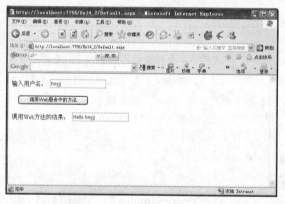

知识点

添加服务引用会创建基于 WSDL 文档的代理类。代理类向服务发送 SOAP 请求。

图 14-12　【例 14-2】执行结果

14.6　上机练习

本节练习在 Ajax Web 站点中使用 Web 服务。从任何 Ajax 激活的 ASP.NET Web 站点调用 Web 服务的能力是对 Web 开发工具箱的极大补充。能够调用通过 Internet 可以访问的 Web 服务意味着更容易从其他来源访问客户端的数据，这些来源包括自己的 Web 站点，或者允许通过公共 Web 服务(如 Google Search、Google Maps、Amazon 和 Microsoft 的 Virtual Earth)访问其数据的外部 Web 站点。

在 ASP.NET AJAX 之前，从客户端浏览器调用 Web 服务和使用它们返回的数据需要写许多代码；幸运的是，Ajax Framework 隐藏了所有复杂性和需要使用 Web 服务的代码。要做的就是将属性添加到 Web 服务，将它标记为脚本可以调用的服务。然后在 ScriptManager 中注册服务，并写几行 JavaScript 来调用服务和接收它的返回值。这只对在自己的 Web 站点内定义的服务有用。如果要调用不在相同域上的服务作为调用它们的页面，还需要写其他代码。

下面将介绍配置 Web 服务以便客户端脚本可以调用它们的方法。

【例 14-3】在 Ajax Web 站点中使用 Web 服务。

(1) 新建一个 Web 网站 Ex14_3。右击网站根文件夹，选择【添加新项】选项。单击【Web

服务】项目，命名文件名为 TimeWebService.asmx，单击【添加】按钮。注意：将.asmx 文件添加到网站根文件夹的同时，还将 Code Behind 文件放入站点的 App_Code 文件夹。

(2) 在【解决方案资源管理器】中，展开 App_Code 文件夹，双击 TimeWebService.cs 文件，在【代码文本编辑器】中修改 TimeWebService.cs 文件的内容如下：

修改[WebService]属性的值，示例如下：

[WebService(Namespace = "http://www.hnyjj.com/TimeWebService")]

删除 ScriptService 属性的注释标记，将整个服务提供为客户端脚本服务。如下所示：

[System.Web.Script.Services.ScriptService]

(3) 在 TimeWebService. cs 文件中添加 Web 服务方法 GetServerTime ()：

```
[WebMethod]
public string GetServerTime()
{
    string serverTime = String.Format("The current time is {0}.", DateTime.Now);
    return serverTime;
}
```

(4) 在【解决方案资源管理器】中，单击 ASP.NET Web 网站名，在其属性窗口中把【使用动态端口】属性值修改为 False；把【端口号】属性值修改为 4500。

(5) 选择【生成】|【生成网站】菜单命令，编译项目。

下一步是创建使用该服务的页面，然后使用 ScriptManager 或 ScriptManagerProxy 控件注册它。配置 ScriptManager 或 ScriptManagerProxy 控件的方法如下。

ScriptManager 控件几乎是所有与 Ajax 相关的操作中必不可少的组件。它注册客户端 JavaScript 文件(这些文件由 Ajax 架构和你自己随意使用)，负责使用 UpdatePanel 更新部分页面，处理与在 Web 站点中定义的 Web 服务之间的交互。可以将 ScriptManager 添加到单个页面或添加到母版页，让它变得在整个站点上都可用。

添加 ScriptManager 之后，要做的下一件事情就是告诉 ScriptManager 要给客户端脚本提供 Web 服务。有两种方法可以做到这一点。

⊙ 在母版页中的 ScriptManager 里。

⊙ 使用 ScriptManagerProxy 类，在使用 Web 服务的内容页中。

要在全部或大多数页面中使用 Web 服务，最好在母版页的 ScriptManager 中声明 Web 服务。要这样做，可以给 ScriptManager 控件提供一个<Services>元素，它再包含指向公共服务的 ServiceReference 控件。

对于只在一些页面上使用的服务而言，最好引用页面本身里的服务。在没有使用母版页(里面有自己的 ScriptManager)的正常页面上，可以直接将 ScriptManager 添加到 Web 窗体。然而，如果使用的母版页有自己的 ScriptManager，就要使用 ScriptManagerProxy 控件。由于在一个页面中只有一个 ScriptManager，所以不能在使用母版页(里面有 ScriptManager)的内容页中添加另一个 ScriptManager。因此需要 ScriptManagerProxy 作为内容页和母版页中 ScriptManager 之间的桥梁，这为在哪里注册服务提供了极大的灵活性。

(6) 切换到 Default.aspx 页面，在其中添加一个 ScriptManager 控件。在 ScriptManager 元素内，添加<Services>元素，让它再包含 ServiceReference，其 Path 设置为前面创建的 Time WebService 服务。注意，只要输入 Path="，VWD 的智能感知就会显示文件列表，从而可以帮助挑选正确的文件。单击列表底部的【选取 URL…】，浏览到网站文件夹中的 Web 服务文件。

在 Default.aspx 页面页面中应该使用下面的代码结束：

```
<asp:ScriptManager ID="ScriptManager1" runat="server">
        <Services>
        <asp:ServiceReference Path="~/TimeWebService.asmx" />
        </Services>
    </asp:ScriptManager>
```

一旦注册了服务之后，它就在客户端代码中可用。注意，VWD 中的智能感知非常聪明，它能够发现已经定义和注册的 Web 服务。只要在客户端脚本块中输入 TimeWebService (后面跟一个点)，IntelliSense 就会再次运行，并显示它找到的公共方法。图 14-13 显示了在 IntelliSense 列表中突出显示的 GetServerTime 方法。

图 14-13　智能感知窗口

(7) 在</asp:ScriptManager>标记下方，添加一个 Input (Button)，方法就是从【工具箱】的 HTML 类别中拖动它们。通过使用纯 HTML 元素而不是 ASP.NET Server Controls，可以看到要写的代码在客户端执行。将按钮的 value 设置为"获取服务器时间"。代码如下所示：

```
<input id="Button1" type="button" value="获取服务器时间" />
```

(8) 在这行代码的下面，添加客户端 JavaScript 代码块：

```
<script type="text/javascript">
    function GetServerTime() {
```

```
            TimeWebService.GetServerTime(GetServerTimeCallback);
        }
        function GetServerTimeCallback(result) {
            alert(result);
        }
        $addHandler($get('Button1'), 'click', GetServerTime);
    </script>
```

(9) 按 Ctrl+Shift+S 键保存全部修改，然后在浏览器中请求页面 Default.aspx。单击【获取服务器时间】按钮。执行结果如图 14-14 所示。

图 14-14　【例 14-3】执行结果

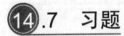.7　习题

1. 试说明 Web 服务及其应用程序结构。

2. 创建一个 Web 服务，用于提供时间服务，即返回服务器端的当前时间，格式为 xxxx 年 xx 月 xx 日 xx 时 xx 分 xx 秒。

Web 应用程序的部署

学习目标

本章主要介绍了 Web 应用程序的部署，包括复制 Web 站点、在 IIS 下运行站点和将数据移动到远程服务器。为了让 Internet 上的用户能够访问 Web 站点，需要将它发布到与 Internet 相连的生产服务器上。通过本章的学习，应重点掌握 Web 站点的部署方法。

本章重点

- ⦿ 复制 Web 站点
- ⦿ 在 IIS 下运行站点
- ⦿ 将数据移动到远程服务器

15.1 复制 Web 站点

复制 Web 站点：在 VWD 2008 中，可以把文件从源 Web 站点复制到远程 Web 站点上。源 Web 站点就是用 VWD 2008 正在打开的 Web 站点，这个 Web 站点可以从本地文件系统或 IIS 上访问，这取决于 Web 应用程序的创建方式。

15.1.1 避免硬编码的设置

一旦将站点投入到生产中，就拥有站点的两个版本：一个在生产环境中运行，一个用于开发。怎样管理相同 Web 站点的不同版本呢？简单的方法就是将某些硬编码的设置(如电子邮件地址)移动到 web.config 文件中。web.config 配置文件使得在开发环境和生产环境中进行不同设置变得很容易。

1. web.config 文件

web.config 文件来存储与连接字符串有关的信息、配置文件和成员等。还没有介绍的是<appSettings>元素，它允许使用<add />元素在键/值对中存储数据。例如：

```
<appSettings>
<add key="Copyright"    value="版权所有，天狼国际" />
</appSettings>
```

元素放置在 web.config 文件中<system.web>元素之外，但仍然在父元素之内。

需要在运行时访问内的数据。有许多方法可以这样做，包括表达式语法和使用 ConfigurationManager 类。

2. 表达式语法

表达式语法允许将控件属性绑定到资源，例如 web.config 文件中的<appSettings>元素、连接字符串和定位资源文件中找到的那些资源。要显示来自<appSettings>元素的数据，可以使用下面的语法，其中 AppSettingKeyName 表示在 web.config 文件中定义的键：

```
<%$ AppSettings:AppSettingKeyName %>
```

在 VWD 中使用(Expression)可以非常容易地将某控件的 Text 属性与表达式相关联。要访问【表达式】对话框，可以在【设计】视图窗口中选择一个控件，打开它的属性窗口，然后单击(Expressions)选项的省略号按钮，在对话框中对 Text 属性进行设置即可。

3. ConfigurationManager 类

System.Configuration 命名空间中的 ConfigurationManager 类提供对存储在配置文件中数据的访问。它还特别支持 web.config 文件的 appSettings 和 connectionStrings 元素，从而只使用一行代码就能从这些部分检索数据。下面的代码片段显示如何从 appSettings 元素中检索 FromAddress 部分。

```
string fromAddress = ConfigurationManager.AppSettings.Get("FromAddress");
```

Get 方法总是作为字符串返回数值，因此，如果不需要字符串，也可以将它转换为合适的类型。

15.1.2　复制 Web 站点

要将站点部署到生产服务器，可以使用表 15-1 显示的部署目标(来自 VWD 内部)。

表 15-1　部署目标

部 署 选 项	描　　述
文件系统	该选项允许在开发机器或网络化机器的本地文件系统上创建站点副本。如果稍后要将这些文件手动移动到生产服务器，那么这个选项就很有用
本地 IIS	该选项允许创建站点的副本，它将在本地 IIS 安装下运行
FTP 站点	该选项允许将组成 Web 应用程序的文件使用 FTP 直接发送到远程服务器
远程站点	该选项允许将组成 Web 应用程序的文件发送到远程 IIS 服务器。要运行这个选项，远程服务器需要安装 Front Page Server Extensions。 查看 IIS 附带的文档或者咨询远程服务器的管理员以获得使用这个选项的帮助

计算机 基础与实训教材系列

利用 VWD 2008【网站】菜单中的【复制网站】命令，它能将一个网站从一个位置复制到另一个位置。

复制 Web 站点的步骤如下。

(1) 打开一个 Web 站点，如在第 14 章创建的 WebServiceSample 项目。

(2) 使用 Internet Information Server 来新建一个网站，或者创建一个空白的虚拟目录。这里创建的网站为 WebServiceSample。

(3) 选择【网站】|【复制网站】菜单命令，打开【复制网站】对话框，如图 15-1 所示。选择【网站】|【复制网站】菜单命令，能将一个网站从一个位置复制到另一个位置。利用这个特性，可以先在 ASP.NET Development Server 中构成和生成网站，然后将其快速部署到一个生产 IIS 站点。

(4) 单击【连接】栏中的【链接】图标，弹出【打开网站】对话框，如图 15-2 所示。在该对话框的左窗格中选择【本地 IIS】选项，在右窗格中选择 WebServiceSample 文件夹，然后单击【打开】按钮返回【复制网站】对话框。

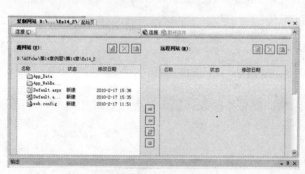

图 15-1　【复制网站】对话框

图 15-2　【打开网站】对话框

(5) 在【源网站】中选择文件，然后单击【左箭头】按钮，完成复制网站。

15.1.3　在 IIS 下运行站点

为了让 Web 站点在 IIS 下运行，需要执行下面几个步骤。

(1) 安装和配置 IIS。

(2) 安装和配置 .NET Framework 3.5。

(3) 配置安全设置。

根据系统的当前状态，有些动作是可选的。下面将介绍如何实现这些步骤。

15.1.4　安装和配置 Web 服务器

虽然大多数 Windows 版本都有 IIS，但默认情况下不会安装它，因此首先就要安装它。还要确保 Windows 版本支持 IIS。为了让 Windows XP 支持 IIS，需要安装 Windows XP Professional 版，而不是 Home 版。虽然 Windows Vista 的 Starter 和 Home Basic 版本配备 IIS 的某些部分，但不能在它们上面运行 ASP.NET 页面，因此至少需要安装 Home Premium 版本。Windows 基于服务器的版本则完全支持 IIS。

要在 Windows 机器上安装和配置 IIS，需要作为 Administrator 登录。如果用来登录机器的账户没有管理特权，就要请求管理员安装和配置 IIS。

除了安装 IIS 之外，还要知道如何在 IIS 中创建和配置 Web 站点。由于在 Windows 下安全运行的方式原因，在配置 IIS 之后站点可能不会立即运行，除非在 Windows 下修改某些安全设置。

1. 安装 IIS

在第 2 章中介绍了在 Windows XP 中安装 IIS 的方法。下面介绍在 Windows Vista 下安装 IIS 的方法。

选择【开始】|【控制面板】按钮或单击【开始】按钮，在【搜索】栏输入 appwiz.cpl，然后按回车键来访问这个部分。打开【程序和功能】对话框后，单击【打开和关闭 Windows 功能】链接来打开【Windows 功能】对话框，如图 15-3 所示。

图 15-3　【Windows 功能】对话框

单击 Internet 信息服务选项来选择它。也可以选择一些必需的子功能。然后展开【万维网服务】|【应用程序开发功能】，并选择 ASP.NET 选项。这也会选中其他一些 Development 功能。最后，单击【确定】按钮，Windows 就会安装所请求的功能。

2. 安装和配置 ASP.NET。

如果在目标机器上安装了 VWD 2008，那么就已经安装了.NET Framework 3.5。否则就要从 Microsoft 站点下载它，其地址是：http://msdn.microsoft.com/net。下载 Framework 3.5 之后，可以运行安装程序，并按照屏幕提示操作。

如果机器上已经有.NET Framework 3.5，后来才安装 IIS，那么就要告诉 IIS 已经存在 Framework。通常情况下，这在.NET Framework 的安装过程中完成。如果后来安装 IIS，那就需要手动完成。要在 IIS 中注册 ASP.NET，请按如下步骤操作。

(1) 打开命令提示。要做到这一点，在 Windows XP 或 Windows Server 2003 中，可以选择【开始】|【运行】命令，输入 cmd，然后按 Enter 键。在 Windows Vista 和 Windows Server 2008 中，可以在搜索栏输入 cmd，然后按 Ctrl+Shift+Enter 组合键启动具有严格权限的命令提示。确认动作之后，命令提示就会正常打开。

(2) 通过输入下面的命令导航到.NET Framework version 2.0 文件夹：

cd \Windows\Microsoft.NET\Framework\v2.0.50727

请按 Enter 键。

(3) 输入 aspnet_regiis –i，再次按下 Enter 键。

之后就会收到 ASP.NET 已经成功安装的消息。

 提示

> Framework 版本号中的 2.0 不是错误；使用.NET Framework 3.5 创建的 Web 站点仍然在配置的 ASP.NET 运行时的 2.0 版本下运行。

⑮.1.5 IIS 中的安全性

由于 Visual Web Developer 2008 中内置 Web 服务器的无缝集成，也许不知道内部发生的情况，也不知道哪些安全设置有效。为了使用站点内的资源，如 ASPX 文件、Code Behind 文件、App_Data 文件夹中的数据库和站点内的图像，Web 服务器需要从 Windows 获得访问这些资源的权限。这就意味着要配置 Windows，授权 Web 服务器使用的账户访问这些资源。但这个账户是哪一个呢？需要权限的特定账户取决于许多因素，包括 Windows 版本，在 IIS 下运行站点还是使用内置 Web 服务器，还取决于 IIS 内的许多设置。在大多数情况下，只需要考虑两种情况：使用内置 Web 服务器还是使用 IIS 作为 Web 服务器。

在前一种情况下，内置 Web 服务器使用的账户是用来登录 Windows 机器的账户。这个账户通常是"域名\用户名"或"机器名\用户名"。在 Windows 上使用这个账户登录，就启动了 VWD 2008，它再启动内置 Web 服务器。这就意味着整个 Web 服务器都使用证书运行。由于可能是本地 Windows 机器上的 Administrator 或者有权限访问组成站点的所有文件，因此到目前为止可能一切正常，不需要修改安全设置。

在后一种情况下，它使用 IIS，所以情况完全不同。在默认情况下，IIS 下的 ASP.NET 应用程序使用在安装 IIS 时创建的特定账户运行。在 Windows XP 中，这个账户名为 ASP.NET，而 Windows Vista 以及 Windows Server 2003 和 2008 则使用名为 Network Service 的账户。除了 ASP.NET 应用程序使用的账户之外，还需要配置 Web 服务器用于资源的账户，这些资源不直接与 ASP.NET 相关，如图像、CSS 文件等。表 15-2 列出了内置 Web 服务器、ASP.NET 和用于非 ASP.NET 相关文件的 IIS 使用的账户。

表 15-2   IIS 使用的账户

操 作 系 统	使用内置服务器	ASP.NET 账户	Web 服务器账户
Windows XP	"域名\用户名"或"机器名\用户名"	ASP.NET	IUSR_MachineName
Windows Vista	"域名\用户名"或"机器名\用户名"	Network Service	IUSR
Windows Server 2003	"域名\用户名"或"机器名\用户名"	Network Service	IUSR_MachineName
Windows Server 2008	"域名\用户名"或"机器名\用户名"	Network Service	IUSR

注意，Windows XP 和 Windows Server 2003 在账户名称中使用后缀_MachineName，其中_MachineName 表示机器名称。Windows Vista 和 Server 2008 只使用 IUSR。

例如，如果要在 Windows Vista 上配置 IIS，就要使用 Network Service 作为 ASPNET 账户，使用 IUSR(不像 Windows XP 和 2003 那样有后缀_MachineName)作为 Web 服务器账户。

在找到需要配置的账户之后，最后一步就是配置文件系统。

不管使用的是哪个账户，都需要修改 Windows 文件系统，从而允许 Web 服务器访问资源。这只有在使用 NTFS 而不是 FAT 或 FAT32(旧的 Microsoft 文件系统)格式化硬盘驱动器时才有必要。

如果要部署到安装了 SQL Server 2005 Express Edition 的机器，现在就可以完成部署过程。

15.2   将数据移动到远程服务器

将站点发布到本地机器上的 IIS 非常简单。只要将数据复制到新位置，配置 IIS，修改一些安全设置就行了。因为站点继续使用 SQL Server 2005/2008 Express Edition，它会正常运行。

如果需要将站点移动到外部服务器或主机，事情就不那么简单。虽然使用 FTP 程序复制组成站点的文件通常非常简单，但将数据从 SQL Server 2005 数据库复制到主机通常有些诀窍。这是因为大多数 Web 主机不支持 SQL Server 2005 Express Edition，因此不能只将.mdf 文件复制到远程主机上的 App_Data 文件夹。相反，这些主机通常提供 SQL Server 的完全版本，可以使用基于 Web 的管理工具或使用像 SQL Server Management Studio (用于 SQL Server 2005)和 Enterprise Manager (用于 SQL Server 2000)这样的工具访问它们。

为了方便地将数据从本地 SQL Server 2005/2008 数据库传送到 Web 主机的 SQL Server 数据库，Microsoft 创建了 Database Publishing Wizard。

⑮.2.1 使用 Database Publishing Wizard

Database Publishing Wizard 允许创建.SQL 脚本，它包含重建数据库所需的全部信息和远程服务器上的数据。重建数据需要两步。

(1) 从本地 SQL Server 数据库创建.SQL 脚本。

(2) 将这个脚本发送到主机，并在那里执行它。

具体过程将在 15.3 节介绍。

⑮.2.2 在目标服务器上重建数据库

虽然每个主机在提供对 SQL Server 的访问时都有自己的规则和程序，但它们还是可以分为 3 类：

第一类，有些主机不允许远程访问数据库，它要求提交 SQL 文件以便它们执行它。在这种情况下，除了发送文件然后等待主机创建数据库之外，不需要做任何事情。

第二类包含的主机允许通过 Web 接口执行 SQL 语句。通常需要登录联机控制面板，然后通过上传文件或者将其内容粘贴到 Web 页面中的文本区，来执行 Database Publishing Wizard 创建的 SQL 语句。不管使用哪种方法，最终都要使用从应用程序可以访问的数据库。其工作原理随着主机的不同而不同，因此更多信息请参考主机服务的帮助或支持系统。

第三类包含的主机允许通过 Internet 连接到 SQL Server。这允许使用像 SQL Server Management Studio 这样的工具从桌面连接到主机上的数据库，并远程执行 SQL 脚本。

SQL Server Management Studio 也有免费的 Express Edition，可以从 Microsoft 站点 (http://msdn.microsoft.com/vstudio/express/sql)下载。这个工具的运行原理与它的商业版(SQL Server 2005 付费版本附带)完全相同。

在目标服务器上重建数据库之后，需要修改 Web 站点内的连接字符串，以便重新配置 ASP.NET 应用程序，让它使用新的数据库。需要修改两个连接字符串：一个是了解用户数据库的连接字符串，另一个是 ASP.NET Application Services 默认使用的 LocalSqlServer 连接字符串。完成这项任务最简单的方法是清除原来的连接字符串，然后添加一个新字符串。连接字符串的形式取决于使用的数据库及其配置。

15.3　上机练习

上机练习：导出 xsgl.dbo 数据库。可以从【数据库资源管理器】窗口访问 Database Publishing Wizard。完成向导之后，就得到了一个.sql 脚本文件，它包含在不同服务器上重建数据库所需的全部 SQL 代码。步骤如下。

(1) 新建一个 ASP.NET 网站 Ex15_1。切换到【数据库资源管理器】窗口。

(2) 右击 xsgl.dbo 数据库，在弹出的下拉菜单中选择【发布到提供程序】命令。打开 Database Publishing Wizard 对话框的【欢迎使用 Database Publishing Wizard】页面，如图 15-4 所示。单击【下一步】按钮，进入【选择数据库】页面，如图 15-5 所示。

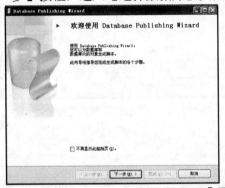

图 15-4　【欢迎使用 Database Publishing Wizard】页面　　图 15-5　【选择数据库】页面

(3) 在【选择数据库】页面，确认已选择数据库，确认已选择【为所选数据库中的所有对象编写脚本】复选框，然后单击【下一步】按钮。出现【选择输出位置】页面，如图 15-6 所示。

(4) 在【选择输出位置】页面中，可以在两个选项之间进行选择。第一个选项允许使用所需的 SQL 语句创建文本文件，第二个选项允许通过 Internet 直接与共享的宿主提供商会话。如果主机支持这一点，它们可以提供所需的信息在这里建立一个 Provider。选择【将脚本保存到文件】选项，在文本框中输入保存的位置和主文件名，单击【下一步】按钮。出现【选择发布选项】页面，如图 15-7 所示。

图 15-6　【选择输出位置】页面　　图 15-7　【选择发布选项】页面

(5) 在【选择发布选项】页面中，接受所有默认值，再单击【下一步】按钮。出现【检查摘要】页面，如图 15-8 所示。

(6) 在【检查摘要】页面，单击【完成】按钮，出现【数据库发布进度】页面，如图 15-9 所示。向导会生成 SQL 脚本，这个过程需要一点时间，完成后单击【关闭】按钮，操作完成。在记事本中打开文件，查看它包含的 SQL 语句。虽然它看起来像乱码，但可以用它在兼容的 SQL Server 2008 数据库上重建数据库。

计算机 基础与实训教材系列

图 15-8　【检查摘要】页面

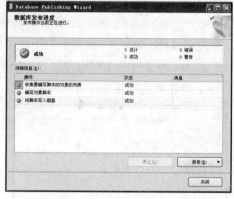

图 15-9　【数据库发布进度】页面

(7) 在主机上运行这个.sql 脚本文件来重建数据库。方法是：

c>sqlcmd –S yangjianjun\sqlexpress –E –i　".sql 路径及文件名"

15.4　习题

1. 简述复制 Web 站点的过程。
2. 简述生成.sql 脚本文件的过程。

项目与实践

第16章

学习目标

本章主要介绍了软件的生存周期、网上书店系统的需求分析、网上书店系统的设计、网上书店系统的实现和系统的运行测试。通过本章的学习，应重点掌握网上商店系统的开发流程和方法。

本章重点

- ◉ 软件的生存周期
- ◉ 网上书店系统的需求分析
- ◉ 网上书店系统的设计
- ◉ 网上书店系统的实现
- ◉ 系统的运行测试

16.1 软件的生存周期

一个完整的软件系统开发过程分为软件定义阶段、软件开发阶段和软件运行维护阶段。

软件定义阶段主要决定将要开发软件的功能和特性。它又可以细分为问题定义、可行性研究、需求分析3个阶段。软件定义阶段又称为软件计划阶段。

软件开发阶段又可以细分为总体设计、详细设计、程序编制和软件测试4个阶段。

软件运行维护阶段的主要任务是通过各种必要的维护活动使系统持久地满足用户的需求。

在这一章将以网上书店的开发过程为例来说明一个完整软件系统开发流程。

16.2 网上书店系统的需求分析

随着计算机技术的发展和网络人口的增加，网络世界也越来越广博，越来越丰富，电子商务已经成为网上的一股潮流。相信要不了太长有时间，顾客就可以在网络世界上获得他们在现实世界上可以获得的所有商品和服务。网上书店系统就是为适应这一形势而开发的。

本系统是一个因特网上销售图书的电子商务系统。图书销售公司可以通过该系统销售自己的图书，图书的购买者可以通过该系统订购自己要买的相关书籍。

消费者通过本系统的用户界面，可以浏览图书，查看每本图书的详细的信息。在浏览图书的过程中，如果消费者对某本图书感兴趣，则可以将其添加到购物车。消费者可以随时查看购物车的状况，并及时的更新。购物完毕后消费者需要结账。消费者在浏览图书的过程中，若对某本图书印象比较深刻，可以发表评论，以供其他的购买者参考。

系统需要提供用户注册和登录的用户接口，此外，还需要向图书管理员提供维护图书信息的用户接口。

16.3 网上书店系统的设计

网上书店系统主要是后台管理和前台操作。后台管理是管理员对本系统的维护，通过图书管理(图书添加、图书信息修改、图书的删除)、用户管理(包括普通用户管理与管理员管理)、留言管理及评论管理等功能达到对网站的管理。前台操作是用户登录到本网站，可以进行用户注册，通过网站进行图书搜索和发表评论，找到自己想要买的图书，装入购物车，提交定单进行购买。

16.3.1 系统功能设计

网上书店系统将未注册用户、注册用户、和管理员 3 个对象作为设计的根据。具体的模块结构如图 16-1 所示。

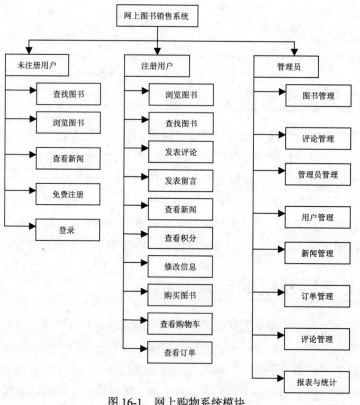

图 16-1 网上购物系统模块

16.3.2 系统数据库设计

网上书店系统用到了一个数据库 CK_Bookshop，在数据库中含有 9 张表，这 9 张表构成了整个系统设计的基础，因为数据库的设计成功与否关系到整个系统设计的成败，一个字段设计失误就会导致后面系统相关功能无法实现，需要回过头来重新对数据库进行设计，白白浪费了许多的时间和精力。具体的数据库关系图如图 16-2 所示。

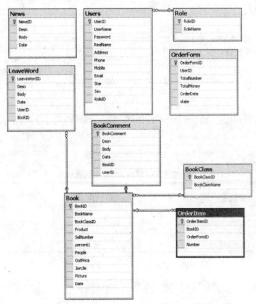

图 16-2　CK_Bookshop 数据库关系图

角色表 Role 用来存储角色的信息，如角色 ID、角色名称等。表的字段说明如表 16-1 所示。

表 16-1　Role 表

字　段　名	数 据 类 型	字 段 说 明	键 引 用	备　　注
RoleID	Int	ID	PK	主键(自动增一)
RoleName	Varchar(20)	角色名称		

用户表 Users 用来存储用户的信息，包括普通用户和管理员，如名称、真实姓名、地址、电话、移动电话、电子邮件等。表的字段说明如表 16-2 所示。

表 16-2　Users 表

字　段　名	数 据 类 型	字 段 说 明	键 引 用	备　　注
UserID	int	ID	PK	主键(自动增一)
UserName	varchar(50)	名称		
Password	varchar(255)	密码		

(续表)

字　段　名	数　据　类　型	字　段　说　明	键　引　用	备　　注
RealName	varchar(50)	真实姓名		
Address	varchar(200)	通讯地址		
Phone	varchar(20)	固定电话		
Mobile	varchar(20)	移动电话		
Email	varchar(200)	电子邮件		
Star	int	积分		
Sex	varchar(2)	性别		
RoleID	int	角色 ID	FK	引用 Role 表的 RoleID

图书种类表 BookClass 用来存储图书种类的信息，如种类 ID、种类名称。表的字段说明如表 16-3 所示。

表 16-3　BookClass 表

字　段　名	数　据　类　型	字　段　说　明	键　引　用	备　　注
BookClassID	int	ID	PK	主键(自动增一)
BookClassName	varchar(200)	名称		

图书表 Book 用来存储图书的信息，如名称、所属种类、详细描述、销售价格等。表的字段说明如表 16-4 所示。

表 16-4　Book 表

字　段　名	数　据　类　型	字　段　说　明	键　引　用	备　　注
BookID	int	ID	PK	主键(自动增一)
BookName	varchar(200)	名称		
BookClassID	int	所属种类 ID	FK	引用 BookClass 表的 BookClassID
Product	varchar(200)	供应商		
SellNumber	int	销售总量		
percent1	float	折扣		
People	varchar(50)	作者		
OutPrice	money	售价		
JianJie	varchar(255)	图书简介		
Picture	varchar(MAX)	图片		
Date	datetime	上架日期		

图书评论表 BookComment 用来存储用户的评论信息，如评论标题、评论的内容、创建时间、评论所属商品的 ID 等。表的字段说明如表 16-5 所示。

表 16-5　BookComment 表

字 段 名	数据类型	字 段 说 明	键 引 用	备 注
BookComment	int	评论 ID	PK	主键(自动增一)
Desn	varchar(200)	评论的标题		
Body	text	评论的内容		
Date	datetime	创建的时间		
BookID	int	评论所属商品的 ID	FK	引用 Book 表的 BookID 字段
UserID	int	发表评论的用户 ID		

订单表 OrderForm 用来存储订单的数据，如订单 ID、订单商品的总数量、订单的总费用、订单所属用户 ID 等。表的字段说明如表 16-6 所示。

表 16-6　OrderForm 表

字 段 名	数据类型	字 段 说 明	键 引 用	备 注
OrderFormID	int	订单 ID	PK	主键(自动增一)
UserID	int	所属用户 ID		
TotalNumber	int	订单商品的总数量		
TotalMoney	int	订单总费用		
OrderDate	datetime	创建日期		
state	varchar(5)	订单状态		

计算机 基础与实训教材系列

订单子项表 OrderItem 用来存储订单子项的数据，如订单子项 ID、所属订单 ID、包含的商品 ID、商品的数量等。表的字段说明如表 16-7 所示。

表 16-7　OrdrItem 表

字 段 名	数据类型	字 段 说 明	键 引 用	备 注
OrderItemID	int	订单子项 ID	PK	主键(自动增一)
BookID	int	商品 ID	FK	引用 Book 表的 BookID
OrderFormID	int	订单 ID		
Number	int	商品的数量		

新闻表 News 用来存储新闻的数据，如新闻的名称、内容、发布时间等。表的字段说明如表 16-8 所示。

表 16-8　News 表

字　段　名	数　据　类　型	字　段　说　明	键　引　用	备　　注
NewsID	int	ID	PK	主键(自动增一)
Desn	varchar(200)	标题		
Body	text	内容		
Date	datetime	创建时间		

留言表 LeaveWord 用来存储留言的数据，如留言的名称、内容、发布时间、发布人等。表的字段说明如表 16-9 所示。

表 16-9　LeaveWord 表

字　段　名	数　据　类　型	字　段　说　明	键　引　用	备　　注
LeaveWordID	int	ID	PK	主键(自动增一0
Desn	varchar(200)	标题		
Body	text	内容		
Date	datetime	创建时间		
UserID	int	发表评论用户 ID		
BookID	int	评论所属商品 ID	FK	引用 Book 表的 BookID

⑯.4　网上书店系统的实现

网上书店系统的实现包括与数据库连接的实现、主页的设计、前台页面的实现和后台管理页面的实现等内容。

⑯.4.1　连接数据库

数据库的连接是设计的全局性配置变量，因此它存放在网站配置文件 web.config 中，并且放置在配置节<configuration></configuration>中。在 Web.config 文件中配置连接字符串如下：

```
<connectionStrings>
  <add name="SQLCONNECTIONSTRING" connectionString="Data
Source=.\SQLEXPRESS;Initial Catalog=CK_BookShopDB;Integrated
Security=True;"
    providerName="System.Data.SqlClient" />
</connectionStrings>
```

同时定义 DB 类，保存为 DB.class 文件，为页面访问数据库提供调用，定义类是需导入

System.Data.SqlClient 等命名空间。DB 类中定义了 ConnectionString()方法，该方法通过类 ConfigurationManager 从配置文件 web.config 中获取数据库连接字符串，并以 SqlConnection 类型返回该数据库连接字符串。方法 ConnectionString()的程序代码如下：

```
public class DB
{
public DB()
{
 // TODO: 在此处添加构造函数逻辑
}
    public static SqlConnection ConnectionString()
    {
Return new
SqlConnection(ConfigurationManager.ConnectionStrings["SQLCONNECTIONSTRING"].ConnectionString);
    }
}
```

16.4.2　网上书店系统主页的设计与实现

网站的主页采用母版页进行设计，使网站的页面统一，结构合理。网站主页包括登录、查找、注销等功能及分类浏览、购物车、网站各频道、免费注册等链接。主页中分块显示网站中各频道的最新信息。

网上书店系统的主页的设计界面如图 16-3 所示。

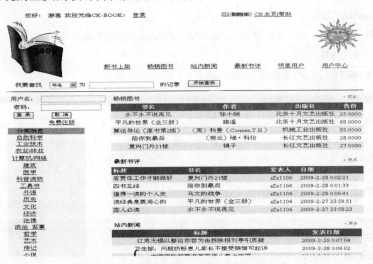

图 16-3　网上书店系统的主页的设计界面

16.4.3 用户注册页面的设计

用户要想能进入网上书店系统购买图书,首先必须在网页上注册,将自己的准确信息填入相应栏中。提交成功后,系统中便有了用户的个人信息。用户每次进行购买时必须事先登录,否则不能进行购买,如购买成功,网上书店运营商将根据用户在注册时所填信息中的地址和收信人寄出邮件。当用户的个人信息改变时,请及时更新修改。下面详细介绍注册页面的设计。登录和修改等页面请查看随书程序。

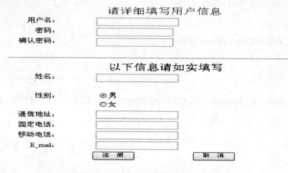

图 16-4 用户注册界面

注册用户信息即注册新的用户到系统中,这一类用户主要是普通用户,即新注册的用户的角色都为"普通用户"。注册用户信息由页面 Register.aspx 实现,它的代码隐藏文件为 Register.aspx.cs。页面 Register.aspx 的设计界面如图 16-4 所示。

单击页面 Register.aspx 中的【注册】按钮,触发事件 Button1_Click(object sender, EventArgs e),把用户注册的信息提交到数据库中,并完成用户注册过程。事件的程序代码如下:

```
protected void Button1_Click(object sender, EventArgs e)
{
    string sex="";
    string UserName,Password,RealName,Address,Phone,Mobile,Email;
    int Star,RoleID;
    if (RadioButtonList1.Items[0].Selected)
    {
        sex = RadioButtonList1.Items[0].Text;
    }
    else
    {
        sex = RadioButtonList1.Items[1].Text;
    }
    UserName = this.UserName.Text;//获取用户输入信息
    Password = this.password.Text;
    RealName = this.RealName.Text;
    Address = this.Address.Text;
```

```
Phone = this.Phone.Text;
Mobile = this.Mobile.Text;
Email = this.E_mail.Text;
Star = 20;
RoleID = 2;
string str1 = "select * from Users where UserName='" + UserName + "'";
SqlConnection con1 = DB.ConnectionString();
con1.Open();
SqlCommand com1 = new SqlCommand(str1, con1);
int count = Convert.ToInt32(com1.ExecuteScalar());
if (count > 0)//判断用户名是否已经存在
{
        ShowMessage("对不起！用户名已存在，请选用其他名字！");
        this.UserName.Text = "";
}
else
{
        //插入用户信息，完成注册
        string str = "insert into Users VALUES('" + UserName + "', '" +
Password + "','" + RealName + "', '" + Address + "','" + Phone + "',' "
+ Mobile + "','" + Email + "','" + Star + "','" + sex + "','"+RoleID+"')";
        SqlConnection con = DB.ConnectionString();
        con.Open();
        SqlCommand com = new SqlCommand(str, con);
        int count4 = Convert.ToInt32(com.ExecuteNonQuery());
        con.Close();
        if (count4 > 0)
        {
                SqlConnection con2 = DB.ConnectionString();
                con2.Open();
                string str2 = "select * from Users where UserName='" + UserName
+ "'AND Password='" + Password + "'";
                SqlCommand com2 = new SqlCommand(str2, con2);
                SqlDataReader dr = com2.ExecuteReader();
                if (dr.Read())
                {
                        //填充用户信息到 Session
                        Session["UserID"] = dr["UserID"];
                        Session["UserName"] = dr["UserName"];
                        Session["Star"] = dr["Star"];
```

```
                                    Session["RoleID"] = dr["RoleID"];
                                    con2.Close();
                                    Response.Write("<script>alert('恭喜您！成功注册成为
ck_Bookshop 会员！');location='/Bookshop/Default.aspx'</script>");
                                }
                                else
                                {
                                    Response.Write("<script>alert('恭喜您！成功注册成为
ck_Bookshop 会员！但由于程序出错，请重新登录！
');location='/Bookshop/Desktop/Default.aspx'</script>");
                                }
                            }
                            else
                            {
                                Response.Write("<script>alert('对不起！注册失败！');</script>");
                            }
                        }
                    }
```

16.4.4　网上书店系统的购物车管理

图书浏览、购物车及创建订单是网上书店最主要的部分，也是在网上书店购买图书的用户所必须执行的步骤。在浏览图书的同时，系统还提供用户发表对图书的评论，发表留言等功能。下面详细介绍用户购买图书过程中的各个功能。

1. 图书浏览页面的设计

图书浏览由页面 newbook.aspx 实现，它的代码隐藏文件为 newbook.aspx.cs。用户可以在此页面中根据图书种类浏览所需要的图书的信息，并且提供购买功能和查看具体信息的链接。页面 newbook.aspx 的设计界面如图 16-5 所示。

图 16-5　图书浏览界面

页面 newbook.aspx 初始化时，首先绑定数据源，绑定数据源的功能由函数 dlBind()实现，函数 dlBind()的程序代码如下：

```
public void dlBind()
    {
            int curpage = Convert.ToInt32(this.Label1.Text);
            PagedDataSource ps = new PagedDataSource();
            sqlcon = DB.ConnectionString();
            sqlcon.Open();

            SqlDataAdapter MyAdapter = new SqlDataAdapter(sqlstr, sqlcon);
            DataSet ds = new DataSet();
            MyAdapter.Fill(ds, "Book");
            ps.DataSource = ds.Tables["Book"].DefaultView;
            ps.AllowPaging = true; //是否可以分页
            ps.PageSize = 5; //显示的数量
            ps.CurrentPageIndex = curpage - 1; //取得当前页的页码
            this.LinkButton1.Enabled = true;
            this.LinkButton2.Enabled = true;
            this.LinkButton3.Enabled = true;
            this.LinkButton4.Enabled = true;
            if (curpage == 1)
            {
                this.LinkButton1.Enabled = false;//不显示第一页按钮
                this.LinkButton2.Enabled = false;//不显示上一页按钮
            }
            if (curpage == ps.PageCount)
            {
                this.LinkButton3.Enabled = false;//不显示下一页
                this.LinkButton4.Enabled = false;//不显示最后一页
            }
            this.Label2.Text = Convert.ToString(ps.PageCount);
            this.DataList1.DataSource = ps;
            this.DataList1.DataKeyField = "BookID";
            this.DataList1.DataBind();
            sqlcon.Close();
    }
```

2. 购物车页面的设计

当用户在页面 newbook.aspx 单击【立即购买】，就可以将该图书添加进购物车，该按钮触

计算机 基础与实训教材系列

发事件 protected void DataList1_ItemCommand(object source, DataListCommandEventArgse)，在该事件中判断事件名是否为 AddToBus。如果是，则执行添加进购物车功能。该功能通过 Session 内置对象和 Hashtable 实现。事件 protected void DataList1_ ItemCommand(object source, DataListCommandEventArgs e)的程序代码如下：

```
protected void DataList1_ItemCommand(object source,
DataListCommandEventArgs e)
//加入购物车
    {
        if (e.CommandName == "AddToBus")
        {
            string BookID = this.DataList1.DataKeys[e.Item.ItemIndex].ToString();
            if (Session["bus"] == null)
            {
                System.Collections.Hashtable ht = new Hashtable();
                ht.Add(BookID, 1);
                Session["bus"] = ht;
            }
            else
            {
                System.Collections.Hashtable ht = (Hashtable)Session["bus"];
                if (ht[BookID] == null)
                {
                    ht[BookID] = 1;
                }
                else
                {
                    ht[BookID] = (int)ht[BookID] + 1;
                }
                Session["bus"] = ht;
            }
        }
    }
```

购物车添加完毕，用户即可在购物车中查看购买图书的情况，用户可以删除已经购买的图书。查看购物车由页面 GWC.aspx 实现，它的代码隐藏文件为 GWC.aspx.cs。页面 GWC.aspx 的设计界面如图 16-6 所示。

图 16-6 购物车界面

页面 GWC.aspx 初始化时，绑定控件的数据，即显示购物车中的图书。其中，购物车中的图书信息放在 Session 变量中，因此必须首先从 Session 变量中获取购物车的图书信息。实现上述功能的代码如下：

```
//将 Session 中的用户购物信息放入哈希表中，显示出来
    System.Collections.Hashtable hashTable = new Hashtable();
    hashTable = (Hashtable)Session["bus"];
    DataTable table = new DataTable();
    int num;
    int aaa = 123;
    int Btotal = 0;
    foreach (DictionaryEntry de in hashTable)
    {
        string BookID = de.Key.ToString();
        SqlConnection sqlcon = DB.ConnectionString();
        sqlcon.Open();
        string sqlstr = "select BookName,People,Product,OutPrice from Book where BookID='"
+ BookID + "'";
        SqlCommand sqlcom = new SqlCommand(sqlstr, sqlcon);
        SqlDataReader sqldr = sqlcom.ExecuteReader();
        if (sqldr.Read())
        {
            //动态创建 Datatable，用来存储购物车信息，绑定到控件显示
            if (table.Rows.Count == 0)
```

```
        {
            for (num = 0; num < sqldr.FieldCount; num++)
            {
                DataColumn column = new DataColumn();
                column.DataType = sqldr.GetFieldType(num);
                column.ColumnName = sqldr.GetName(num);
                table.Columns.Add(column);
            }
            DataColumn Mycolumn = new DataColumn();
            Mycolumn.DataType = aaa.GetType();
            Mycolumn.ColumnName = "5";
            table.Columns.Add(Mycolumn);
            DataColumn MyDcolumn = new DataColumn();
            MyDcolumn.DataType = aaa.GetType();
            MyDcolumn.ColumnName = "bookid";
            table.Columns.Add(MyDcolumn);
            DataRow row = table.NewRow();
            for (num = 0; num < sqldr.FieldCount; num++)
            {
                row[num] = sqldr[num].ToString();
            }
            row[num] = de.Value.ToString();
            row[num + 1] = de.Key.ToString();
            table.Rows.Add(row);
            row = null;
        }
        else
        {
            DataRow row = table.NewRow();
            for (num = 0; num < sqldr.FieldCount; num++)
            {
                row[num] = sqldr[num].ToString();
            }
            row[num] = de.Value.ToString();
            row[num + 1] = de.Key.ToString();
            table.Rows.Add(row);
            row = null;
        }
    }
    sqlcon.Close();
```

```
        }
        this.DataList1.DataSource = table;
        this.DataList1.DataKeyField = "bookid";
        this.DataList1.DataBind();
        for (num = 0; num < table.Rows.Count; num++)
        {
            Btotal +=
Convert.ToInt32(table.Rows[num]["OutPrice"])*Convert.ToInt32(table.Rows[num]
["5"]);
        }
        this.Label7.Text = Btotal.ToString();
    }
```

3. 创建订单

用户在 GWC.aspx 页面上单击【继续购买】按钮继续浏览图书进行购买，也可单击【确认购买】按钮来创建订单。创建订单时触发事件 protected void Button2_Click(object sender, EventArgs e)，该事件的程序代码如下：

```
protected void Button2_Click(object sender, EventArgs e)//用户确认购买，创建订单
    {
        System.Collections.Hashtable hashTable = new Hashtable();
        hashTable = (Hashtable)Session["bus"];
        string UersID = Convert.ToString(Session["UserID"]);
        int totalNumber = 0;
        foreach (DictionaryEntry de in hashTable)
        {
            totalNumber += Convert.ToInt32(de.Value);
        }
        string OrderDate = Convert.ToString(DateTime.Now);
        string state = "未发";
        SqlConnection con = DB.ConnectionString();
        con.Open();
        string str = "insert into OrderForm VALUES('" + UersID + "','" +
totalNumber + "','" + Convert.ToString(this.Label7.Text) + "','" + OrderDate
+ "','" + state + "')";
        SqlCommand com = new SqlCommand(str, con);
        com.ExecuteNonQuery();
        string str2 = "select max(OrderFormID) from OrderForm";
        SqlCommand com2 = new SqlCommand(str2, con);
        int OrderFormID = Convert.ToInt32(com2.ExecuteScalar());
```

```
                con.Close();
                foreach (DictionaryEntry de in hashTable)
            {
                    string BookID = de.Key.ToString();
                    int Number = Convert.ToInt32(de.Value);
                    SqlConnection con1 = DB.ConnectionString();
                    con1.Open();
                    string str1 = "insert into OrderItem VALUES('" + BookID + "','"
        + OrderFormID + "','" + Number + "')";
                    SqlCommand com1 = new SqlCommand(str1, con1);
                    com1.ExecuteNonQuery();
                    string str4 = "select SellNumber from Book where BookID='" + BookID + "'";
                    SqlCommand com4 = new SqlCommand(str4, con1);
                    int SellNum = Convert.ToInt32(com4.ExecuteScalar());
                    SellNum = SellNum + 1;
                    string str3 = "update Book set SellNumber='" + SellNum + "' where BookID='" + BookID + "'";
                    SqlCommand com3 = new SqlCommand(str3, con1);
                    com3.ExecuteNonQuery();
                    con1.Close();
            }
                Session["bus"] = null;
                string total = this.Label7.Text;
                Page.Response.Redirect("paymoney.aspx?Param=" + total);
            }
```

⑯.4.5 网上书店系统的后台管理

后台管理系统包括图书管理、用户管理、管理员管理、新闻管理、订单管理、评论管理和留言管理等功能。为网站管理员提供一个方便快捷的管理平台，也能更好地规范网站内容。后台管理系统主界面如图 16-7 所示。

下面详细介绍其中的订单管理页面的设计，其他功能的页面请参考随书程序。

订单管理功能由页面 dingdanguanli.aspx 实现，它的代码隐藏文件为 dingdanguanli. aspx.cs，主要实现管理员对用户订单的管理。管理员可以在此处修改订单状态，如用户在创建订单的时候，订单的状态是未发出，当订单中的图书已经寄出，管理员可以将订单状态修改为已发出。同时，当订单总数很多的时候，管理员也可以在此处删除较早的订单记录，减小网站数据库数据量。订单管理的页面设计如图 16-8 所示。

图 16-7　后台管理系统主页面　　　　　图 16-8　订单管理页面

如管理员需修改订单状态则单击【修改】按钮，命令名为 update；如需删除订单记录则单击【删除】按钮，命令名为 delete。当然，管理员如想查看订单的具体信息，即订单中包含图书的种类和数量，可单击订单编号，该操作的命令名为 passNum。

执行上述操作将触发事件 protected void DataList1_ItemCommand (object source，DataList CommandEventArgs e)，它的程序代码如下：

```
protected void DataList1_ItemCommand(object source,
DataListCommandEventArgs e)
    {
        string Strid = this.DataList1.DataKeys[e.Item.ItemIndex].ToString();
        if (e.CommandName == "passNum")
        {
            //查看订单具体信息
            Page.Response.Redirect("OrderInfo.aspx?Param=" + Strid);
        }
        else
        {
            if (e.CommandName == "update")
            {
                //修改订单状态
                string state="已发";
                sqlcon.Open();
                string str = "update OrderForm set state='"+state+"' where
OrderFormID='"+Strid+"'";
                SqlCommand com = new SqlCommand(str, sqlcon);
                com.ExecuteNonQuery();
                sqlcon.Close();
            }
            else
            {
```

```
                    if (e.CommandName == "delete")
                    {
                            //删除订单
                            sqlcon.Open();
                            string str1 = "delete from OrderForm where OrderFormID='"
            + Strid + "'";

                            SqlCommand com1 = new SqlCommand(str1, sqlcon);
                            com1.ExecuteNonQuery();
                            sqlcon.Close();
                    }
            }
            dlBind();
        }
    }
```

上面的代码，通过判断不同的命令名执行相应的操作，实现各功能。

16.5 系统的运行测试

测试是为了发现程序中的错误而执行程序的过程，软件分析、设计过程中难免有各种各样的错误，需要通过测试查找错误，以保证软件的质量。软件测试是由人工或计算机来执行或评价软件的过程，验证软件是否满足规定的需求或识别期望的结果和实际结果之间有无差别。

网上书店系统是采用 ASP.NET 技术实现的一个小型的图书销售系统。该系统具备网上购物系统的基本功能，如下所示。

(1) 采用了权限控制的基本思想，实现了不同的用户级别所拥有的权限不同。

(2) 利用面向对象的思想来操作关系数据库。

(3) 使用了 Datalist 控件动态绑定数据来实现查询的功能，以及用它来实现分页查询功能。

(4) 利用 Session 对象+Hashtable 实现购物车，节省了服务器的系统开销，减少了网络通信量。

参考文献

[1] 李玉林 王岩著.ASP.NET 2.0 网络编程从入门到精通.北京：清华大学出版社,2006

[2] 杨建军编著.Visual C#程序设计实用教程.北京：清华大学出版社，2009

[3] 闪四清编著.SQL Server 2005 数据库应用实用教程.北京：清华大学出版社，2009

[4] http://msdn.microsoft.com

[5] http://www.asp.net

[6] http://www.microsoft.com